Studies in Contemporary Economics

Rolf Tschernig

Wechselkurse, Unsicherheit und Long Memory

Mit 15 Abbildungen

Physica-Verlag
Ein Unternehmen des Springer-Verlags

Dr. Rolf Tschernig
SELAPO (Seminar für Arbeits- und
Bevölkerungsökonomie)
Ludwig-Maximilians-Universität München
Ludwigstr. 28 RG
D-80539 München

ISBN-13: 978-3-7908-0753-0 e-ISBN-13: 978-3-642-95912-7
DOI: 10.1007/978-3-642-95912-7

Die Deutsche Bibliothek - CIP-Einheitsaufnahme
Tschernig, Rolf:
Wechselkurse, Unsicherheit und Long Memory / Rolf Tschernig. -
Heidelberg : Physica-Verl., 1994
(Studies in contemporary economics)
Zugl.: München, Univ., Diss., 1992
ISBN-13: 978-3-7908-0753-0

Bindearbeiten: T. Gansert GmbH, Weinheim-Sulzbach
88/7130-5 4 3 2 1 0 - Gedruckt auf säurefreiem Papier

Für B. W.

Vorwort

Die vorliegende Arbeit wurde im Frühjahr 1992 als Dissertation von der Ludwig-Maximilians-Universität München angenommen. Mein besonderer Dank gilt hierbei meinem Doktorvater Prof. Dr. Klaus F. Zimmermann. Ohne dessen stets ermutigende, aber auch kritische Begleitung würde diese Arbeit heute nicht so vorliegen. Sehr zu schätzen wußte ich die Hilfe und Unterstützung meiner Kolleginnen und Kollegen. Herzlich danken möchte ich dabei insbesondere Kora Kristof, Martin Mühleisen, John de New, Rainer Winkelmann und Kai Vahrenkamp. Besonders erwähnen möchte ich Christoph M. Schmidt, dessen sorgfältigen Kommentare und hilfreichen Anregungen mich aus so mancher Sackgasse herausgeführt haben.

Die druckreife Fassung dieser Arbeit entstand während eines Aufenthaltes an der Universität Limburg in Maastricht, für deren Postdoktorandenstipendium ich mich an dieser Stelle sehr herzlich bedanken möchte. Besonders danken möchte ich hierbei François Nissen, Prof. Dr. Franz Palm, Peter Schotman und Prof. Dr. Christian Wolff für ihre kritschen Bemerkungen und konstruktiven Vorschläge zu Teilen dieser Arbeit. Ich muß an dieser Stelle allerdings eingestehen, daß ich gegenwärtig nicht auf alle der von ihnen aufgeworfenen Fragen eine Antwort geben kann.

Herzlich danken möchte ich meinen Eltern, für all das, was sie mir mit auf meinen Weg gegeben haben, ohne das ich um so vieles ärmer wäre. Insbesondere aber möchte ich meiner Frau Beate für ihre vielen stimulierenden Ideen und Bilder danken, die mich während der letzten Jahre begleitet haben, auch wenn es mir nicht immer gelang, die Balance zwischen ihrer künstlerischen und meiner wissenschaftlichen Perspektive zu behalten. Sehr bewußt ist mir, daß ich allzu häufig – entgegen allen meinen Wünschen und Idealen – ihr die zeitraubenden Aufgaben des täglichen Lebens überließ. Für ihr dafür (fast immer) aufgebrachtes Verständnis danke ich ihr sehr herzlich und gelobe Besserung. Nicht zuletzt gilt ein Wort des Dankes meinen Freunden für ihre stetige Unterstützung eines gelegentlich leicht hektischen, unruhigen Zeitgenossen.

Inhaltsverzeichnis

Abbildungsverzeichnis

Tabellenverzeichnis

Glossar

a	Bereich des Datentapers
B	Lagoperator oder Parameterverzerrung
$b(\cdot)$	Datentaper
d	Intermediate/Long Memory-Parameter
$f(x)$	Normalverteilung
$f(\omega)$	Spektraldichtefunktion
$f_\varepsilon(\omega)$	Spektraldichtefunktion von Weißem Rauschen
$F(a,b;c;x)$	hypergeometrische Funktion
$g(\omega;\theta)$	mit $\frac{\sigma_\varepsilon^2}{2\pi}$ normierte Spektraldichtefunktion
$\Gamma(z)$	Gammafunktion
h	Zahl der Prognoseperioden
H	Parameter des fraktionalen Gaußprozeß
$I(\omega)$, $I_T(\omega)$	Periodogramm
k	Index oder Anzahl der zu schätzenden Parameter
$L(\cdot)$	Likelihoodfunktion
p	Ordnung des AR-Polynoms
q	Ordnung des MA-Polynoms
MSE	Mittlere quadratische Abweichung oder mittlerer quadratischer Prognosefehler
N	Zahl der Replikationen
$\tilde{N}$	Zahl der konvergenten Repliationen
t	Zeitpunkt
T	Länge der Zeitreihe
x_t	Realisation einer Zufallsvariablen im Zeitpunkt t
$\bar{x}_t$	geschätzter Mittelwert einer Zeitreihe
X_t	Zufallsvariable im Zeitpunkt t
$\tilde{X}_t$, $\acute{X}_t$	Prognose für X_t
n, u	Indices
z	komplexe Zahl
α	Parameter bei Geweke/Porter-Hudak-Verfahren
$\alpha(B)$	AR-Polynom

α_u	Parameter eines AR-Polynoms der Ordnung p
$\beta(B)$	MA-Polynom
β_u	Parameter eines MA-Polynoms der Ordnung q
$\gamma(\tau)$	Autokovarianzfunktion
$\tilde{\gamma}(\tau)$	empirische Autokovarianzfunktion
ε_t	normalverteilter Störterm zum Zeitpunkt t
$\eta(\tau)$	Integral in Whittleschätzer
η_t	Störterm in Geweke/Porter-Hudak-Verfahren
θ	Parametervektor bei Schätzungen
θ_u	Parameter der unendlichen MA-Darstellung, insbesondere von fraktional differenziertem Rauschen
μ	Erwartungswert
$\pi(B)$	AR-Polynom der unendlichen AR-Darstellung von fraktional integriertem Rauschen
$\rho(\tau)$	Autokorrelationsfunktion
σ_ε^2	Varianz von Weißem Rauschen
$\tilde{\sigma}_T^2(\theta)$	Whittleschätzer
$\hat{\sigma}_T^2(\theta)$	approximativer Whittleschätzer
$\sigma_{X_t X_{t+\tau}}$	Kovarianz zwischen X_t und $X_{t+\tau}$
Σ	Kovarianzmatrix
τ	Lag
ω	(Kreis)frequenz
ω_t	Fourierfrequenz

Kapitel 1

Einleitung

Die ökonomische Analyse der Wechselkursbildung und -entwicklung hat sich in den letzten Jahren zu einem sehr intensiv analysierten Bereich der Volkswirtschaftslehre entwickelt. Neben der theoretisch orientierten Forschung hat hierbei die empirisch ausgerichtete Analyse große Bedeutung erlangt. Methodisch nimmt dabei die Zeitreihenanalyse einen wichtigen Stellenwert ein. Dabei konzentrierte sich die Aufmerksamkeit in neuerer Zeit hauptsächlich auf die Modellierung der Volatilität, die nicht nur in den Dollarwechselkursen seit dem Zusammenbruch von Bretton Woods beobachtet wurde. Indem nichtlineare Zeitreihenmodelle, sogenannte ARCH oder GARCH-Modelle, entwickelt wurden, die variable bedingte Varianzen zulassen, gelang es, die Volatilität in den täglichen und wöchentlichen Wechselkursänderungen besser zu erfassen.

Als schwierig erweist sich hingegen weiterhin die Prognose von Wechselkursen. In zwei aufsehenserregenden Studien haben Meese und Rogoff [149, 1983], [151, 1983] festgestellt, daß bei einem Vergleich von theoretisch fundierten Wechselkursmodellen und reinen Zeitreihenmodellen das Random Walk-Modell ohne Drift die besten Out-of-Sample-Prognoseeigenschaften aufweist. Dieses Ergebnis zeigt sich ihren Ergebnissen nach robust gegenüber der Berücksichtigung verschiedener Modellspezifikationen und Perioden[1]. Allerdings existieren einige Ausnahmen. Stellvertretend sei hier das nichtlineare Markov-Switching-Modell von Engel und Hamilton [54, 1990] genannt, mit dem es gelingt, bessere Out-of-Sample-Prognosen zu erzielen als mit einem Random-Walk-Modell mit Drift. Dieses Modell erlaubt die Modellierung von zwei Regimen, wobei zwischen den Regimen eine endogen bestimmte Übergangswahrscheinlichkeit besteht.

[1]Vgl. dazu Meese [150, 1990, S. 124-26] und die darin angegebene Literatur oder Meese und Rogoff [152, 1988].

Folgen die Wechselkurse einem Random Walk-Modell, so impliziert dies unkorrelierte Veränderungen der Wechselkurse. In den vergangenen Wechselkursveränderungen ist somit, abgesehen von der Größe des Drifts, keine zusätzliche Information für die Prognose enthalten. Das Ergebnis unkorrelierter Wechselkursänderungen wird von vielen Untersuchungen gestützt. Beispiele hierfür sind die Arbeiten von Cornell und Dietrich [36, 1978], Hsieh [112, 1988] oder Levich [129, 1979]. Aber auch hier existieren Ausnahmen. So verwerfen Liu und He [135, 1991] die Nullhypothese eines Random Walks für wöchentliche Veränderungen einiger Dollarwechselkurse auf Basis eines Variance-Ratio-Tests. Gaab [76, 1983] wendet die Box-Pierce-Statistik auf die täglichen Wechselkursänderungen der Deutschen Mark gegenüber dem US-Dollar, dem Britischen Pfund, dem Holländischen Gulden und dem Schweizer Franken für den Zeitraum vom 2. Januar 1974 bis 13. Februar 1979 an. Zusätzlich untersucht er verschiedene Teilperioden und Laglängen. Dabei ergibt sich in einigen Fällen eine signifikante Ablehnung der Random Walk-Hypothese.

Darüber hinaus kommt Cheung [29, 1990] zu dem Ergebnis, daß die wöchentlichen Wechselkursveränderungen von Dollarwechselkursen nicht nur von kurz aufeinanderfolgenden, sondern auch von weit auseinanderliegenden Perioden korreliert sind. Treten derartige stochastische Abhängigkeiten auf, so wirken sich zufällige Schocks in einer Periode auch noch auf weit in der Zukunft liegende Beobachtungen aus. Deshalb sagt man auch, daß ein derartiger stochastischer Prozeß Long Memory, bzw. ein "Langzeitgedächtnis" aufweist. Zur Modellierung dieser Long Memory-Prozesse verwendet Cheung [29, 1990] das sogenannte fraktional integrierte ARMA-Modell. Dies ist ein lineares, univariates Zeitreihenmodell, das unabhängig von Granger und Joyeux [86, 1980] und Hosking [110, 1981] in die Zeitreihenanalyse eingeführt wurde. Es stellt eine Verallgemeinerung des aus dem Box/Jenkins-Ansatz bekannten ARIMA-Modells dar, in welchem der Differenzierungsparameter nicht nur Werte aus dem Bereich der natürlichen Zahlen, sondern auch aus dem Bereich der reellen Zahlen annehmen darf.

Die Studie von Cheung [29, 1990] analysiert ausschließlich Dollarwechselkurse über den gesamten Zeitraum vom 1. Januar 1974 bis 31. Dezember 1987. Dies ist problematisch, da ihre Hinweise auf Long Memory in den Wechselkursveränderungen möglicherweise auf Besonderheiten der Dollarkursentwicklung in dieser Periode zurückzuführen sind. Ein weiterer Nachteil dieser Arbeiten ist, daß nicht untersucht wird, ob durch die Verwendung des fraktional integrierten ARMA-Modells die geschätzten Autokorrelationen zu einer gegenüber den Alternativen verbesserten Prognose ausgenutzt werden können. Zudem ist aus statistischer Sicht zu kritisieren, daß in dieset Studie die Zweckmäßigkeit der verwendeten Selektionskriterien nicht untersucht wird. Es bleibt unklar, wie gut diese Kriterien bei tatsächlichem Vorliegen von Long Memory den korrekten stochastischen Prozeß identifizieren.

Ziel dieser Arbeit ist es zu klären, inwieweit in der Tat Devisenmärkte durch Long Memory-Prozesse charakterisiert sind. Daher wird versucht, die genannten Mängel der bereits bestehenden Studie zu beseitigen und zu untersuchen, ob die Verwendung von fraktional integrierten ARMA-Modellen zu einer Verbesserung der Wechselkursprognosen führt. Da nicht uneingeschränkt auf bestehende Methoden zurückgegriffen werden kann, umfaßt die vorliegende Arbeit neben dem angewandten Teil in Kapitel 7 einen statistischen Teil in den Kapiteln 2 bis 5. In einem theoretischen Teil in Kapitel 6 wird darüber hinaus die Frage untersucht, unter welchen ökonomischen Bedingungen es zu Long Memory auf den Devisenmärkten kommen kann. Kapitel 8 enthält schließlich eine Zusammenfassung der Ergebnisse der vorliegenden Arbeit. Darüber hinaus wird dabei die neueste Literatur erwähnt, die nach Fertigstellung der vorliegenden Arbeit entstanden und für die hier untersuchte Thematik relevant ist.

Im folgenden werden die verschiedenen Themen und grundlegenden Fragen, die in den einzelnen Kapiteln diskutiert werden, erläutert. Voraussetzung für die empirische und theoretische Analyse von Wechselkursen auf der Grundlage von Long Memory-Modellen ist die Kenntnis der Theorie der Long Memory-Prozesse. Um deren Darstellung zu erleichtern, führt Kapitel 2 in die Grundlagen der Zeitreihentheorie ein. Neben den zentralen Konzepten im Zeit- und Frequenzbereich werden die von Box/Jenkins eingeführten autoregressiven Moving-Average-Modelle präsentiert, wobei besonders auf die Short Memory-Eigenschaften dieser Modelle eingegangen wird. Man sagt, ein stochastischer Prozeß weist ein Gedächtnis oder Memory auf, wenn ein gegenwärtiger stochastischer Schock Auswirkungen auf die zukünftige Entwicklung des Prozesses hat. Je weiter die Auswirkungen dabei in die Zukunft reichen, desto länger ist das Gedächtnis des Prozesses. Entsprechend werden in Kapitel 2 Short, Intermediate und Long Memory-Prozesse unterschieden und definiert.

Kapitel 3 ist dann der Theorie der Long Memory-Prozesse gewidmet. Den Schwerpunkt bildet hier das fraktional integrierte ARMA-Modell. Angesprochen wird jedoch auch der fraktionale Gaußprozeß. Darüber hinaus werden verschiedene Verfahren zur Prognose und Generierung von fraktional integrierten ARMA-Modellen vorgestellt.

Um zu aussagekräftigen Schätzungen und Prognosen gelangen zu können, ist es notwendig, die Schätzeigenschaften der verwendeten Verfahren zu kennen. Deshalb werden in Kapitel 4 zunächst die verwendeten Schätzverfahren und deren asymptotischen Schätzeigenschaften diskutiert. Dazu gehören das einfache Geweke/Porter-Hudak-Verfahren und verschiedene Maximum-Likelihood-Methoden. Dabei wird außerdem eine Vereinfachung zur Berechnung der von Whittle vorgeschlagenen approximativen Likelihoodfunktion bewiesen, so daß bei Verwendung der approximativen Likelihoodfunktion bei kurzen Zeitreihen eine zusätzliche Approximation vermieden werden kann.

Für eine praktische Anwendung von Schätzverfahren ist die Kenntnis der asymptotischen Merkmale dann nicht ausreichend, wenn die zu analysierenden Zeitreihen relativ kurz sind, da die Gültigkeit der asymptotischen Schätzeigenschaften keineswegs gesichert ist. Die Analyse von zwei Fragen steht daher im Mittelpunkt von Kapitel 5. Erstens: Wie präzise lassen sich die stochastischen Eigenschaften einer Zeitreihe bestimmen, wenn die Spezifikation des wahren Prozesses bekannt ist? Im Rahmen des fraktional integrierten ARMA-Modells bedeutet dies, daß der Zeitreihenanalytiker die wahre Ordnung der autoregressiven und der Moving-Average-Polynome kennt und darüber hinaus weiß, ob Long Memory vorliegt. Zweitens: Da diese Voraussetzung in der empirischen Arbeit normalerweise nicht erfüllt ist, wird außerdem untersucht, wie zuverlässig die wahre Spezifikation des stochastischen Prozesses, dessen Realisation beobachtet wird, identifiziert werden kann. Beide Fragen werden mit Hilfe von Monte-Carlo-Simulationen untersucht.

Unter der Annahme, daß die Spezifikation des wahren Prozesses bekannt ist, werden zu Beginn von Kapitel 5 das Ausmaß der Verzerrung und der mittleren quadratischen Abweichung der Parameterschätzung, sowie die Aussagekraft von t-Werten analysiert. Hierbei wird, soweit wie möglich, auf Ergebnisse in der Literatur zurückgegriffen. Darauf aufbauend wird herausgearbeitet, weshalb bei Verwendung der exakten Maximum-Likelihood-Methode im Vergleich zu allen anderen Schätzmethoden die Kenntnis des Mittelwertes zu einer wesentlichen Verbesserung der Schätzeigenschaften führt. Muß hingegen der Mittelwert geschätzt werden, so kann anstelle der exakten Likelihoodfunktion eine approximative Likelihoodfunktion verwendet werden, ohne daß dies nennenswerte Einbußen in der Schätzqualität zur Folge hätte. Dabei erweist sich der Whittleschätzer gegenüber dessen Approximation als qualitativ überlegen, wenn die Parameterverzerrung aufgrund des zugrundeliegenden stochastischen Prozesses besonders groß ist. Auch wird aufgezeigt, wie die Parameterspezifikation des wahren stochastischen Prozesses das Ausmaß der Parameterverzerrung beeinflußt, wenn der Mittelwert geschätzt werden muß oder wie im Falle der approximativen Maximum-Likelihood-Methoden überhaupt nicht in die Schätzung eingeht.

Schließlich wird analysiert, wie zuverlässig sich unter verschiedenen Bedingungen Long Memory-Prozesse bei Unkenntnis der wahren Spezifikation identifizieren lassen. Ein grundsätzliches Ergebnis dieser Analysen ist, daß die Identifikation von schwachem Long Memory problematisch ist, wenn die Zeitreihe nicht mehr als 100 Beobachtungen aufweist. Erschwert wird eine korrekte Identifikation weiter, wenn der Long Memory Prozeß zusätzlich durch positive AR- oder MA-Polynome gekennzeichnet ist. Erst ab 200 Beobachtungen erfolgt eine relativ zuverlässige Identifikation von reinen Intermediate oder Long Memory-Prozessen.

Die Ergebnisse dieser Analysen sind nicht nur für die vorliegende Untersuchung relevant. Das fraktional integrierte ARMA-Modell stellt eine attraktive Alternative zu den seit Dickey und Fuller [43, 1981] populären Unit Root-Tests dar[2]. Diese Tests sollen eine Antwort auf die Frage geben, ob ein einmaliger stochastischer Schock auf die zukünftige Entwicklung einer Zeitreihe einen unendlich langen Einfluß aufweist oder nicht. Man kann in einem derartigen Fall auch von einem perfekten Memory sprechen. Da es für viele ökonomische Fragestellungen von großer Bedeutung ist, wie lange sich ein einmaliger Schock auf die Zukunft auswirkt, so z.B. für die Konjunkturtheorie, ist die Zuverlässigkeit von Unit Root-Tests von großer ökonomischer Relevanz. Gleichzeitig hat das Vorliegen einer Unit Root auch Konsequenzen für die richtige Wahl der statistischen bzw. ökonometrischen Methoden. So impliziert perfektes Memory ein sich Verändern der Verteilungseigenschaften eines stochastischen Prozesses über die Zeit. Traditionelle ökonometrische Methoden sind dann nicht mehr ohne weiteres anwendbar, da diese konstante Verteilungseigenschaften, oder sogenannte stationäre Prozesse, voraussetzen. Stochastische Prozesse mit einer Einheitswurzel, bzw. einer Unit Root stellen damit eine ganz spezifische Form von nichtstationären Prozessen dar. Sie weisen dann einen stochastischen Trend auf. Unit Root-Tests testen nun die Nullhypothese des Vorliegens einer Unit Root gegen die Alternativen eines stationären Prozesses und eines deterministischen Trends. Ein entscheidender Nachteil dieser Testverfahren liegt nun darin, daß es stochastische Prozesse gibt, die zwar kein perfektes Memory aufweisen, aber trotzdem nichtstationär sind. Wendet man dann einen Unit Root-Test auf einen derartigen Prozeß an, so ist es unwahrscheinlich[3], daß man die Unit Root-Hypothese ablehnt, obwohl sie in Wirklichkeit nicht vorliegt. Dies läßt sich vermeiden, wenn man stattdessen ein fraktional integriertes ARMA-Modell schätzt, das sowohl den Fall von nichtstationärem Long Memory als auch von perfektem Memory miteinschließt. Darüber hinaus erlaubt das fraktional integrierte ARMA-Modell auch die Möglichkeit eines deterministischen Trends (Sowell [179, 1992]).

In dem angewandten Teil der Arbeit in Kapitel 7 werden die Ergebnisse der Studie von Cheung [29, 1990] unter Verwendung des fraktional integrierten ARMA-Modells auf ihre Robustheit hin überprüft. Zum einen erfolgt dies, indem zusätzlich zu der hier zugrundegelegten Gesamtperiode vom 1. Januar 1973 bis 30. April 1990 drei verschiedene Teilperioden betrachtet werden. Zum anderen werden Wechselkursveränderungen mit unterschiedlichen Beobachtungsfrequenzen analysiert. Dabei werden vierteljährliche, monatliche, wöchentliche und tägliche Daten berücksichtigt.

Läge in der Tat Long Memory in den Devisenkursen vor, so müßten bessere

[2]Vgl. dazu z.B. die Überblicksaufsätze von Campbell und Perron [26, 1991] und Diebold und Nerlove [44, 1990].

[3]Vgl. dazu Hassler [100, 1993], Diebold und Rudebusch [48, 1991] und insbesondere Sowell [177, 1990].

Prognosen als mit einem einfachen Random Walk-Modell möglich sein. Dies zu untersuchen ist das zweite Anliegen des empirischen Teils dieser Arbeit. Die Analyse der Out-of-Sample-Prognosen von Wechselkursänderungen erfolgt dabei wiederum auf Basis des fraktional integrierten ARMA-Modells.

Drei Wechselkurse werden im Detail untersucht: der DM/US-Dollar, der SFr/US-Dollar und der DM/SFr Kassakurs. Der DM/US-Dollar Wechselkurs wird gewählt, da der Deutschen Mark innerhalb des Europäischen Währungssystems eine dominante Rolle beigemessen wird. Außerhalb des Europäischen Währungssystems kommt in Europa dem Schweizer Franken eine zentrale Bedeutung zu, so daß dessen Dollarwechselkurs ebenfalls berücksichtigt wird. Schließlich wird der DM/SFr Kassakurs analysiert, um herauszufinden, inwieweit auch Wechselkurse durch Long Memory geprägt sind, die nicht direkt durch die amerikanische Währung beeinflußt werden.

Das Ergebnis dieser Untersuchungen ist, daß Long Memory-Prozesse in der Tat für einige Wechselkurse, Teilperioden und Beobachtungsfrequenzen eine sinnvolle Modellierung der Wechselkursentwicklung darstellen. Von den hier betrachteten Wechselkursen gilt dies für die beiden Dollarwechselkurse der Deutschen Mark und des Schweizer Franken, wobei für die DM/US-Dollarkurse die Evidenz pro Long Memory unabhängig von den untersuchten Teilperioden und Beobachtungsfrequenzen am deutlichsten ist. Dies zeigt sich in diesen Fällen auch in den Prognoseverbesserungen, die auf Basis des fraktional integrierten ARMA-Modells gegenüber einem Random Walk mit Drift Modell erzielt werden. Ausgeschlossen hiervon sind allerdings vierteljährliche Wechselkursänderungen.

Wie läßt sich nun Long Memory aus ökonomischer Sicht erklären und welche Konsequenzen ergeben sich daraus hinsichtlich der ökonomischen Theorie? In Kapitel 6 werden diese Fragen aufgegriffen und zwei verschiedene Erklärungsansätze für Long Memory in den Wechselkursänderungen analysiert, welche beide auf Cheung [29, 1990] zurückgehen. Während der erste Ansatz irrationale Marktteilnehmer voraussetzt, da diese Preisinformationen unvollständig in ihren Anlageentscheidungen ausnutzen, und somit Markineffizienz im Sinne Famas [58, 1970] impliziert, ergibt sich im zweiten Ansatz Long Memory auf dem Devisenmarkt durch Übertragung aus dem Gütermarkt. In Kapitel 6 wird dieser Erklärungsansatz erstmals formalisiert. Die verwendeten Modelle umfassen zum einen eine Modifikation des Lucas-Modells [138, 1982], einem allgemeinen Gleichgewichtsmodell mit rationalen, risikoaversen Wirtschaftssubjekten, zum anderen ein Finanzmarktmodell in der Tradition Mussas [155, 1976], in dem der Wechselkurs als Finanzmarktpreis aufgefaßt wird. In beiden Fällen erhält man als notwendige Bedingung für das Vorliegen von Long Memory auf dem Devisenmarkt, daß in mindestens einem der relevanten Güter- oder Geldmärkte mindestens gleich starkes Long Memory vorliegen muß. Diese Bedingung ist auch hinreichend, sofern die

Möglichkeit fraktionaler Kointegration ausgeschlossen wird. Die bisher vorhandene Evidenz von Long Memory in den Zeitreihen der amerikanischen Geldangebotsmengen deutet darauf hin, daß in der Tat Long Memory auf dem Devisenmarkt aus dem Geldmarkt übertragen wird. Kapitel 6 umfaßt darüberhinaus eine knappe Einordnung der in dieser Arbeit durchgeführten empirischen Analysen in die theoretische und empirische Wechselkursliteratur.

Kapitel 2

Short Memory-Prozesse in der Zeitreihenanalyse

Die Analyse der Wechselkurse auf das Vorliegen von Long Memory, wie sie bereits von Cheung [29, 1990] begonnen wurde, erfordert die Kenntnis eines gewissen Instrumentariums der Zeitreihenanalyse, insbesondere der Theorie stochastischer Prozesse mit Long Memory. Dieses Kapitel ist der ausführlichen Darstellung der Grundlagen dieser Theorie gewidmet. Sowohl um all denjenigen Lesern den Zugang zu dieser Theorie zu erleichtern, die sich nicht auf das Gebiet Zeitreihenanalyse spezialisiert haben, als auch um spätere Mißverständnisse auszuschließen, werden im ersten Abschnitt 2.1 alle wesentlichen Konzepte der Zeitreihenanalyse eingeführt, die für eine fundierte Darstellung der Theorie der Long Memory-Prozesse im anschließenden Kapitel 3 notwendig sind. Berücksichtigt werden dabei die Grundlagen der Zeitreihenanalyse im Zeit- und im Frequenzbereich. Darauf aufbauend werden in Abschnitt 2.2 die aus der traditionellen Zeitreihenanalyse bekannten autoregressiven Moving-Average-Modelle und deren Spezialfälle mit ihren wesentlichen Eigenschaften dargestellt.

2.1 Grundlagen der Zeitreihenanalyse

In diesem Abschnitt werden alle wesentliche Konzepte und Definitionen der Zeitreihenanalyse eingeführt, die für die Darstellung von Long Memory-Modellen in den nachfolgenden Kapiteln erforderlich sind. Drei Standardwerke der Zeitreihenanalyse liegen dieser Einführung zugrunde: das deutschsprachige Lehrbuch von Schlittgen und Streitberg [172, 1989], das englische Standardwerk von Priestley [165, 1981] und das formal anspruchsvollere Lehrbuch von Brockwell und Davis [24, 1991]. Dieser Abschnitt unterteilt sich dabei in zwei Unterabschnitte. Im ersten Unterabschnitt 2.1.1 werden die Grundlagen zur Darstellung von linearen Prozessen im Zeitbereich dargestellt. Die Konzepte der Zeitreihenanalyse im Frequenzbereich bilden den Inhalt des zweiten Unterabschnitts 2.1.2.

2.1.1 Grundlagen stochastischer Prozesse im Zeitbereich

Jede (zeitlich) geordnete Folge $\{x_t\}_{t\in Z}$ von Beobachtungen einer oder mehrerer Größen bildet eine Zeitreihe. Beziehen sich die Beobachtungen nur auf eine Größe, so spricht man von univariaten Zeitreihen. Werden mehrere Größen zu jedem Zeitpunkt beobachtet, so entspricht x_t einem Vektor und man spricht von multivariaten Zeitreihen. In dieser Arbeit werden ausschließlich univariate Zeitreihen von Wechselkursen betrachtet.

Ein häufiges Ziel der Zeitreihenanalyse ist es, Werte der Zeitreihe $\{x_t\}$, die außerhalb der beobachteten Zeitreihen liegen, zu prognostizieren. Diese, im allgemeinen als Out-of-sample-Prognosen bezeichneten Prognosen werden in Kapitel 7 für verschiedene Wechselkurse durchgeführt. Dazu ist es notwendig, den stochastischen Prozeß $\{X_t\}_{t\in Z}$ zu identifizieren, dessen Realisation die beobachtete Zeitreihe $\{x_t\}_{t\in T\in Z}$ der Länge T darstellt. Die Struktur dieses Prozesses kann dann zur Prognose ausgenutzt werden. Dieser Prozeß kann deterministisch, stochastisch oder beides sein. Deterministische Prozesse $\{D_t\}_{t\in Z}$ werden z.B. in der Astronomie angenommen. Viele Zeitreihen, darunter auch die meisten ökonomischen, lassen dagegen nur in den seltensten Fällen klare Regelmäßigkeiten erkennen, so daß eine Modellierung durch ausschließlich deterministische Prozesse kaum sinnvoll erscheint. Als Alternative bieten sich deshalb zunächst rein stochastische Prozesse an. Dabei ist ein *stochastischer Prozeß* (Zufallsprozeß) $\{S_t\}_{t\in Z}$ durch eine Folge von Zufallsvariablen S_t definiert, wobei jedem Zeitpunkt t die Zufallsvariable S_t zugeordnet wird. Der allgemeinste Fall entspricht dann der Kombination eines deterministischen Prozesses mit einem stochastischen Prozeß

$$X_t = D_t + S_t. \tag{2.1}$$

Ein typisches Beispiel in der ökonomischen Anwendung ist die Kombination eines deterministischen Trends mit einem stochastischen Prozeß.

In der vorliegenden Arbeit werden jedoch deterministische Prozesse keine Rolle spielen, da bisher in der empirisch orientierten Literatur für die DM/US-

Dollar, SFr/US-Dollar und DM/SFr Wechselkurse, deren Long Memory-Eigenschaften in Kapitel 7 untersucht werden, keine deterministischen Komponenten identifiziert wurden[1].

Im weiteren Verlauf der Arbeit bezeichne deshalb $\{X_t\}_{t \in Z}$ einen rein stochastischen Prozeß. Eine beobachtete Zeitreihe $\{x_t\}_{t \in Z}$ ist dann die *Realisation*, also die beobachtete Ausprägung des stochastischen Prozesses $\{X_t\}_{t \in Z}$.

Die Annahme, daß $\{X_t\}_{t \in Z}$ einem stochastischen Prozeß entspricht, impliziert zunächst, daß jede einzelne Zufallsvariable $X_t, t \in Z$ verschiedene Werte annehmen kann[2]. Ihre stochastischen Eigenschaften werden dann durch die *Verteilungsfunktion*[3]

$$F_{X_t}(x_t) = P[X_t \leq x_t] \tag{2.2}$$

bestimmt. x_t bezeichne dabei eine mögliche Realisation der Zufallsvariable X_t. Kann X_t Werte aus einer stetigen Menge annehmen, so wird sie als stetige Zufallsvariable bezeichnet und ihre stetige Verteilungsfunktion ergibt sich aus der Fläche unter der *Dichtefunktion* $f_{X_t}(x_t)$

$$F_{X_t}(x_t) = \int_{-\infty}^{x_t} f_{X_t}(u)du. \tag{2.3}$$

Betrachtet man jetzt einen beliebigen Ausschnitt der Länge T des stochastischen Prozesses $\{X_t\}_{t \in T \in Z}$, so verfügt dieser über eine *gemeinsame Dichtefunktion* $f_{X_1,X_2,\ldots,X_T}(x_1, x_2, \ldots, x_T)$ bzw. über eine dazugehörige *gemeinsame Verteilungsfunktion*

$$F_{X_1,\ldots,X_T}(x_1, \ldots, x_T) = \int_{-\infty}^{x_1} \cdots \int_{-\infty}^{x_T} f_{X_1,\ldots,X_T}(u_1, \ldots, u_T)du_1 \cdots du_T. \tag{2.4}$$

Möchte man hingegen nur die Dichte einer Zufallsvariable X_t unabhängig von den anderen Zufallsvariablen $X_1, \ldots, X_{t-1}, X_{t+1}, \ldots, X_T$ bestimmen, so erhält man diese durch die *marginale Dichtefunktion*

$$\begin{aligned} f_{X_t}(x_t) &= f_{X_1,X_2,\ldots,X_T}(\infty, \ldots, \infty, x_T, \infty, \ldots, \infty) \qquad (2.5) \\ &= \int_{-\infty}^{\infty} \int_{-\infty}^{\infty} \cdots \int_{-\infty}^{\infty} f_{X_1,\ldots,X_t}(x_1, \ldots, x_T)dx_1 \cdots dx_{t-1}dx_{t+1} \cdots dx_T. \end{aligned}$$

[1] Ein deterministischer Trend wäre zu erwarten, wenn zwei Volkswirtschaften über eine lange Zeit durch stark divergierende strukturelle oder wirtschaftliche Entwicklungen gekennzeichnet sind. Das einfachste Beispiel hierzu sind permanent stark divergierende Inflationsraten mit der Folge eines stetigen Abwertungs- oder Aufwertungstrends, wie das z.B. für einige Währungen von südamerikanischen Ländern bezüglich des US-Dollars oder der Deutschen Mark der Fall ist.

[2] Vgl. zu einer Definition von Zufallsvariablen Priestley [165, 1981, S. 37f.].

[3] Vgl. zu den verschiedenen Konzepten von Verteilungs- und Dichtefunktionen Priestley [165, 1981, S. 41ff. und S. 87f.]

Daraus ergibt sich sofort die *marginale Verteilung*

$$F_{X_t}(x_t) = \int_{-\infty}^{x_t} f_{X_t}(u_t)du_t.$$

Oftmals ist es wünschenswert, einige Charakteristika solcher gemeinsamen Verteilungsfunktionen zu kennen. Sehr hilfreich ist hierbei das Konzept des *Erwartungswertes einer Funktion* $g(X_1, \ldots, X_T)$. $g(X_1, \ldots, X_T)$ sei eine beliebige Funktion von T stetigen Zufallsvariablen $(X_1, \ldots, X_T)$. Der Erwartungswert von dieser Funktion ist definiert durch[4]

$$E[g(X_1, \ldots, X_T)] = \int_{-\infty}^{\infty} \cdots \int_{-\infty}^{\infty} g(x_1, \ldots, x_T) f_{X_1,\ldots,X_T}(x_1, \ldots, x_T) dx_1 \cdots dx_T. \tag{2.6}$$

Für $g(X_t) = X_t$ erhält man direkt den *Erwartungswert dieser Zufallsvariablen* X_t

$$\mu_t = E[X_t] = \int_{-\infty}^{\infty} x_t f_{X_t}(x_t) dx_t. \tag{2.7}$$

Bildet man den Erwartungswert von der Funktion $g(X_t, X_{t+\tau}) = (X_t - \mu_t)(X_{t+\tau} - \mu_{t+\tau}), \tau \in Z$ und $t, t+\tau \in T$, so erhält man entsprechend die *Kovarianz* der Zufallsvariablen X_t und $X_{t+\tau}$

$$\begin{aligned} \sigma_{X_t X_{t+\tau}} &= E[(X_t - \mu_t)(X_{t+\tau} - \mu_{t+\tau})] \qquad (2.8) \\ &= \int_{-\infty}^{\infty} \int_{-\infty}^{\infty} (x_t - \mu_t)(x_{t+\tau} - \mu_{t+\tau}) f_{X_t, X_{t+\tau}}(x_t, x_{t+\tau}) dx_t dx_{t+\tau}. \end{aligned}$$

Ist $\tau = 0$, wird $\sigma^2_{X_t}$ als *Varianz* von X_t bezeichnet. Ist die Funktion $\sigma_{X_t X_{t+\tau}}, \tau = \ldots, -1, 0, 1, 2, \ldots$ für einen stochastischen Prozeß definiert, so wird sie *Autokovarianzfunktion*[5] genannt. Sie drückt aus, inwieweit zwei Zufallsvariable, die τ Perioden auseinanderliegen, stochastisch korreliert sind. μ_t und $\sigma_{X_t X_{t+\tau}}$ werden auch als erste und zweite *Momente* einer gemeinsamen Verteilung bezeichnet. Durch entsprechende Definition von der Funktion g lassen sich auch höhere Momente bestimmen. Man beachte, daß aus der Kenntnis der beiden ersten Momente normalerweise nicht auf die dahinter verborgene gemeinsame Wahrscheinlichkeitsfunktion geschlossen werden kann.

Eine vollständige Charakterisierung eines stochastischen Prozesses erfordert damit die Kenntnis der zugrundeliegenden gemeinsamen Wahrscheinlichkeitsverteilung. Da das Ziel einer präzisen Prognose in der Zeitreihenanalyse die Kenntnis des zugrundeliegenden stochastischen Prozesses voraussetzt, ist es eine Hauptaufgabe der Zeitreihenanalyse, den einer Realisation zugrundeliegenden stochastischen Prozeß zu approximieren. Letzteres ist identisch mit der Suche nach

[4]Vgl. dazu Priestley [165, 1981, S. 52f.].
[5]Vgl. dazu Priestley [165, 1981, S. 108].

der zugrundeliegenden gemeinsamen Wahrscheinlichkeitsverteilung. Stehen dabei mehrere solche gemeinsamen Wahrscheinlichkeitsverteilungen zur Auswahl, so ist es eine weitverbreitete Strategie der Zeitreihenanalyse, diejenige gemeinsame Wahrscheinlichkeitsverteilung zu suchen, die der beobachteten Realisation die größte Wahrscheinlichkeit zumißt. Dieses Vorgehen wird als *Maximum-Likelihood-Prinzip* bezeichnet. Nicht immer ist dieses Verfahren direkt anwendbar, da es die Anwendung von im allgemeinen rechenintensiven numerischen Optimierungsverfahren erfordert. Auch ist es überhaupt nicht immer notwendig, auf dieses Verfahren zurückzugreifen, da z.B. das einfache Kleinst-Quadrate Schätzverfahren unter bestimmten Annahmen mit dem Maximum-Likelihood-Verfahren übereinstimmt.

Um die Likelihoodfunktion schätzen zu können, mit der eine bestimmte gemeinsame Wahrscheinlichkeitsverteilung den beobachteten Prozeß erzeugt hat, muß diese gemeinsame Wahrscheinlichkeitsverteilung eine formale Struktur erhalten. Mit anderen Worten: Man trifft eine Annahme bezüglich der zugrundeliegenden gemeinsamen Wahrscheinlichkeitsverteilung. Gewöhnlich geschieht dies über die Spezifikation einer gemeinsamen Dichtefunktion[6]; meist nimmt man an, daß eine multivariate Normalverteilung vorliegt.

Definition 1 Die multivariate Normalverteilung[7]
Sei $X = (X_1, \ldots, X_T)'$ ein Vektor von T stetigen Zufallsvariablen mit den Erwartungswerten $\mu = (\mu_1, \ldots, \mu_T)'$ und den Varianzen und Kovarianzen $\sigma_{X_t X_{t+\tau}}$. Die Varianzen und Kovarianzen sind dabei in einer Kovarianzmatrix

$$\Sigma = \begin{pmatrix} \sigma^2_{X_1} & \sigma_{X_1 X_2} & \cdots & \sigma_{X_1 X_T} \\ \sigma_{X_2 X_1} & \sigma^2_{X_2} & \cdots & \sigma_{X_2 X_T} \\ \cdots & \cdots & \cdots & \cdots \\ \sigma_{X_T X_1} & \sigma_{X_T X_2} & \cdots & \sigma^2_{X_T} \end{pmatrix} \tag{2.9}$$

zusammengefaßt. Dann ist X multivariat normalverteilt, wenn die gemeinsame Dichtefunktion von X die Form

$$f(x) = \frac{1}{(2\pi)^{T/2}} |\Sigma|^{-\frac{1}{2}} e^{-\frac{1}{2}(x-\mu)'\Sigma^{-1}(x-\mu)}. \tag{2.10}$$

aufweist. Dabei bezeichne der Vektor x eine Realisation von X.

Man sieht, daß die multivariate Normalverteilung für eine Realisation einer Zeitreihe mit Länge T durch T Erwartungswerte und T^2 (Ko)Varianzen, also insgesamt

[6] Nicht immer existieren Dichtefunktionen von Wahrscheinlichkeitsverteilungen. Diese Verteilungen sind dann durch allgemeinere Konzepte definiert. Vgl. dazu z.B. die Klasse der stabilen Verteilungen in Brockwell und Davis [24, 1991, S. 535].

[7] Vgl. Priestley [165, 1981, S. 90f.].

$T + T^2$ Parameter spezifiziert werden muß. Damit läßt sich eine derart allgemeine Verteilung nicht schätzen.

Es ist deshalb notwendig, die Zahl der zu schätzenden Parameter durch weitere Annahmen über die Struktur der Verteilung weiter zu reduzieren. Eine sehr hilfreiche Annahme ist dabei die Annahme der ***Stationarität***[8]. Dabei werden verschiedene Grade der Stationarität unterschieden. ***Streng stationäre*** stochastische Prozesse weisen die Eigenschaft auf, daß sich ihre statistischen Eigenschaften über die Zeit hin nicht ändern. Formal bedeutet dies, daß gilt:

$$F_{X_1,\ldots,X_T}(x_1,\ldots,x_T) = F_{X_{1+k},\ldots,X_{T+k}}(x_1,\ldots,x_T), \qquad \text{für beliebige } k \in Z, \quad (2.11)$$

d.h. die gemeinsame Wahrscheinlichkeitsfunktion des Prozesses $\{X_1,\ldots,X_T\}$ ist identisch mit der des um k Zeitpunkte verschobenen Prozesses $\{X_{1+k},\ldots,X_{T+k}\}$.

Auf die multivariate Normalverteilung (2.10) angewendet, impliziert dies erstens, daß die Erwartungswerte μ_t konstant sind

$$\mu_t = \bar{\mu} \qquad \text{für alle } t \in T, \quad (2.12)$$

und zweitens, daß die Kovarianzen nur von der zeitlichen Differenz τ der Zufallsvariablen abhängen

$$\sigma_{X_t X_{t+\tau}} = \gamma(\tau) \qquad \text{für alle } t, t+\tau \in T. \quad (2.13)$$

Die erstgenannte Eigenschaft wird als *Mittelwertstationarität* bezeichnet, die letztgenannte Eigenschaft als *Kovarianzstationarität*[9]. Die Autokovarianzfunktion $\gamma(\tau)$, $\tau \in T$ ist dann stationär, d.h. unabhängig von t. Weist ein stochastischer Prozeß beide Eigenschaften auf, so ist er *schwach stationär.* Im Fall einer multivariaten Normalverteilung (Definition 1) impliziert schwache Stationarität bereits starke Stationarität, da die gemeinsame Dichtefunktion der multivariaten Normalverteilung durch Erwartungswerte und Kovarianzen vollständig parametrisiert wird. Solange eine multivariate Normalverteilung unterstellt wird, ist es demnach völlig ausreichend von Stationarität zu sprechen.

Legt man also eine stationäre multivariate Normalverteilung zugrunde, so reduziert sich die Zahl der Parameter auf $T + 1$, einen Erwartungswert μ und T (Auto-) kovarianzen. Noch immer ist die Zahl der zu schätzenden Kovarianzen jedoch zu groß, d.h. der Kovarianzmatrix müssen weitere Restriktionen auferlegt werden. Ein möglicher Schritt in diese Richtung ist die Annahme, daß der stochastische Prozeß $\{X_t\}$ einem allgemeinen linearen Prozeß entspricht. Zu dessen Definition ist es notwendig, einen zweiten stationären stochastischen Prozeß $\{\varepsilon_t\}_{t \in Z}$

[8] Vgl. Priestley [165, 1981, S. 104ff.]

[9] Jeder streng stationäre Prozeß ist mittelwert- und kovarianzstationär, sofern die Erwartungswerte und Kovarianzen existieren. Die Umkehrung gilt natürlich nicht.

einzuführen, der ebenfalls multivariat normalverteilt ist mit Erwartungswert μ_ε und der denkbar einfachsten Kovarianzmatrix

$$\Sigma_\varepsilon = \begin{pmatrix} \sigma_\varepsilon^2 & 0 & \cdots & 0 \\ 0 & \sigma_\varepsilon^2 & \cdots & 0 \\ \cdots & \cdots & \cdots & \cdots \\ 0 & 0 & \cdots & \sigma_\varepsilon^2 \end{pmatrix} = I\sigma_\varepsilon^2. \tag{2.14}$$

Damit sind die ε_t unkorreliert. Durch die Annahme der Normalverteilung impliziert dies auch die Unabhängigkeit der ε_t. Aufgrund der Unabhängigkeit zwischen den ε_t läßt sich die gemeinsame Dichte direkt aus dem Produkt der marginalen Dichtefunktionen berechnen, so daß dieser stochastische Prozeß bereits durch eine univariate Normalverteilung $\varepsilon_t \sim N(0, \sigma_\varepsilon^2)$ für alle $t \in Z$ definiert ist. Stochastische Prozesse dieser Art werden als *Weißes Rauschen* oder als White Noise Prozeß[10] bezeichnet.

Ein *allgemeiner linearer Prozeß* $\{X_t\}_{t \in Z}$ ist nun definiert durch

$$X_t = \sum_{u=-\infty}^{\infty} a_u \varepsilon_{t-u}, \tag{2.15}$$

wobei $\{\varepsilon_t\}_{t \in Z}$ Weißem Rauschen mit Erwartungswert μ_ε und Varianz σ_ε^2 entspricht. Die Parameterfolge $\{a_u\}_{u \in Z}$ wird dabei häufig als *linearer Filter* bezeichnet. Damit die Varianz von X_t endlich bleibt, muß für den linearen Filter $\{a_u\}_{u \in Z}$ gelten, daß[11]

$$\sum_{u=-\infty}^{\infty} a_u^2 < \infty. \tag{2.16}$$

Dies ergibt sich direkt durch Anwendung von Gleichung (2.8) auf (2.15)

$$\sigma_X^2 = \sigma_\varepsilon^2 \left(\sum_{u=-\infty}^{\infty} a_u^2 \right). \tag{2.17}$$

Entsprechend Gleichung (2.13) berechnet sich die Autokovarianzfunktion $\gamma(\tau)$ eines allgemeinen linearen Prozesses unter der Annahme, daß $E[\varepsilon_t] = 0$, durch

$$\gamma(\tau) = E[X_t X_{t+\tau}] = \sigma_\varepsilon^2 \left(\sum_{u=-\infty}^{\infty} a_u a_{u+\tau} \right) \tag{2.18}$$

---

[10] Man beachte, daß die Zufallsvariablen bei Weißem Rauschen nicht notwendigerweise normalverteilt und damit unabhängig sein müssen. Es ist völlig ausreichend, daß sie unkorreliert sind, d.h. daß alle Kovarianzen Null sind, also eine Kovarianzmatrix der Form (2.14) aufweist. Vgl. dazu auch Priestley [165, 1981, S. 114f.]).

[11] Schlittgen und Streitberg [172, 1989S. 87, Def. 2.3.2.3] fordern, daß die Folge der Parameter $\{a_u\}$ absolut summierbar sei, d.h. gilt, daß $\sum_{u=-\infty}^{\infty} |a_u| < \infty$. Diese Bedingung ist restriktiver, da sie die obere Konvergenzbedingung enthält. Vgl. dazu Fuller [75, 1976, S. 27].

Unter der getroffenen Annahme $\sum_{u=-\infty}^{\infty} a_u^2 < \infty$ ist der allgemeine lineare Prozeß auch stationär, da die absoluten Beträge der Kovarianzen immer kleiner oder gleich der Varianz sind und darüber hinaus, wie in Gleichung (2.13) gefordert, unabhängig von t sind[12].

Durch die Annahme eines allgemeinen linearen Prozesses erreicht man erstens, daß die Abhängigkeitsstruktur, die zwischen den Zufallsvariablen des stochastischen Prozesses $\{X_t\}$ besteht, vollkommen durch die Folge $\{a_u\}_{u \in Z}$ erfaßt wird, und zweitens, daß die Stochastik in dem Prozeß auf einfaches Weißes Rauschen $\{\varepsilon_t\} \sim N(\mu_\varepsilon, \sigma_\varepsilon^2)$ zurückgeführt werden kann. Natürlich liegen für das Weiße Rauschen keine Beobachtungen vor, so daß dessen Erwartungswert und Varianz auch aus der beobachteten Zeitreihe $\{x_t\}$ geschätzt werden müssen.

Indem die Stochastik in dem Prozeß $\{X_t\}$ ausschließlich auf die ε_t's des Weißen Rauschens beschränkt ist, ist es möglich, sehr einfach die Auswirkung einer Störung ε_t zum Zeitpunkt t auf die zukünftige Entwicklung der $X_{t+u}, u > 0$ durch Betrachtung der Parameter $a_u, u > 0$, zu analysieren. Setzt man darüber hinaus für alle $u < 0$ die $a_u = 0$, so haben zukünftige zufällige Ereignisse keinen Einfluß auf die Gegenwart. Prozesse dieser Art werden als *kausal* bezeichnet[13].

Mit Hilfe kausaler allgemeiner linearer Prozesse ist es nun möglich, das Konzept des Gedächtnisse oder des Memory eines stochastischen Prozesses einzuführen, das im Rahmen dieser Arbeit eine wesentliche Rolle spielt. Man sagt, daß der Prozeß $\{X_t\}$ ein *Gedächtnis* oder *Memory* habe, wenn nicht alle $a_u, u > 0$, gleich Null sind, da der Einfluß eines Störterms ε_t sich auf zukünftige X_{t+u} erstreckt und damit nicht sofort vergessen wird. Es ist naheliegend, von einem kurzen Gedächtnis dann zu sprechen, wenn der Einfluß einer Störung ε_t relativ schnell verschwindet und entsprechend von einem langen Gedächtnis, wenn dies nicht der Fall ist. Die einfachste Operationalisierung dieser Idee erfolgt mit Hilfe der Autokovarianzfunktion, die sich ja aus der Parameterfolge $\{a_u\}_{u \in N}$ ergibt.

Definition 2 Short, Intermediate und Long Memory[14]
Ein stochastischer Prozeß besitzt ein kurzes Gedächtnis bzw. Short Memory, wenn dessen Autokovarianzfunktion mit exponentieller Rate oder schneller abklingt, d.h.

$$|\gamma(\tau)| \leq C g^{\tau} \quad \textit{für} \quad \tau = 1, 2 \ldots \tag{2.19}$$

erfüllt ist, wobei $C > 0$ und $0 < g < 1$ gilt. Ein stochastischer Prozeß besitzt

[12] Vgl. hierzu z.B. Priestley [165, 1981, Unterabschnitt 3.5.7, S. 143].

[13] Vgl. dazu Brockwell und Davis [24, 1991, S. 81-83].

[14] Diese Definition von Short und Long Memory haben McLeod und Hipel [147, 1978, S. 492] eingeführt.

Intermediate Memory, wenn er nicht zu den Short Memory-Prozessen gehört, aber eine absolut summierbare Autokovarianzfunktion aufweist, d.h.

$$\sum_{\tau=-\infty}^{\infty} |\gamma(\tau)| < \infty \tag{2.20}$$

gilt. Ein Long Memory-Prozeß ist hingegen durch eine Autokovarianzfunktion charakterisiert, die nicht absolut summierbar ist

$$\sum_{\tau=-\infty}^{\infty} |\gamma(\tau)| \rightarrow \infty. \tag{2.21}$$

Damit die Bedingung für Short Memory erfüllt ist, müssen also die Autokovarianzen für $\tau \rightarrow \infty$ schnell genug gegen Null konvergieren, was nichts anderes bedeutet, als daß ihr Einfluß für große τ verschwindet. Ist dies nicht der Fall, d.h. sind die Autokovarianzen für große τ's groß, so weist ein Störterm auch nach vielen Perioden noch beträchtlichen Einfluß auf. Die Autokovarianzfunktion ist dann nicht mehr absolut summierbar und der Prozeß besitzt Long Memory. Intermediate Prozesse liegen zwischen beiden Extremen.

Um nun allgemeine lineare Prozesse empirisch anwendbar zu machen, ist es natürlich notwendig, durch weitere Annahmen die Zahl der Parameter begrenzt und möglichst klein zu halten, ohne notwendigerweise die unendliche Autokovarianzfunktion aufgeben zu müssen. Verschiedene Sonderfälle eines linearen Prozesses stehen hier zur Verfügung, teils mit unendlicher, teils mit endlicher Autokovarianzfunktion:

1. der Moving-Average-Prozeß,
2. der autoregressive Prozeß,
3. der autoregressive Moving-Average-Prozeß,
4. der fraktional integrierte autoregressive Moving-Average-Prozeß (Long Memory-Prozeß).

Die ersten drei Prozesse gehören zur Klasse der Short Memory-Modelle und werden im anschließenden Abschnitt 2.2 näher besprochen. Der theoretischen Darstellung des fraktional integrierten autoregressiven Moving-Average-Prozesses ist das gesamte Kapitel 3 gewidmet. Bevor diese verschiedenen Versionen allgemeiner linearer Prozesse im Detail eingeführt werden, ist es jedoch angebracht, einige Konzepte der Zeitreihenanalyse aus dem Frequenzbereich einzuführen, da diese bei der Ableitung aller Schätzverfahren in Kapitel 4 eine wichtige Rolle spielen.

2.1.2 Grundlagen stochastischer Prozesse im Frequenzbereich

In den vorangegangenen Absätzen wurden die stochastischen Abhängigkeiten von stationären stochastischen Prozessen ausschließlich durch die Autokovarianzfunktion beschrieben. Da die Autokovarianzfunktion stochastische Beziehungen zwischen den Zufallsvariablen zu verschiedenen Zeitpunkten erfaßt, sagt man, sie definiere die Eigenschaften eines stochastischen Prozesses im Zeitbereich. Damit hat man aber die Eigenschaften von stationären stochastischen Prozessen keineswegs vollständig beschrieben, denn stationäre Prozesse lassen sich im allgemeinen darüber hinaus als Überlagerung von Zyklen darstellen, wobei die Länge der Perioden dieser Zyklen mindestens 2 beträgt. Häufig werden anstelle der Periodenlängen deren Frequenzen angegeben. Die *Frequenz f* gibt an, wieviele volle Schwingungen in einer Zeiteinheit erfolgen und ist somit der Reziprokwert der Periodenlänge [*Frequenz = 1/Periodenlänge*]. Ist die Zeiteinheit eine Sekunde, so erhält man die Einheit Hertz. In der Zeitreihenanalyse wird darüber hinaus häufig mit der *Winkel- oder Kreisfrequenz* ω gearbeitet. Sie ergibt sich direkt aus $\omega = 2\pi f$. Die Beschreibung eines stochastischen Prozesses im Frequenzbereich erfolgt, indem die Anteile der verschiedenen Frequenzen bzw. Periodenlängen dargestellt werden. Dies geschieht mit Hilfe der Spektraldichtefunktion. Ihrer Ableitung sind die folgenden Absätze gewidmet. Die Vorgehensweise entspricht dabei der von Priestley [165, 1981, S. 186ff.], der eine sehr anschauliche Einführung in die Theorie im Frequenzbereich einschließlich einer detaillierten Darstellung von Voraussetzungen und Ableitungen gibt.

Um das Verständnis der Ableitung der Spektraldichtefunktion eines stationären stochastischen Prozesses zu erleichtern, ist es angebracht, Spektraldichtefunktionen von sowohl periodischen als auch nichtperiodischen deterministischen Funktionen abzuleiten. Aus der Theorie periodischer Funktionen weiß man, daß unter nahezu immer erfüllbaren Voraussetzungen sich jede stetige periodische Funktion $X(t)$ als eine unendliche gewichtete Summe von Sinus- und Kosinustermen ausdrücken läßt. Diese Summen werden als Fourierreihen bezeichnet:

$$X(t) = 1/2a_0 + \sum_{n=1}^{\infty}(a_n \cos nt + b_n \sin nt) \tag{2.22}$$

Das Vorteilhafte daran ist, daß die Gewichte der einzelnen Sinus- und Kosinusterme $a_n, b_n, n = 1, 2, \ldots$ aus den Euler-Fourier Formeln errechnet werden können

$$a_n = \frac{1}{\pi}\int_{-\pi}^{\pi} X(t)\cos ntdt, \qquad n = 1, 2, \ldots \tag{2.23}$$

$$b_n = \frac{1}{\pi}\int_{-\pi}^{\pi} X(t)\sin ntdt, \qquad n = 1, 2, \ldots, \tag{2.24}$$

so daß eineindeutige Beziehungen zwischen den Gewichten und der Funktion X_t selbst bestehen.

Darüber hinaus erlaubt diese Schreibweise eine anschauliche Interpretation. Beschreibt $\int_{-\pi}^{\pi} X^2(t)dt$ die gesamte Energie eines Systems während des Intervalls $(-\pi, \tau)$[15], dann ergibt sich die Leistung dieses Systems, d.h. der Quotient aus Energie und Zeit, aus

$$\frac{\int_{-\pi}^{\pi} X^2(t)dt}{2\pi} = \frac{\frac{1}{2}a_0^2 + \sum_{n=1}^{\infty}(a_n^2 + b_n^2)}{2}. \tag{2.25}$$

Die Summe $(a_n^2 + b_n^2)/2$ gibt also gerade den Leistungsbeitrag des Terms $a_n \cos nt + b_n \sin nt$ an. Dieser Term weist die Periodenlänge $(2\pi/n)$ bzw. die Frequenz von $n/2\pi$ auf. Trägt man nun in einem Diagramm die Frequenzen auf der Abszisse auf und den jeweiligen Leistungsbeitrag dieser Frequenz auf der Ordinate, so erhält man ein diskretes Leistungsspektrum.

Diese Eigenschaften bleiben bei Anwendung auf nichtperiodische Funktionen erhalten, sofern die Funktion $X(t)$ absolut integrierbar ist, d.h. $\int_{-\infty}^{\infty} |X(t)|dt < \infty$ erfüllt ist und darüber hinaus "gutmütiges" Verhalten besitzt. Nutzt man dabei den Zusammenhang zwischen den trigonometrischen Funktionen Sinus sowie Kosinus und den komplexen Zahlen aus, so erhält man nach einer geeigneten Umdefinition von Gleichung (2.22) und Grenzwertbildung anstelle der Summe eine sogenannte Fourierintegraldarstellung von X_t

$$X(t) = \int_{-\infty}^{\infty} p(f)e^{i2\pi ft}df, \tag{2.26}$$

mit

$$p(f) = \int_{-\infty}^{\infty} X(t)e^{-i2\pi ft}dt. \tag{2.27}$$

$p(f)$ wird dabei als *Fouriertransformierte* bezeichnet. Da in der Zeitreihenanalyse häufig Kreisfrequenzen verwendet werden, ist es nützlich, noch die entsprechend modifizierte Version von (2.26) und (2.27) anzugeben

$$X(t) = \frac{1}{\sqrt{2\pi}} \int_{-\infty}^{\infty} G(\omega)e^{i\omega t}d\omega \tag{2.28}$$

mit

$$G(\omega) = \frac{1}{\sqrt{2\pi}} \int_{-\infty}^{\infty} X(t)e^{-i\omega t}dt. \tag{2.29}$$

Im Gegensatz zu periodischen Funktionen erfordert die Fourierintegraldarstellung einen stetigen Bereich der Frequenzen, da sie das Ergebnis einer Grenzwertbildung einer Funktion mit Periode $2T$ mit $T \to \infty$ ist. Dabei ergibt sich

[15] Vgl. Priestley [165, 1981, S. 195].

eine Verallgemeinerung auf andere Periodizitäten von (2.22) einfach, indem eine neue Funktion $Y(t)$ durch $Y(t) = X(tT/\pi)$ definiert wird. Die Stetigkeit der Frequenzen hat zur Folge, daß sich die Leistungsanteile nicht mehr wie in (2.25) auf einzelne Frequenzen aufteilen lassen, sondern nur auf Frequenzbänder zwischen ω und $\omega + d\omega$. Dies ergibt sich aus der Anwendung von Parseval's Beziehung für Fourierintegrale

$$\int_{-\infty}^{\infty} X^2(t)dt = \int_{-\infty}^{\infty} |G(\omega)|^2 d\omega.$$

Die Funktion $|G(\omega)|^2$ wird ganz analog zur Definition einer Wahrscheinlichkeitsdichtefunktion als *Energiespektraldichtefunktion* bezeichnet.

Mit Hilfe dieser Konzepte bereitet nun die Ableitung der Spektraldichtefunktion eines stationären stochastischen Prozesses keine große Schwierigkeiten mehr. Dreierlei ist bei einer Übertragung der Spektraldichtekonzepte deterministischer Funktionen auf stationäre stochastische Prozesse zu beachten. Erstens werden hier keine zeitstetige, sondern nur zeitdiskrete stochastische Prozesse $\{X_t\}_{t \in Z}$ betrachtet, da insbesondere in der ökonomischen Anwendung kein Kontinuum an Beobachtungen vorliegt. Zweitens konvergiert eine Realisation eines stochastischen Prozesses für $t \to \infty$ normalerweise nicht gegen Null und drittens stellt ein stochastischer Prozeß eine unendliche Zahl von Realisationen dieses Prozesses dar. Aufgrund der ersten Eigenschaft reduziert sich der Integrationsbereich des Fourierintegrals in (2.28) auf die Kreisfrequenzen innerhalb $(-\pi, \pi)$[16]

$$X(t) = \frac{1}{\sqrt{2\pi}} \int_{-\pi}^{\pi} G(\omega) e^{i\omega t} d\omega \tag{2.30}$$

und die Fouriertransformierte $G(\omega)$ wird durch Summation über die diskrete Funktion X_t gebildet[17]

$$G(\omega) = \frac{1}{\sqrt{2\pi}} \sum_{t=-\infty}^{\infty} X(t) e^{-i\omega t}. \tag{2.31}$$

Die zweite Eigenschaft kann berücksichtigt werden, indem zur Ableitung der Spektraldichtefunktion zunächst von einem endlichen Ausschnitt des stochastischen Prozesses innerhalb $(-T, T)$ ausgegangen und anstatt der Energie die Leistung betrachtet wird. Mit der anfänglichen Beschränkung auf einen endlichen Ausschnitt, die am Ende durch Grenzwertbildung wieder aufgehoben wird, wird sichergestellt, daß die Fouriertransformatierte (2.31) existiert, da dann in (2.31)

[16]Dies ist darauf zurückzuführen, daß aufgrund der fehlenden Beobachtungen zwischen zwei benachbarten Beobachtungen x_t und x_{t+1} nicht zwischen den Frequenzen ω und $\omega + 2k\pi, k \in N$ unterschieden werden kann, einem Effekt der als Aliasing bezeichnet wird. Vgl. dazu auch in einem ähnlichen Zusammenhang Priestley [165, 1981, S. 224].

[17]Die Aufteilung des Faktors $1/(2\pi)$ ist in der Literatur nicht einheitlich, wurde hier aber konsistent gewählt.

gerade $2T$ Summanden addiert werden. Die so gebildete Fouriertransformation

$$G_T(\omega) = \frac{1}{\sqrt{2\pi}} \sum_{t=-T}^{T} X(t)e^{-i\omega t}. \tag{2.32}$$

wird mit $G_T(\omega)$ bezeichnet.

Dem dritten Problem der unendlichen Zahl von Realisationen wird durch Bildung des Erwartungswertes über $G_T(\omega)$ Rechnung getragen. Ist die Bildung des Erwartungswertes sowie die anschließende Grenzwertbildung für $T \to \infty$ möglich, so erhält man die *(nicht normalisierte) Leistungsspektraldichtefunktion* eines stationären stochastischen Prozesses[18]

$$h(\omega) = \lim_{T\to\infty} \left[E \frac{|G_T(\omega)|^2}{2T} \right]. \tag{2.33}$$

$h(\omega)d\omega$ gibt dann über alle Realisationen hinweg den durchschnittlichen Leistungsbeitrag der Frequenzen innerhalb $(\omega, \omega + d\omega)$ zur Gesamtleistung an[19].

Ein wesentliches Ergebnis ist nun, daß die Leistungsspektraldichtefunktion, fortan nur noch Spektraldichtefunktion genannt, analog zu dem Fourierpaar (2.30) und (2.31) unter bestimmten Bedingungen zusammen mit der Autokovarianzfunktion wieder ein Fourierpaar bildet:

$$f(\omega) = \frac{1}{2\pi} \sum_{\tau=-\infty}^{\infty} \gamma(\tau)e^{-i\omega\tau} = \frac{1}{2\pi} \sum_{\tau=-\infty}^{\infty} \gamma(\tau)\cos(\omega\tau), \quad -\pi \le \omega \le \pi \tag{2.34}$$

$$\gamma(\tau) = \int_{-\pi}^{\pi} f(\omega)e^{i\omega\tau}d\omega = \int_{-\pi}^{\pi} f(\omega)\cos(\omega\tau)d\omega, \quad \ldots, -1, 0, 1, \ldots. \tag{2.35}$$

Damit herrscht eine eineindeutige Beziehung zwischen Frequenzbereich und Zeitbereich, so daß man den Bereich wählen kann, der für die Analyse geeigneter bzw. aussagekräftiger erscheint. Das zweite Gleichheitszeichen in beiden Gleichungen ist möglich, da sowohl die Spektraldichtefunktion als auch die Autokovarianzfunktion gerade Funktionen sind.

Gleichung (2.34) ist auf unterschiedliche Weise bewiesen worden[20]. Eine besonders gute Intuition vermittelt ein Beweisverfahren, das Priestley [165, 1981, S. 210ff.] auf stetige stochastische Prozesse angewendet hat. Dieses Verfahren kann ohne Aufwand auf die hier betrachteten diskreten Prozesse übertragen werden, indem folgende Beziehung für eine Fouriertransformierte verwendet wird. Sei

[18] Die normalisierte Leistungsspektraldichtefunktion erhält man, indem $h(\omega)$ mit der Varianz des analysierten Prozesses σ_X^2 normiert wird. Vgl. dazu Priestley [165, 1981, Kapitel 4.8.1].

[19] Vgl. Priestley [165, 1981, S. 208].

[20] Siehe z.B. Fuller [75, 1976, S. 115] oder Priestley [165, 1981, S. 225].

$H(\omega) = \sum_{t=-\infty}^{\infty} h_t e^{-i\omega t}$. Dann gilt[21]

$$|H(\omega)|^2 = \sum_{t=-\infty}^{\infty} k_t e^{-i\omega t} \tag{2.36}$$

mit

$$k_t = \sum_{u=-\infty}^{\infty} h_u h_{u-t}. \tag{2.37}$$

Wird diese Beziehung nun auf den Quotient $\frac{|G_T(\omega)|^2}{2T}$, der das zentrale Element der Definition der Spektraldichtefunktion (2.33) ist, angewendet, und zur Vereinfachung angenommen, daß $\mu = 0$, erhält man

$$\frac{|G_T(\omega)|^2}{2T} = \frac{1}{2\pi} \sum_{\tau=-\infty}^{\infty} \frac{\sum_{u=-T}^{T} X_u X_{u-\tau}}{2T} e^{-i\omega\tau} = \frac{1}{2\pi} \sum_{\tau=-\infty}^{\infty} \hat{\gamma}(\tau) e^{-i\omega\tau}. \tag{2.38}$$

$\hat{\gamma}(\tau)$ ist dabei durch[22]

$$\hat{\gamma}(\tau) = \begin{cases} \frac{1}{2T} \sum_{u=-T}^{T-|\tau|} X_u X_{u-|\tau|}, & \text{falls} \quad |\tau| \leq 2T, \\ 0, & \text{falls} \quad |\tau| \geq 2T, \end{cases}$$

gegeben. Man beachte dabei, daß per Definition (2.32) von $G_T(\omega)$ alle $X_t, |t| > T$ Null sind und somit die Summation von u auf den Bereich $(-T, T)$ beschränkt werden kann. Werden analog zu Priestley [165, 1981, S. 211-3] nunmehr, sofern möglich, der Erwartungswert und Grenzwert gebildet, ergibt sich gerade der Zusammenhang mit der theoretischen Autokovarianzfunktion $\gamma(\tau)$ und es folgt Gleichung (2.34). Letztlich resultiert der Zusammenhang mit der Autokovarianzfunktion also aus der Definition des Leistungsbeitrags $\frac{|G_T(\omega)|^2}{2T} d\omega$. Voraussetzung für eine Grenzwertbildung ist, daß die Autokovarianzfunktion schnell genug gegen Null konvergiert. Eine hinreichende Bedingung dafür ist die absolute Summierbarkeit von $\gamma(\tau)$. Gleichung (2.34) erlaubt außerdem eine anschauliche Interpretation der Spektraldichtefunktion, indem berücksichtigt wird, daß bei der Aufsummierung über alle τ's die Funktion $w(\tau, \omega) = \cos(\omega\tau)$ eine Gewichtung der einzelnen Autokovarianzen $\gamma(\tau)$ bewirkt, da $-1 \leq \cos(\tau\omega) \leq 1$, so daß gilt:

$$f(\omega) = \frac{1}{2\pi} \sum_{-\infty}^{\infty} \gamma(\tau) \cos(\omega\tau) = \frac{1}{2\pi} \sum_{-\infty}^{\infty} \gamma(\tau) w(\omega, \tau), \quad -\pi \leq \omega \leq \pi. \tag{2.39}$$

[21] Ein Beweis für stetige Prozesse, der leicht angepaßt werden kann, findet sich in Priestley [165, 1981, S. 210].

[22] Man beachte die Ähnlichkeit der Funktion $\hat{\gamma}(\tau)$ zur Definition der empirischen Autokovarianzfunktion (4.4) in Abschnitt 4.1. Die Funktion $\hat{\gamma}(\tau)$ unterscheidet sich von der empirischen Autokovarianzfunktion ausschließlich durch die Verwendung von Zufallsvariablen X_t anstelle von beobachteten Größen x_t.

Die Wirkung der Gewichtungsfunktion $w(\tau, \omega)$ sei anhand eines Beispiels erläutert. Hierzu wird eine zyklisch abnehmende Autokovarianzfunktion $\gamma(\tau)$ mit der Eigenschaft vorgegeben, daß die Zufallszahlen mit einem Abstand von fünf Perioden zueinander am stärksten positiv korreliert sind. Zur Veranschaulichung ist diese Autokovarianzfunktion in Abbildung 2.1 abgebildet[23]. Das heißt aber nichts an-

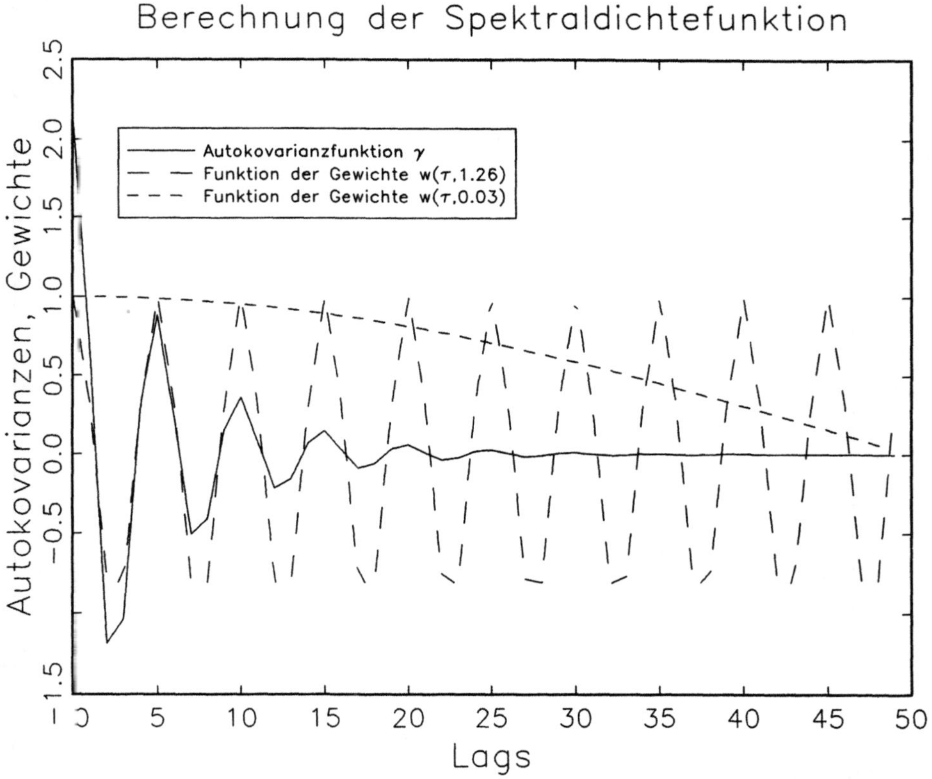

Abbildung 2.1: BERECHNUNG DER SPEKTRALDICHTEFUNKTION

deres, als daß der ausgeprägteste Zyklus dieses stochastischen Prozesses eine Periodenlänge von fünf hat, wobei eine Periodenlänge von fünf gerade einer Kreisfrequenz von $(2\pi)/5 = 0,4\pi$ entspricht. Betrachtet man nun in Abbildung 2.1 den Verlauf der Gewichte $w(\tau, \omega) = \cos(\tau\omega)$ für die ersten fünfzig Lags an der Kreisfrequenz $\omega = 0,4\pi = 1,26$, dann weisen die Gewichte die gleiche Zyklizität wie die Autokovarianzfunktion auf. Die Folge ist, daß die gewichtete Summe der Autokovarianzen an dieser Frequenz am größten sein muß, da die Vorzeichenentwicklung von $\gamma(\tau)$ und $w(\tau, 0, 4\pi)$ mit ansteigendem τ parallel verläuft und die

[23]Die Autokovarianzfunktion in Abbildung 2.1 entspricht einem AR(2)-Prozeß mit $\alpha_1 = 0,5$, $\alpha_2 = -0,7$ und $\sigma_\varepsilon^2 = 1$. Diese Prozesse werden in Abschnitt 2.2 genauer besprochen.

beide Funktionen ihre Maxima und Minima an den gleichen Lags τ aufweisen. Damit muß die Spektraldichte dieses Prozesses an dieser Frequenz ihr Maximum erreichen. Abbildung 2.2 verdeutlicht dies.

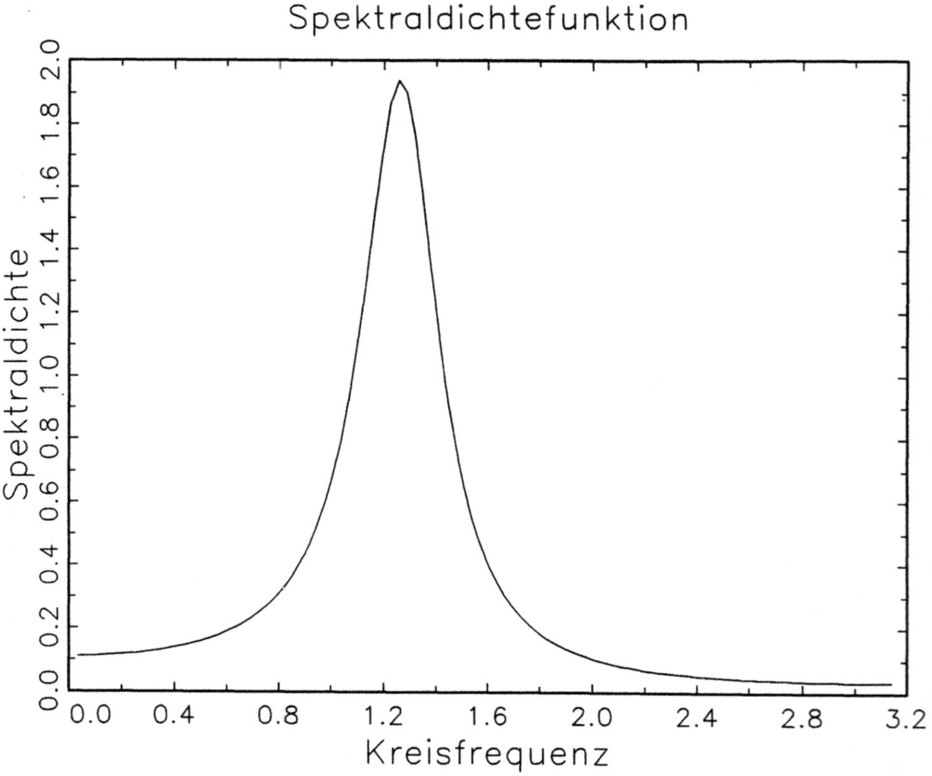

Abbildung 2.2: SPEKTRALDICHTEFUNKTION EINES ZYKLISCHEN STOCHASTISCHEN PROZESSES

Wird nun die Kreisfrequenz ω erhöht oder reduziert, verläuft die Entwicklung der Funktion der Gewichte $w(\tau,\omega) = \cos(\tau\omega)$ und der Autokovarianzfunktion nicht länger parallel. Folglich reduziert sich die gewichtete Summe, die die Spektraldichte $f(\omega)$ ergibt. Genau dies zeigt auch Abbildung 2.2. Die Spektraldichte spiegelt damit wieder, daß diese kleineren oder größeren Periodenlängen auch in der Autokovarianzfunktion schwächer ausgeprägt sind. Je weniger die Gewichtungsfunktion der Autokovarianzfunktion ähnelt, d.h. je weniger die Autokovarianzfunktion die Periodenlänge der Gewichtungsfunktion repräsentiert, desto geringer wird die gewichtete Summe und damit die Spektraldichte $f(\omega)$. Als Beispiel ist in Abbildung 2.1 $w(\tau,0{,}03\pi)$ eingetragen. In dem hier betrachteten

Fall kommt es dann immer mehr dazu, daß sich in einem gewissen Ausmaß die Autokovarianzen aufgrund des ständigen Vorzeichenwechsels gegenseitig neutralisieren, so daß die Spektraldichte im Vergleich zum jeweiligen Maximum sehr kleine Werte aufweist.

Interessant ist außerdem der Extremfall einer unendlichen Periodenlänge bzw. einer Kreisfrequenz von Null $\omega = 0$. Dann gilt für alle Gewichte $w(\tau, 0) = 1$. Damit ist die Spektraldichte am Ursprung die gleichgewichtete unendliche Summe aller Autokovarianzen, so daß die Spektraldichte am Ursprung nur dann endlich ist, wenn die Autokovarianzen mit zunehmenden Lags schnell genug gegen Null gehen. Eine hinreichende Bedingung hierfür ist deshalb die absolute Summierbarkeit der Autokovarianzfunktion. Je größer jedoch die Periodenlängen von Zyklen in stochastischen Prozessen werden, desto größer wird die Spektraldichte am Ursprung. Werden die stochastischen Abhängigkeiten zwischen weit auseinanderliegenden Zufallsvariablen so groß, daß die Autokovarianzfunktion nicht mehr absolut summierbar ist, ist die Spektraldichte am Ursprung, wie in Abschnitt 3.1 gezeigt werden wird, in der Tat unendlich. Genau dann liegt aber gemäß Definition 2 Long Memory vor.

Der andere Extremfall liegt vor, wenn ein stochastischer Prozeß überhaupt keine stochastische Struktur aufweist und damit Weißem Rauschen entspricht. In diesem Fall sollte die Spektraldichte unabhängig von der Gewichtung der Autokovarianzen sein, da alle Autokovarianzen für $\tau \neq 0$ Null sind. Genau dies ist der Fall, denn die Spektraldichtefunktion von Weißem Rauschen

$$f_\epsilon(\omega) = \frac{1}{2\pi}\sigma_\epsilon^2 e^{-i\omega 0} = \frac{1}{2\pi}\sigma_\epsilon^2. \tag{2.40}$$

ist nach Gleichung (2.34) für alle Kreisfrequenzen ω ein Vielfaches der Varianz des Weißen Rauschens σ_ϵ^2. Damit ist die intuitive Veranschaulichung von Gleichung (2.34) abgeschlossen.

Die Inverse zu Gleichung (2.34) in Form von Gleichung (2.35) ergibt sich direkt als inverse Fouriertransformierte. Damit ist es möglich, die Autokovarianzfunktion aus der Spektraldichtefunktion zu gewinnen, sofern diese bekannt ist. Diese Vorgehensweise wird sich in Abschnitt 3.1 als sehr hilfreich bei der Berechnung der Autokovarianzfunktion eines fraktional integrierten ARMA-Prozesses erweisen.

Wie sich in den folgenden zwei Abschnitten zeigen wird, ist es nicht immer einfach, eine explizite Formel zur Berechnung der Autokovarianzfunktion anzugeben, so daß die Berechnung der Autokovarianzfunktion mit Hilfe von Gleichung (2.35) umständlich und schwierig wäre. Folgender wichtige Zusammenhang zwischen den Spektraldichtefunktionen von zwei linearen stationären Prozessen erlaubt eine wesentlich einfachere Berechnung. Sei $\{Y_t\}$ ein stationärer Prozeß mit

Erwartungswert Null und Spektraldichtefunktion $f_Y(\omega)$. Außerdem konvergiere die Fouriertransformierte $a(e^{-i\omega}) = \sum_{u=-\infty}^{\infty} a_u e^{-iu\omega}$ des linearen Filters $\{a_u\}_{u\in Z}$ in einem bestimmten Sinne[24] . Dann ist der Prozeß

$$X_t = \sum_{u=-\infty}^{\infty} a_u Y_{t-u},$$

stationär und hat die Spektraldichtefunktion

$$f_X(\omega) = |a(e^{-i\omega})|^2 f_Y(\omega). \tag{2.41}$$

Damit ist die Spektraldichtefunktion eines allgemeinen linearen Prozesses unter Berücksichtigung der Spektraldichte von Weißem Rauschen (2.40) gegeben durch

$$f_X(\omega) = \frac{1}{2\pi}\sigma_\varepsilon^2 |a(e^{-i\omega})|^2. \tag{2.42}$$

Die Einführung in die Konzepte der Zeitreihenanalyse ist nunmehr abgeschlossen und es kann im folgenden Abschnitt mit der Darstellung verschiedener Spezifikationen der allgemeinen linearen Prozesse mit Short Memory begonnen werden.

2.2 Autoregressive Moving-Average-Modelle oder Modelle mit Short Memory

Dieser Abschnitt dient der Einführung in die Modelle, die seit Box und Jenkins [21, 1970] zu den Grundlagen der Zeitreihenanalyse gehören. Dazu zählen das autoregressive Modell der Ordnung p, das Moving-Average-Modell der Ordnung q sowie das autoregressive Moving-Average-Modell der Ordnung (p,q). Wesentlich wird dabei jeweils der Nachweis sein, daß all diese Modelle Short Memory aufweisen.

Wie bereits im vorangegangenen Abschnitt angesprochen, sind diese Modelle eine Möglichkeit, die Zahl der zu schätzenden Parameter in einem allgemeinen linearen Prozeß (2.15) zu limitieren. Da normalerweise für zukünftige ökonomische Ereignisse keine Daten zur Verfügung stehen, ist es für die empirische Anwendung notwendig, kausale Prozesse zu betrachten, d.h. für alle $u < 0$ $a_u = 0$ zu setzen.

[24]Vgl. zu den genauen Konvergenzbedingungen Brockwell und Davis [24, 1991, S. 154, Theorem 4.10.1]. Der Beweis erfordert die spektrale Darstellungsweise einer Zeitreihe, die hier nicht zur Verfügung steht. In den Standardbeweisen (Schlittgen und Streitberg [172, 1989, S. 124] oder Priestley [165, 1981, S. 264 - 268]) wird die restriktivere Konvergenzbedingung der absoluten Summierbarkeit des linearen Filters $\{a_u\}_{u\in Z}$ sowie der Autokovarianzfunktion vorausgesetzt.

Das einfachste Short Memory-Modell, abgesehen vom Weißen Rauschen, erhält man, indem die Folge der Parameter $\{a_u\}_{u \in N}$ nach dem q-ten Glied abgebrochen wird. Dieses Modell

$$X_t = \sum_{u=0}^{q} \beta_u \varepsilon_{t-u} \tag{2.43}$$

wird als *Moving-Average-Modell der Ordnung q* bzw. als ein *MA(q)-Modell* bezeichnet und wird durch die q Moving-Average-Parameter $\beta_u, u = 0, \ldots, q$ mit $\beta_0 = 1$ und die Varianz des Weißen Rauschens σ^2 parametrisiert. Mit Hilfe der Definition des Backshiftoperators B

$$Bx_t = x_{t-1} \tag{2.44}$$

ist es möglich, ein MA-Polynom der Moving-Average-Parameter zu definieren

$$\beta(B) = 1 + \beta_1 B + \beta_2 B^2 + \ldots + \beta_q B^q, \tag{2.45}$$

das es einem erlaubt, Gleichung (2.43) in Kurzform zu schreiben als

$$X_t = \beta(B)\varepsilon_t. \tag{2.46}$$

Dieses Modell zeichnet sich dadurch aus, daß jede Zufallsvariable X_t einer Summe von nur q Störvariablen $\varepsilon_{t-u}, u = 0, \ldots, q$, entspricht. Dies bedeutet, daß eine Störung ε_t sich nur bis in Periode $t + q$ auswirkt. Damit hat der Prozeß $\{X_t\}$ ein sehr begrenztes Gedächtnis in dem Sinne, daß der Einfluß einer Störung ε_t schon nach $t + q + 1$ Perioden vergessen wird. X_t und X_{t+q+1} haben somit keine gemeinsame Information aus dem Weißen Rauschen. Entsprechend sollte die Kovarianz dieser beiden Größen Null sein. Genau dies ergibt sich aus der Berechnung der Autokovarianzfunktion nach (2.18)

$$\gamma(\tau) = \begin{cases} \sigma_\varepsilon^2 \left(\sum_{u=0}^{q-\tau} \beta_u \beta_{u+\tau} \right), & 0 \leq \tau \leq q \\ 0, & \tau > q \\ \gamma(-\tau), & \tau < 0 \end{cases} . \tag{2.47}$$

Damit erfüllt die Autokovarianzfunktion eines Moving-Average-Prozesses der Ordnung q die Definitionsgleichung (2.19) von Short Memory-Prozessen.

Ist q unendlich, so unterscheidet sich der unendliche Moving-Average-Prozeß nur durch die Kausalitätseigenschaft $a_u = 0$, $u < 0$ von einem allgemeinen linearen Prozeß. Bezeichnet $\theta(B)$ ein unendliches MA-Polynom, ergibt sich aus der Existenz- bzw. Stationaritätsbedingung des allgemeinen linearen Prozesses (2.16) sofort die Stationaritätsbedingung eines MA(∞)-Prozesses

$$\sum_{u=0}^{\infty} \theta_u^2 < \infty. \tag{2.48}$$

Über die Art des Gedächtnisses läßt sich damit jedoch nichts mehr aussagen, da aus der Stationaritätsbedingung (2.48) alleine keine Aussagen über die absolute Summierbarkeit der Autokovarianzfunktion eines unendlichen MA-Prozesses gemacht werden können.

Viele stochastische Prozesse sind natürlich nicht durch eine Autokovarianzstruktur eines MA(q)-Modells zu erfassen. Möchte man eine Autokovarianzfunktion modellieren, die erst mit $\tau \to \infty$ gegen Null geht, so ist es das Einfachste, eine gewisse Klasse von unendlichen Moving-Average-Prozessen zu betrachten, die sich gerade dadurch auszeichnet, daß sie eine autoregressive Repräsentation mit p Parametern besitzt

$$X_t - \alpha_1 X_{t-1} - \ldots - \alpha_p X_{t-p} = \varepsilon_t. \tag{2.49}$$

Analog zum Moving-Average-Prozeß läßt sich ein AR-Polynom

$$\alpha(B) = 1 - \alpha_1 B - \ldots - \alpha_p B^p \tag{2.50}$$

definieren, so daß sich für diesen als *autoregressiven Prozeß der Ordnung p* bzw. *AR(p)* bezeichneten Prozeß die Kurzform

$$\alpha(B)X_t = \varepsilon_t \tag{2.51}$$

ergibt.

Für AR(p)-Prozesse gilt allgemein, daß sie ebenfalls zu den Short Memory-Prozessen gehören, sofern sie kausal sind, d.h. falls sie als ein unendlicher MA-Prozeß dargestellt werden können, der die Stationaritätsbedingung (2.48) erfüllt. Diese Bedingung wird als *Kausalitätsbedingung* bezeichnet[25]. Für den einfachsten autoregressiven Prozeß, den AR(1)-Prozeß, läßt sich die Kausalitätsbedingung leicht ermitteln, indem zunächst durch wiederholtes Einsetzen die MA(∞)-Darstellung selbst berechnet wird

$$X_t = \alpha X_{t-1} + \varepsilon_t + \alpha(\alpha X_{t-2} + \varepsilon_{t-1}) + \varepsilon_t = \sum_{u=0}^{\infty} \alpha^u \varepsilon_{t-u}. \tag{2.52}$$

Soll der MA(∞)-Prozeß (2.52) stationär sein, so muß die allgemeine Stationaritätsbedingung eines MA(∞)-Prozesses (2.48) erfüllt sein. Dies erfordert hier gerade, daß $\alpha < 1$. Dies ist damit die Kausalitätsbedingung für einen AR(1)-Prozeß.

[25]Der Vollständigkeit halber sei darauf hingewiesen, daß die Kausalitätsbedingung für AR(p)-Modelle restriktiver ist als die Stationaritätsbedingung, denn einige stationäre AR(p)-Modelle lassen sich als ein stationärer allgemeiner linearer Prozeß auffassen, der im Gegensatz zu den MA-Prozessen in die Zukunft gerichtet ist, d.h. $a_t \neq 0, t < 0$. Nicht jeder stationäre AR(p)-Prozeß besitzt deshalb eine unendliche Moving-Average-Darstellung. Vgl. dazu das Beispiel in Brockwell und Davis [24, 1991, S. 81].

Allerdings wäre es umständlich zur Feststellung der Kausalität des AR(p)-Prozesses die MA(∞)-Darstellung zu berechnen[26], um deren absolute bzw. quadratische Summierbarkeit zu überprüfen. Einfacher ist es, die (möglicherweise komplexen) Wurzeln des AR(p)-Polynoms $\alpha(B)$ zu untersuchen. Dazu löst man die charakteristische Gleichung $1-\alpha_1 z-\alpha_2 z^2-\ldots-\alpha_p z^p=0$. Kausalität[27] liegt nun vor, wenn alle Lösungen $z_1,\ldots,z_p$ außerhalb des Einheitskreises liegen, d.h. $|z_i|>1, 1\le i\le p$.

Aus der unendlichen MA(∞)-Darstellung eines kausalen AR(p)-Modells

$$X_t=\theta(B)\varepsilon_t \tag{2.53}$$

wird deutlich, daß der Einfluß einer Störung ε_t erst bei $X_{t+u}, u\to\infty$ verschwindet. Das bedeutet, daß erst unendlich weit auseinanderliegende X nicht mehr korreliert sind. Autoregressive Prozesse der Ordnung p haben also ein längeres Gedächtnis als MA(q)-Prozesse. Wie im folgenden gezeigt werden wird, zählen sie trotzdem zu den Prozessen mit kurzem Gedächtnis.

Dies erfordert zunächst die Ableitung der Autokovarianzfunktion eines AR(p)-Prozesses. Obwohl es theoretisch möglich ist, die Autokovarianzfunktion eines AR(p)-Modells unter Verwendung seiner kausalen MA-Repräsentation (2.53) aus Gleichung (2.18) zu berechnen, ist es wesentlich einfacher, zur Ableitung der Autokovarianzfunktion $\gamma(\tau)$ die Definitionsgleichung eines autoregressiven Prozesses (2.49) mit $X_{t-\tau}$ zu multiplizieren und dann den Erwartungswert zu bilden[28]. Dies führt zu

$$\begin{aligned}\gamma(\tau) &= \alpha_1\gamma(\tau-1)+\ldots+\alpha_p\gamma(\tau-p), \qquad \tau>0, && (2.54)\\ \gamma(0) &= \alpha_1\gamma(1)+\ldots+\alpha_p\gamma(p)+\sigma_\varepsilon^2, \qquad \tau=0, && (2.55)\end{aligned}$$

wobei zur Berechnung von $E[X_{t-\tau}\varepsilon_t]$ die unendliche Moving-Average-Schreibweise (2.53) eines AR(p)-Prozesses berücksichtigt wird. Die Gleichungen (2.54) werden als *Yule-Walker-Gleichungen* bezeichnet und lassen sich iterativ lösen. Brockwell und Davis [24, 1991, S. 93] leiten für die Differenzengleichung (2.54) folgende allgemeine Lösung ab

$$\gamma(\tau)=\sum_{i=1}^{k}\sum_{j=0}^{r_i-1}\beta_{ij}\tau^j\left(\frac{1}{z_i}\right)^\tau, \tag{2.56}$$

[26]Eine Möglichkeit zur Berechnung der MA(∞)-Darstellung wird weiter unten skizziert.

[27]Vgl. dazu Brockwell und Davis [24, 1991, S. 85, Theorem 3.1.1]. Die Stationaritätsbedingung erfordert hingegen lediglich, daß keine Lösungen des Polynoms auf dem Einheitskreis liegen, d.h. $|z_i|\neq 1, 1\le i\le p$ (Brockwell und Davis [24, 1991, S. 88, Theorem 3.1.3]), da es, wie bereits in Fußnote 25 angesprochen, möglich ist, für Lösungen, die innerhalb des Einheitskreises liegen, einen stationären allgemeinen linearen Prozeß zu finden, der in die Zukunft gerichtet ist ($a_u\neq 0, u<0$).

[28]Vgl. dazu Brockwell und Davis [24, 1991, S. 93].

wobei k die Anzahl der verschiedenen Nullstellen angibt und r_i, wie oft z_i als Nullstelle auftritt. β_{ij} bezeichnet die Anfangsbedingungen, die man aus der iterativen Berechnung der ersten p Autokovarianzen erhält. Man sieht aus (2.56), daß die Summe der Autokovarianzen einer geometrischen Reihe entsprechen. Ist die Kausalitätsbedingung eines AR(p)-Prozesses erfüllt, d.h. daß alle $|1/z_i| < 1$ bzw. alle $|z_i| > 1$ sind, und somit alle Nullstellen außerhalb des Einheitskreises liegen, nehmen die Autokovarianzen für zunehmende τ exponentiell ab. Damit gehören kausale AR(p)-Prozesse gemäß der Definitionsgleichung (2.19) zu den Short Memory-Prozessen.

Auch die Kombination von einem autoregressiven und einem Moving-Average-Prozeß, genannt *autoregressiver Moving-Average-Prozeß der Ordnung (p,q)*, zählt zu den Short Memory-Prozessen, sofern wiederum die Kausalitätsbedingung erfüllt ist. Mit Hilfe des AR-Polynoms (2.50) und des MA-Polynoms (2.45) ist das kurz als ARMA(p,q)-Modell bezeichnete Modell definiert durch

$$\alpha(B)X_t = \beta(B)\varepsilon_t, \tag{2.57}$$

wobei wie bisher ε_t Weißes Rauschen ist mit Varianz σ_ε^2. Auch das ARMA-Modell besitzt eine (stationäre) unendliche Moving-Average-Darstellung, wenn der AR-Teil kausal ist, d.h. der AR-Teil selbst eine unendliche Moving-Average-Darstellung besitzt. In Kurzform läßt sich dann Definitionsgleichung (2.57) schreiben als

$$X_t = \theta(B)\varepsilon_t, \tag{2.58}$$

wobei die Parameter des (unendlichen) MA-Polynoms $\theta(B)$ durch Koeffizientenvergleich aus der Gleichung

$$\begin{aligned} \theta(B)\alpha(B) &= \beta(B), \quad \text{bzw.} \\ (\sum_{u=0}^{\infty} \theta_u B^u)(1 - \alpha_1 B - \ldots - \alpha_p B^p) &= 1 + \beta_1 B + \ldots + \beta_q B^q, \end{aligned} \tag{2.59}$$

bestimmt werden können. Die Autokovarianzfunktion ist wiederum durch Anwendung von Gleichung (2.18) definiert durch

$$\gamma(\tau) = \sum_{u=0}^{\infty} \theta_u \theta_{u+\tau}. \tag{2.60}$$

Allerdings ist diese Form wie im reinen AR-Modell nicht hilfreich zur expliziten Berechnung der Autokovarianzfunktion. Geeigneter hierfür ist auch hier die Vorgehensweise, die im AR-Modell zu den Yule-Walker-Gleichungen geführt hat. Zunächst wird die Definitionsgleichung (2.57) mit $X_{t-\tau}$ multipliziert. Wird $X_{t-\tau}$ auf der rechten Seite durch die MA(∞)-Darstellung (2.58) des ARMA-Modells ersetzt und wird der Erwartungswert gebildet, ergibt sich für $0 \leq \tau < \max(p, q+1)$

$$\gamma(\tau) - \alpha_1\gamma(\tau-1) - \ldots - \alpha_p\gamma(\tau-p) = \sigma^2 \sum_{u=\tau}^{q} \beta_u \theta_{u-\tau}, \tag{2.61}$$

und für $\tau \geq \max(p, q+1)$

$$\gamma(\tau) - \alpha_1\gamma(\tau-1) - \ldots - \alpha_p\gamma(\tau-p) = 0. \tag{2.62}$$

Entsprechend den Yule-Walker-Differenzengleichungen (2.54) für AR(p)-Prozesse werden die Autokovarianzen mit $\tau \geq \max(p, q+1)$ völlig durch den AR-Teil bestimmt und gehen deshalb, wie bereits ausgeführt, exponentiell gegen Null, wenn der AR-Teil kausal ist. Damit gehört auch das stationäre ARMA(p,q)-Modell zu den Short Memory-Modellen.

Außerdem besitzen dann die Gleichungen (2.62) ebenfalls die allgemeine Lösung (2.56). Allerdings ist diese nur für $\tau \geq \max(p, q+1) - p$ anwendbar. Dabei werden die p Parameter β_{ij} sowie die ersten $0 \leq \tau < \max(p, q+1) - p$ Autokovarianzen durch die Anfangsbedingungen (2.61) bestimmt, wobei man $\theta_0, \ldots, \theta_{q-\tau}$ aus (2.59) erhält[29].

Der Vollständigkeit halber sei erwähnt, daß das ARMA-Modell auch eine unendliche AR-Darstellung des ARMA-Modells besitzt, wenn der MA-Teil *invertierbar* ist. Diese Eigenschaft liegt ganz analog zur Kausalitätsbedingung des AR(p)-Teils vor, wenn alle Nullstellen der charakteristischen Gleichung des MA-Polynoms außerhalb des Einheitskreises liegen. Diese Bedingung stellt sicher, daß die Summe der AR-Parameter absolut summierbar ist, was garantiert, daß die Autokovarianzfunktion des AR(∞)-Prozesses sich aus dem ARMA-Modell berechnen läßt[30].

Damit ist die Darstellung der traditionellen linearen Zeitreihenmodelle abgeschlossen. Es wurde dabei gezeigt, daß das MA(q)-, das kausale AR(p)- sowie das kausale ARMA(p,q)-Modell zu den Short Memory-Modellen gehören. Nach der Einführung in die Grundlagen der Zeitreihenanalyse im ersten Abschnitt dieses Kapitels und dem anschließenden Überblick über Short Memory-Modelle kann im folgenden Kapitel die Darstellung von Long Memory-Modellen beginnen.

[29] Vgl. hierzu Brockwell und Davis [24, 1991, S. 93].

[30] Vgl. dazu z.B. Brockwell und Davis [24, 1991, S. 84-87, Proposition 3.1.2 und Theorem 3.1.2].

Kapitel 3

Theorie der Long Memory-Prozesse

Dieses Kapitel ist der Darstellung von Zeitreihenmodellen mit Long Memory-Eigenschaften gewidmet. Im Mittelpunkt stehen dabei das fraktional differenzierte Rauschen und das fraktional integrierte ARMA-Modell. Das fraktional integrierte ARMA-Modell ist dabei eine Kombination von fraktional differenziertem Rauschen mit den traditionellen ARMA-Modellen, die in Abschnitt 2.2 diskutiert wurden. Im einzelnen werden dabei nicht nur die Struktur und die Eigenschaften von Long Memory-Modellen im Zeit- und Frequenzbereich dargestellt, sondern auch Verfahren zur Prognose und Generierung von Zeitreihen mit Long Memory. Die Prognoseverfahren werden für die empirische Analyse der Wechselkurse in Kapitel 7 benötigt. Besprochen werden insgesamt zwei exakte und zwei approximative Prognosemethoden. Die Methoden zur Generierung von Long Memory-Prozessen sind zur Analyse der Schätzeigenschaften von Long Memory-Schätzverfahren bei Vorliegen kurzer Zeitreihen in Kapitel 5 notwendig. Auch hier werden zwei exakte und zwei approximative Generierungsverfahren vorgestellt.

Der erste Abschnitt dieses Kapitels dient der Einführung in die Eigenschaften der Long Memory-Prozesse im Zeit- und Frequenzbereich. Die verschiedenen Prognoseverfahren für Long Memory-Prozesse werden in Abschnitt 3.2 beschrieben. Schließlich bildet Abschnitt 3.3 über die verschiedenen Generierungsverfahren für fraktional integrierte ARMA-Modelle den Schluß dieses Kapitels.

3.1 Fraktional integrierte ARMA-Modelle oder Modelle mit Long Memory

In diesem Abschnitt werden verschiedene stochastische Modelle mit Long Memory-Eigenschaften präsentiert. Den Schwerpunkt bildet dabei die Darstellung des fraktional integrierten ARMA-Modells, da es eine direkte Verallgemeinerung des im vorhergehenden Abschnitt eingeführten ARMA-Modells ist. Dieses Modell wurde unabhängig von Granger und Joyeux [86, 1980] und Hosking [110, 1981] in die Literatur eingeführt. Außerdem wird kurz der fraktionale Gaußprozeß von Mandelbrot und Wallis [144, 1969] beschrieben, mit dem es erstmals möglich wurde, stochastische Prozesse mit Long Memory zu modellieren. In dieser Einführung werden dabei die Eigenschaften dieser Modelle sowohl im Zeit- als auch im Frequenzbereich berücksichtigt. Auf die Präsentation der Beweise der in diesem Abschnitt dargelegten Eigenschaften des fraktional integrierten ARMA-Modells wird jedoch verzichtet, da diese zusammen mit einer kompakten Darstellung des fraktional integrierten ARMA-Modells in Brockwell und Davis [24, 1991, Kapitel 13.2, S. 520 - 526] enthalten sind. Die Darstellung untergliedert sich dabei in drei Unterabschnitte, wobei ein Spezialfall des fraktional integrierten ARMA-Modells den Anfang bildet, gefolgt vom fraktional integrierten ARMA-Modell selbst und dem fraktionalen Gaußprozeß.

3.1.1 Fraktional differenziertes Rauschen

In Abschnitt 2.1 wurden Long Memory-Prozesse dadurch charakterisert, daß auch zwischen zeitlich weit auseinanderliegenden Zufallsvariablen eine nicht vernachlässigbare stochastische Beziehung besteht. Gemäß Definition 2 in Abschnitt 2.1 wird diese Eigenschaft formal mit einer nicht absolut summierbaren Autokovarianzfunktion (2.21)

$$\sum_{\tau=-\infty}^{\infty} |\gamma(\tau)| \to \infty.$$

identifiziert. Im Rahmen eines unendlichen Moving-Average-Prozesses

$$X_t = \sum_{u=0}^{\infty} \theta_u \varepsilon_{t-u},$$

heißt dies, daß auch eine weit in der Vergangenheit liegende Störung $\varepsilon_{t-u}, u \gg 0$, des Weißen Rauschens einen beträchtlichen Einfluß auf die gegenwärtige Zufallsvariable X_t besitzt. Dies ist nur möglich, wenn die MA-Parameter θ_u für $u \gg 0$

größer als z.B. die Parameter einer unendlichen MA-Darstellung eines stationären AR(p)-Prozesses sind.

Soll der Long Memory-Prozeß darüber hinaus stationär sein, können die MA-Parameter eines Long Memory-Prozesses allerdings nicht beliebig langsam gegen Null gehen, da sie die Stationaritätsbedingung eines unendlichen Moving-Average-Prozesses (2.48)

$$\sum_{u=0}^{\infty} \theta_u^2 < \infty.$$

erfüllen müssen. Damit muß die unendliche Moving-Average-Darstellung eines stationären Long Memory-Prozesses den zwei Bedingungen (2.21) und (2.48) genügen.

Ein empirisch anwendbares Long Memory-Modell muß außerdem eine begrenzte Parameterzahl aufweisen. Adenstedt [1, 1974] hat im Rahmen der linearen Prozesse eine sparsame Parametrisierung eines Long Memory-Modells in die Literatur eingeführt. Er nutzt dabei aus, daß die Potenz $(1-B)^{-d}$ mit Hilfe einer Potenzreihenentwicklung[1]

$$\begin{aligned}(1-x)^{-m} &= 1 + mx + \frac{m(m+1)}{2!}x^2 + \frac{m(m+1)(m+2)}{3!}x^3 + \dots \\ &+ \frac{m(m+1)\cdots(m+n-1)}{n!}x^n + \dots\end{aligned}$$

einem unendlichen MA-Polynom $\theta(B)$

$$\begin{aligned}(1-B)^{-d} &= 1 + dB + \frac{d(d+1)}{2!}B^2 + \frac{d(d+1)(d+2)}{3!}B^3 + \dots \\ &+ \frac{d(d+1)\cdots(d+u-1)}{u!}B^u + \dots = \theta(B)\end{aligned} \tag{3.1}$$

eines MA(∞)-Prozesses entspricht, wobei für einen bestimmten Parameterbereich von d das MA-Polynom $\theta(B)$ die zwei Bedingungen (2.21) und (2.48) erfüllt. Aus (3.1) wird ersichtlich, daß die einzelnen MA-Parameter durch

$$\theta_u = \frac{d(d+1)\cdots(d+u-1)}{u!}, \quad u \geq 3,$$

bestimmt werden. Mit Hilfe der Gammafunktion $\Gamma(z)$[2] lassen sich die MA-Parameter θ_u auch als

$$\theta_u = \frac{\Gamma(d+u)}{\Gamma(u+1)\Gamma(d)} \tag{3.7}$$

[1] Vgl. dazu Bronstein und Semendjajew [25, 1991, Tabelle 1.1.3.2, S. 31-2]. Man beachte, daß bei den Reihengliedern in der zweiten Zeile der Potenzreihenentwicklung auf Seite 32 Vorzeichenfehler vorliegen.

[2] Die Gammafunktion ist definiert als

$$\Gamma(z) = \int_0^{\infty} e^{-t}t^{z-1}dt, \quad z \in C, \tag{3.2}$$

schreiben. Der unendliche Moving-Average-Prozeß lautet dann kurz

$$X_t = (1-B)^{-d}\varepsilon_t \tag{3.8}$$

und wird als *fraktional differenziertes Rauschen* bezeichnet, sofern die Stationaritätsbedingung (2.48) erfüllt ist.

Um wieviel langsamer die MA-Parameter der MA(∞)-Darstellung von fraktional differenziertem Rauschen gegen Null konvergieren als die eines AR(1)-Prozesses verdeutlicht beispielhaft Abbildung 3.1, in der die Entwicklung der MA-Parameter von fraktional differenziertem Rauschen mit $d = 0,3$ und einen AR(1)-Prozeß mit $\alpha_1 = 0,3$ enthalten ist. Die MA-Parameter werden dabei gemäß den Gleichungen (3.7) bzw. (2.52) berechnet. Wie deutlich zu sehen ist, sind die MA-Parameter des AR(1)-Prozesses bereits nach 5 Lags so gut wie Null, die MA-Parameter des fraktional differenzierten Rauschens sind hingegen auch nach 100 Lags noch klar positiv, so daß in der Tat weit in der Vergangenheit liegende Ereignisse die Gegenwart beeinflussen.

Die im Vergleich zu traditionellen ARMA-Prozessen langsamere Konvergenz der MA-Parameter von fraktional differenziertem Rauschen läßt sich formal mit Hilfe von Stirling's Formel[3] zeigen:

$$\theta_u \sim u^{d-1}/\Gamma(d) \qquad \text{für } u \to \infty. \tag{3.10}$$

Daraus folgt, sofern $d \leq 1$ ist, daß die MA-Parameter des fraktional differenzierten Rauschens hyperbolisch und damit im Vergleich zu den Parametern der unendlichen Moving-Average-Darstellung kausaler AR(p)-Prozesse, deren MA-Parameter exponentiell gegen Null gehen, viel langsamer konvergieren.

Wie äußert sich nun der Einfluß auch von weit in der Vergangenheit liegenden Störungen? In Abbildung 3.2 sind 1000 Beobachtungen von fraktional differenziertem Rauschen mit $d = 0,3$ und einer Varianz des Weißen Rauschens σ_ε^2 von

und hat u.a. folgende Eigenschaften für $k \in N, z \in C$

$$\Gamma(k+1) = k! \tag{3.3}$$

$$\Gamma(z+1) = z\Gamma(z) \tag{3.4}$$

$$\Gamma(z)\Gamma(1-z) = \frac{\pi}{\sin z\pi} \quad 0 < z < 1. \tag{3.5}$$

Man beachte, daß aus (3.4)

$$\Gamma(d+k) = (d+k-1)(d+k-2)\cdots(d+1)d\Gamma(d). \tag{3.6}$$

folgt. Vgl. dazu Bronstein und Semendjajew [25, 1991, S. 103, 331].

[3] Stirling's Formel lautet (Brockwell und Davis [24, 1991, S. 522]):

$$\Gamma(x) \sim \sqrt{2\pi}e^{-x+1}(x-1)^{x-1/2} \quad \text{für } x \to \infty. \tag{3.9}$$

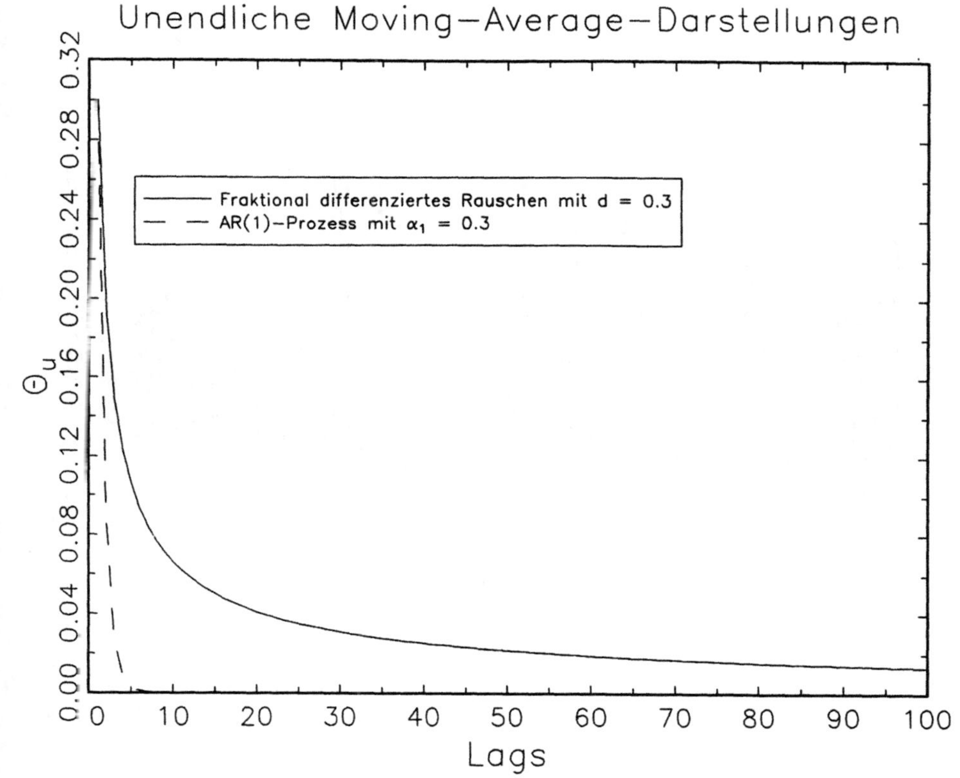

Abbildung 3.1: VERLAUF DER MA-PARAMETER VON UNENDLICHEN MOVING-AVERAGE-DARSTELLUNGEN EINES AR(1)-PROZESSES UND VON FRAKTIONAL DIFFERENZIERTEM RAUSCHEN

Eins abgebildet. Die Realisation dieser Zeitreihe wurde mit der approximativen Moving-Average-Methode generiert, welche in Abschnitt 3.3 dieses Kapitels dargestellt wird. Bei Betrachtung von Abbildung 3.2 fällt auf, daß die generierte Zeitreihe durch Zyklen verschiedener Längen charakterisiert ist. Dabei erscheinen Zyklen mit großer Periodenlänge vorherrschend, ohne daß jedoch ein Zyklus einer bestimmten Periodenlänge dominieren würde. Mit anderen Worten, Long Memory-Prozesse sind durch irreguläre Zyklen gekennzeichnet. Ein besonderes Merkmal von Long Memory-Prozessen ist außerdem, daß die in einer Zeitreihe beobachtete maximale Periodenlänge mit der Zahl der Beobachtungen einer Zeitreihe ansteigt. Mandelbrot, einer der Pioniere auf dem Gebiet der stochastischen Prozesse mit Long Memory, charakterisiert Long Memory-Prozesse folgendermaßen:

"The intensity of the low frequency components is manifested (...)

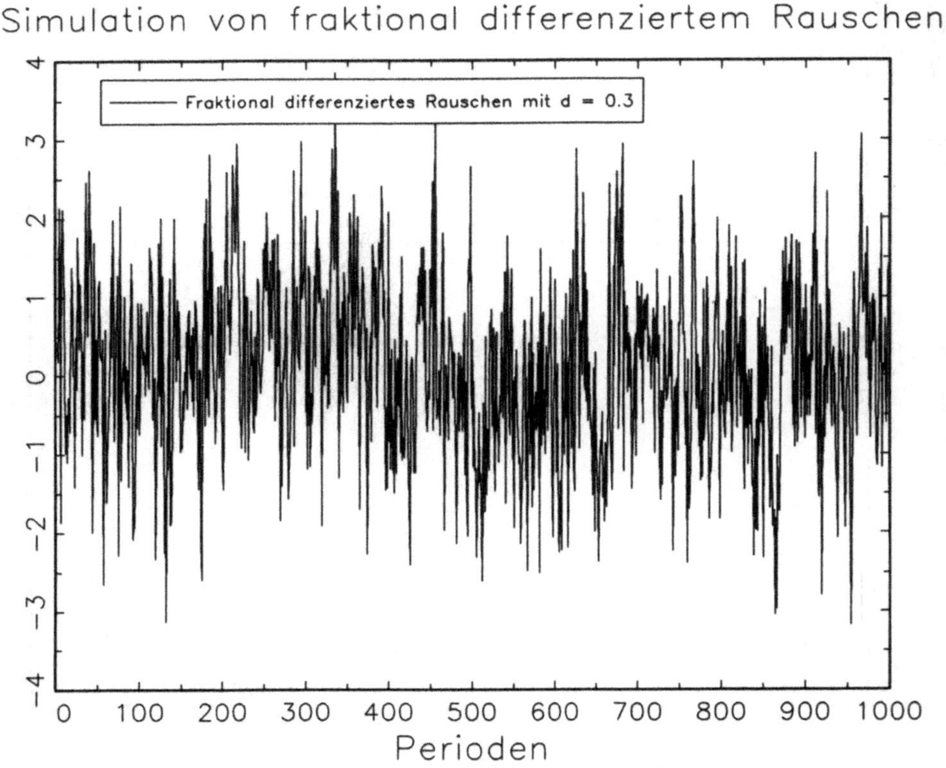

Abbildung 3.2: REALISATION VON FRAKTIONAL DIFFERENZIERTEM RAUSCHEN MIT $d = 0,3$ UND $\sigma_\varepsilon^2 = 1$

> through an astonishing wealth of "features" of every kind. These functions swing up and down, sometimes irregularly, but also sometimes in a near periodic fashion. In the latter case, irrespective of the total sample size, the number of apparent cycles is approximately the same. In other words, the apparent wavelength is near proportional to the sample size, say, it equals about 10 in a sample of 30, about 100 in a sample of 300, etc. (...) which means the cycles in question are 'perceptual artifacts' (Mandelbrot [141, 1972, S. 226, Bildunterschrift zu Figure 1, Anführungszeichen im Original]).

Die Eigenschaft "irregulärer" Zyklen unterscheidet also fraktional differenziertes Rauschen fundamental von den traditionellen ARMA-Modellen.

In welchem Parameterbereich muß nun der Parameter d liegen, damit ein stationärer Long Memory-Prozeß vorliegt? Wird die Approximation der MA-Parameter (3.10) in die Stationaritätsbedingung (2.48) eingesetzt, folgt, daß für einen stationären Long Memory-Prozeß $1 + \sum_{u=1}^{\infty} u^{2(d-1)} < \infty$ erfüllt sein muß. Berücksichtigt man, daß eine Folge

$$\sum_{u=1}^{\infty} u^{-j} \tag{3.11}$$

nur konvergiert, wenn j größer als Eins ist[4], ergibt sich als Stationaritätsbedingung $d < 0.5$[5]. Für $d \geq 0.5$ konvergieren die MA-Parameter θ_u zu langsam oder überhaupt nicht gegen Null, damit deren quadratische Summe endlich sein könnte.

Um weiter den Parameterbereich für stationäre Long Memory-Prozesse zu bestimmen, ist gemäß der Definition von Long Memory (2.21) die Kenntnis der Autokovarianzfunktion erforderlich. Die Autokovarianzfunktion von fraktional differenziertem Rauschen lautet[6]:

$$\begin{aligned}\gamma(\tau) &= \sigma_\varepsilon^2 \frac{\Gamma(1-2d)}{\Gamma^2(1-d)} \prod_{0<u\leq\tau} \frac{u-1+d}{u-d} \\ &= \frac{\Gamma(1-2d)\Gamma(\tau+d)}{\Gamma(\tau-d+1)\Gamma(d)\Gamma(1-d)} \sigma_\varepsilon^2. \end{aligned} \tag{3.12}$$

Mit Hilfe von Stirling's Formel (3.9) erhält man wiederum eine Annäherung für $\tau \to \infty$

$$\gamma(\tau) \sim \tau^{2d-1} \frac{\Gamma(1-2d)}{\Gamma(1-d)\Gamma(d)} \sigma_\varepsilon^2. \tag{3.13}$$

Man sieht, daß die Autokovarianzen mit zunehmenden Lags genau dann hyperbolisch abnehmen, wenn die Stationaritätsbedingung $d \leq 0.5$ erfüllt ist. Damit schwächen sich die Autokovarianzen eines fraktional differenzierten Prozesses viel langsamer als die Autokovarianzen von ARMA-Prozessen ab, die, wie in Abschnitt 2.2 gezeigt wurde, exponentiell gegen Null konvergieren. Eine Folge davon ist, daß bei der Prognose auch weit in der Vergangenheit liegende Beobachtungen eine Rolle spielen. Dies impliziert allerdings auch, daß im Vergleich zu Short Memory-Prozessen für Mehrperiodenprognosen mehr Information zur Verfügung steht, da der Einfluß gegenwärtiger Beobachtungen weiter in die Zukunft reicht.

Untersucht man die Summierbarkeit der Autokovarianzfunktion (3.12) unter Verwendung von deren Approximation (3.13) mit Hilfe der Konvergenzbedingung $j > 1$ der Folge (3.11), zeigt sich, daß gilt:

$$\sum_{\tau=-\infty}^{\infty} |\gamma(\tau)| \left\{ \begin{array}{c} \to \\ < \end{array} \right\} \infty \quad \text{falls} \quad d \left\{ \begin{array}{c} > \\ \leq \end{array} \right\} 0. \tag{3.14}$$

[4]Siehe dazu Bronstein und Semendjajew [25, 1991, S. 357, 3.1.14.2.2].

[5]Ein exakter Beweis findet sich in Brockwell und Davis [24, 1991, S. 521f.].

[6]Eine Beweisskizze ist auf den Seiten 45 bis 46 zu finden. Ein exakter Beweis ist in Brockwell und Davis [24, 1991, S. 523] bzw. in Adenstedt [1, 1974] enthalten.

Daraus folgt, daß ein stationärer Long Memory genau dann gegeben ist, wenn der Parameter d innerhalb des Intervalls $(0; 0,5)$ ist. Ist hingegen $d < 0$, so liegt entsprechend Definition 2 ein stochastischer Prozeß mit Intermediate Memory vor, da die Autokovarianzen nach (3.13) hyperbolisch und nicht exponentiell abklingen, aber absolut summierbar sind. An dieser Stelle ist darauf hinzuweisen, daß diese Unterscheidung in der Literatur nicht immer eingehalten und fraktional differenziertes Rauschen (3.8) unabhängig vom Vorzeichen des Parameters d grundsätzlich als Long Memory-Prozeß bezeichnet wird. Da sich die Eigenschaften von Intermediate und Long Memory-Prozessen im Frequenzbereich, wie weiter unten gezeigt wird, sehr unterschiedlich sind, wird in dieser Arbeit jedoch zwischen Intermediate und Long Memory-Prozessen unterschieden und d als Intermediate/Long Memory-Parameter bezeichnet.

Fraktional differenziertes Rauschen läßt sich auch als ein unendlicher autoregressiver Prozeß darstellen. Die AR(∞)-Darstellung

$$(1 - B)^d X_t = \varepsilon_t. \tag{3.15}$$

erhält man sofort aus der Invertierung des Filters $(1-B)^{-d}$ in der Moving-Average-Darstellung (3.8). Die Parameter der unendlichen AR-Darstellung sind dabei durch eine zu (3.1) analoge Potenzreihenentwicklung

$$\begin{aligned}(1 - B)^d &= 1 - dB + \frac{d(d-1)}{2!}B^2 - \frac{d(d-1)(d-2)}{3!}B^3 + \dots \\ &+(-1)^u \frac{d(d-1)\cdots(d-u+1)}{u!}B^u + \dots = \pi(B)\end{aligned} \tag{3.16}$$

bestimmt, so daß bei Verwendung der Gammafunktion $\Gamma(z)$ für die einzelnen AR-Parameter gilt:

$$\pi_u = -\frac{\Gamma(u-d)}{\Gamma(u+1)\Gamma(-d)}. \tag{3.17}$$

Für große Lags τ lassen sich die AR-Parameter wieder mit Hilfe von Stirling's Formel (3.9) durch

$$\pi_u \sim -\frac{u^{-d-1}}{\Gamma(-d)} \quad \text{für} \quad u \to \infty \tag{3.18}$$

approximieren. Weiter gilt, daß unter der Bedingung $d > -0,5$ die unendliche AR-Darstellung invertierbar ist[7]. Damit existieren sowohl die AR(∞)- als auch die MA(∞)-Darstellungen im gesamten Bereich $d \in D$ = (-0,5;0,5) und fraktional differenziertes Rauschen ist für $d \in D$ kausal und invertierbar.

Mit dem Modell des fraktional differenzierten Rauschens ist also eine extrem sparsame Modellierung von linearen Prozessen möglich, die entweder Long

[7] Vgl. dazu den Beweis zu Theorem 13.2.1 sowie die Definition 13.2.1 und Remark 2 in Brockwell und Davis [24, 1991, S. 521f.].

Memory oder Intermediate Memory aufweisen. Wird dabei auf die Bedingung der Stationarität verzichtet, d.h. ist auch $d \geq 0.5$ erlaubt, enthält der Prozeß $(1-B)^d X_t = \varepsilon_t$ auch das *Random Walk-Modell*

$$(1-B)X_t = \varepsilon_t \qquad (3.19)$$

mit $d = 1$ als Spezialfall. Wie aus der Darstellung (3.1) des unendlichen MA-Polynoms ersichtlich ist, bleibt der Einfluß einer Störung für $d \geq 1$ unendlich lange erhalten, d.h. wird unendlich lange in dem Prozeß X_t gespeichert. Man spricht dann von einem *perfekten Gedächtnis.*

Ein Nachteil des Modells des fraktional differenzierten Rauschens ist allerdings, daß mit diesem Modell nur eine ganz bestimmte Klasse von Long Memory-Strukturen erfaßt werden kann. Trotzdem ist die denkbare Alternative, AR(p)-Modelle mit großem p zu verwenden, wenig attraktiv, da dann nicht ein, sondern p Modellparameter zu schätzen sind.

3.1.2 Fraktional integrierte ARMA-Prozesse

Wirklich interessant wird das Modell des fraktional differenzierten Rauschens jedoch erst, wenn es derart erweitert wird, daß die simultane Schätzung von Strukturen mit Short und Long Memory möglich wird. Am einfachsten läßt sich dies erreichen, indem das fraktional differenzierte Modell um ein AR(p)- und ein MA(q)-Polynom erweitert wird.

Definition 3 Der fraktional integrierte autoregressive Moving-Average-Prozeß der Ordnung (*p*,*d*,*q*) bzw. der ARFIMA(*p*,*d*,*q*)-Prozeß[8]
Der stochastische Prozeß $\{X_t\}_{t\in Z}$ *wird als ARFIMA(p,d,q)-Prozeß bezeichnet, wenn der Prozeß* $\{X_t\}_{t\in Z}$ *stationär und* $d \in D = (-0,5;0,5)$ *ist, und er die Differenzengleichung*

$$\alpha(B)(1-B)^d X_t = \beta(B)\varepsilon_t \qquad (3.20)$$

erfüllt, wobei ε_t *ein Weißes Rauschen mit Varianz* σ_ε^2 *darstellt und* $\alpha(B)$ *sowie* $\beta(B)$ *das AR-Polynom der Ordnung p bzw. MA-Polynom der Ordnung q bezeichnen.*

Das ARFIMA(*p*,*d*,*q*)-Modell ist unabhängig von Granger und Joyeux [86, 1980] sowie von Hosking [110, 1981] in die Zeitreihenanalyse eingeführt worden. Der

[8]Vgl. Brockwell und Davis [24, 1991, S. 524, Def. 13.2.2].

Unterschied zwischen einem fraktional integrierten und einem traditionellen autoregressiven Moving-Average-Prozeß besteht nun darin, daß der ARFIMA(p,d,q)-Prozeß ein ARMA-Prozeß ist, der nicht durch Weißes Rauschen $\{\varepsilon_t\}$, sondern durch fraktional differenziertes Rauschen $(1-B)^{-d}\varepsilon_t$

$$\alpha(B)X_t = \beta(B)(1-B)^{-d}\varepsilon_t \tag{3.21}$$

gesteuert wird. Fraktional differenziertes Rauschen entspricht damit einem ARFIMA(0,d,0)-Prozeß.

Auch Prozesse mit $d \geq 0.5$ können als ARFIMA(p,d,q)-Prozesse bezeichnet werden. Allerdings sind diese Prozesse dann nicht stationär, können aber durch entsprechendes einmaliges oder mehrmaliges Bilden ganzzahliger Differenzen auf ein stationäres ARFIMA(p,d,q)-Modell zurückgeführt werden. Bereits seit Box und Jenkins [21, 1970] sind einige Spezialfälle des ARFIMA(p,d,q)-Modells in der Zeitreihenanalyse weit verbreitet. Dies sind die sogenannten ARIMA(p,d,q)-Modelle, die allerdings im Gegensatz zu den ARFIMA(p,d,q)-Modellen nur $d \in N$ erlauben. Der Sonderfall mit $p = q = 0$ und $d = 1$, das Random Walk-Modell, wurde weiter oben bereits eingeführt.

Werden in der empirischen Analyse nur traditionelle ARIMA(p,d,q)-Modelle verwendet, besteht die Gefahr, daß ein stationärer fraktional integrierter autoregressiver Moving-Average-Prozeß mit z.B. $d = 0,45$ fälschlicherweise mit einem nichtstationären ARFIMA(p,1,q)-Modell geschätzt wird und es deshalb zu stark verzerrten Schätzungen der AR- und MA-Parameter kommt. Umgekehrt ist es ebenso möglich, daß die Schätzung eines nichtstationären Long Memory-Prozesses mit $d = 0,55$ mit einem stationären ARMA-Modell spezifiziert wird. Die Verallgemeinerung des Definitionsbereichs von $d \in N$ der traditionellen ARIMA-Modelle auf die reellen Zahlen ist deshalb von großer Bedeutung.

Innerhalb des Kausalitäts- und Invertibilitätsbereich $d \in D = (-0,5; 0,5)$ des fraktional differenzierten Rauschens und unter der Voraussetzung, daß das AR- und das MA-Polynom keine gemeinsamen Nullstellen aufweisen, gelten für den ARFIMA(p,d,q)-Prozeß folgende Eigenschaften:[9]

1. Der ARFIMA(p,d,q)-Prozeß ist kausal, wenn ganz analog zum traditionellen ARMA-Modell alle Nullstellen des AR-Polynoms außerhalb des Einheitskreises liegen.

2. Der ARFIMA(p,d,q)-Prozeß ist invertierbar, wenn wiederum analog zum traditionellen ARMA-Modell alle Nullstellen des MA-Polynoms außerhalb des Einheitskreises liegen.

[9] Vgl. die Beweise in Brockwell und Davis [24, 1991, S. 525, Theorem 13.2.2].

3. Die Autokovarianzfunktion klingt für große τ hyperbolisch ab

$$\gamma(\tau) \sim C\tau^{2d-1} \qquad C > 0 \tag{3.22}$$

und zeigt damit das gleiche Konvergenzverhalten wie die Autokovarianzfunktion (3.13) von fraktional differenziertem Rauschen. Die Autokovarianzfunktion selbst wird auf den Seiten 45 bis 46 dargestellt.

4. Die Spektraldichtefunktion eines ARFIMA(p,d,q)-Modells ist gegeben durch

$$f(\omega) = \frac{|\beta(e^{-i\omega})|^2}{|\alpha(e^{-i\omega})|^2}|1 - e^{-i\omega}|^{-2d} f_\varepsilon(\omega). \tag{3.23}$$

Dabei bezeichnen $\alpha(e^{-i\omega})$ und $\beta(e^{-i\omega})$ die Fouriertransformierten des AR- und des MA-Polynoms und $f_\varepsilon(\omega)$ die Spektraldichte von Weißem Rauschen (2.40).

Die Ableitung der Spektraldichte $f(\omega)$ eines ARFIMA(p,d,q)-Modells sei hier aufbauend auf dem Zusammenhang zweier Spektraldichten linearer Prozesse (2.41)

$$f_X(\omega) = |a(e^{-i\omega})|^2 f_Y(\omega),$$

der in Abschnitt 2.1 genannt wurde, kurz skizziert.

Interpretiert man $\{Y_t\}$ als stationären autoregressiven Prozeß, der von einem stationären Prozeß $\{X_t\}$ gesteuert wird, so läßt sich unter der Bedingung der Konvergenz der Fouriertransformierten des linearen Filters $\{a_u\}_{u \in Z}$ die Spektraldichte des autoregressiven Prozesses $\{Y_t\}$ durch

$$f_Y(\omega) = \frac{1}{|a(e^{-i\omega})|^2} f_X(\omega) \tag{3.24}$$

berechnen. Mit Hilfe der Gleichungen (2.41) und (3.24) ergibt sich die Spektraldichtefunktion (3.23) eines ARFIMA(p,d,q)-Prozesses, $d \in (-0.5, 0.5)$, wobei lediglich noch die Fouriertransformierte des Long Memory-Filters (3.1), $\theta(e^{-i\omega}) = (1 - e^{-i\omega})^{-d}$ eingesetzt werden muß.

Die Spektraldichtefunktion eines fraktional differenzierten Rauschens, bzw. eines ARFIMA(0,d,0)-Prozesses, folgt als Spezialfall aus (3.23)

$$f_{0d0}(\omega) = |1 - e^{-i\omega}|^{-2d} f_\varepsilon(\omega) = |2\sin(\frac{\omega}{2})|^{-2d} f_\varepsilon(\omega). \tag{3.25}$$

Approximiert man diese Spektraldichte nahe dem Ursprung durch

$$f_{0d0}(\omega) \sim \omega^{-2d} f_\varepsilon(\omega), \quad \text{für} \quad \omega \to 0, \tag{3.26}$$

lassen sich die Eigenschaften von fraktional differenziertem Rauschen im Frequenzbereich leicht veranschaulichen. Liegt ein stationärer Long Memory-Prozeß vor, d.h. ist $0 < d < 0,5$, so geht der Sinusterm für $\omega \to 0$ gegen Null und somit die Spektraldichte gegen unendlich. Diese Eigenschaft von Long Memory-Prozessen wurde bereits in Abschnitt 2.1 im Zusammenhang mit der Interpretation der Spektraldichte als gewichtete Summe von Autokovarianzen (2.39) diskutiert. Dort wurde gezeigt, daß eine endliche Spektraldichte am Ursprung gerade eine summierbare Autokovarianzfunktion voraussetzt. Demnach werden Long Memory-Prozesse im Frequenzbereich durch eine am Ursprung gegen unendlich gehende Spektraldichte charakterisiert. Die im Zeitbereich gegebene Abhängigkeit von zeitlich weit auseinanderliegenden Beobachtungen drückt sich im Frequenzbereich gerade durch das Vorherrschen sehr kleiner Frequenzen bzw. extrem langer Periodenlängen aus. Zur Veranschaulichung ist in Abbildung 3.3 die Spektraldichte von fraktional differenziertem Rauschen abgebildet, wobei wie bei den vorangegangenen Abbildungen $d = 0,3$ gewählt und die Varianz des Weißen Rauschens gleich Eins gesetzt wird. Die Spektraldichte wird dabei jeweils an 1000 Frequenzen berechnet. Man sieht deutlich den starken Anstieg der Spektraldichte nahe am Ursprung[10]

Ist hingegen $d < 0$, so ist die Spektraldichte für $\omega = 0$ ebenfalls Null. Wie in Abbildung 3.3 für $d = -0,3$ gut zu erkennen ist, zeichnet sich Intermediate Memory dadurch aus, daß im Vergleich zu den niedrigen Frequenzen die höheren Frequenzen stärker vertreten sind. Im Zeitbereich äußert sich dies gerade in der absoluten Summierbarkeit der Autokovarianzfunktion. Derartige Spektraldichten können mit traditionellen ARMA-Modellen ebenso wenig wie hyperbolisch abklingende Autokovarianfunktionen erfaßt werden. Eine Annäherung über große p oder q ist empirisch nicht zu empfehlen, da die große Anzahl der zu schätzenden Parameter deren Schätzqualität beeinträchtigen kann.

Wie anhand Abbildung 3.2 exemplarisch erläutert wurde, sind Long Memory-Prozesse außerdem durch die Existenz irregulärer Zyklen gekennzeichnet. Im Frequenzbereich zeigt sich diese Eigenschaft in der Tatsache, daß die Spektraldichte, wie aus Abbildung 3.3 zu ersehen ist, an keiner Frequenz ein Maximum erreicht, obwohl gleichzeitig die niedrigen Frequenzen vorherrschend sind.

Mit der Kenntnis der Spektraldichtefunktion ist es nun möglich, die Autokovarianzfunktion eines ARFIMA(p,d,q)-Prozesses durch Anwendung von (2.35)

[10] Gray, Zhang und Woodward [87, 1989] haben eine Verallgemeinerung des ARFIMA-Modells entwickelt, die es erlaubt, die Frequenz ω der Polstelle in der Spektraldichtefunktion innerhalb des Intervalls $0 \leq \omega \leq \pi$ zu schätzen. Auf diese Weise ist es möglich, persistentes saisonales Verhalten zu erfassen.

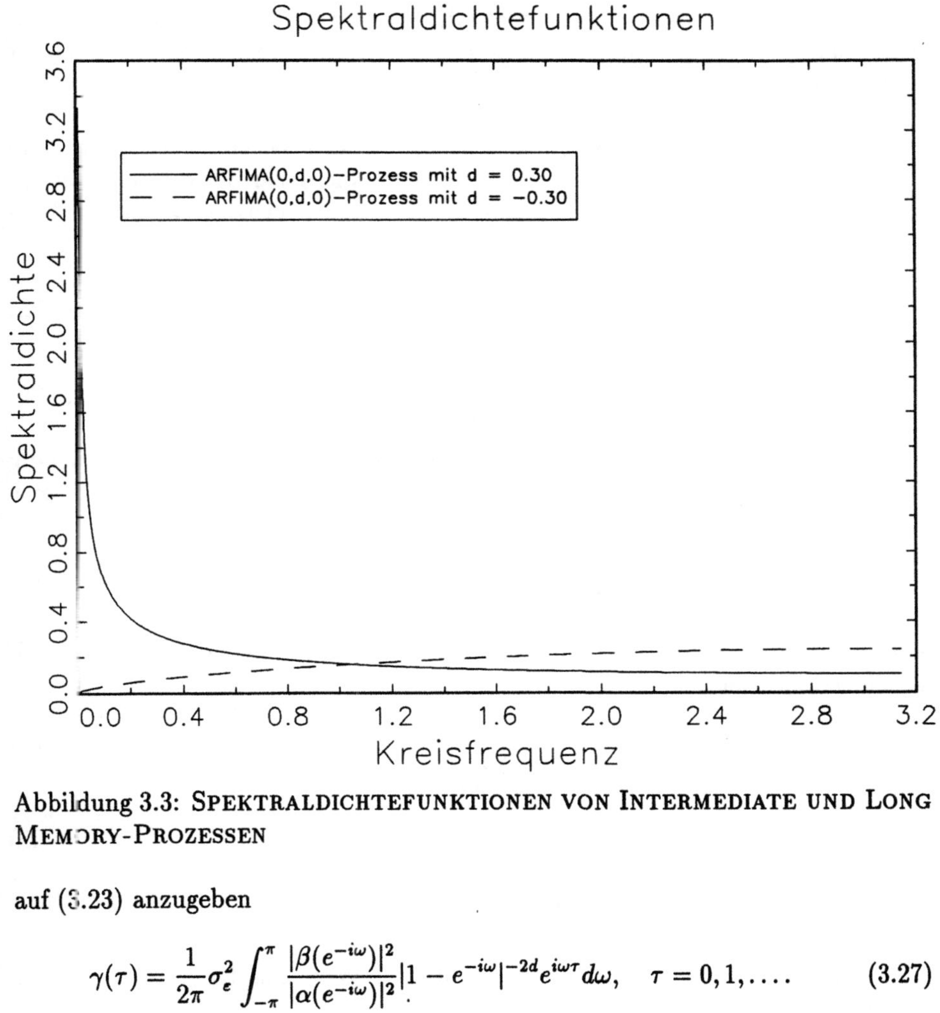

Abbildung 3.3: SPEKTRALDICHTEFUNKTIONEN VON INTERMEDIATE UND LONG MEMORY-PROZESSEN

auf (3.23) anzugeben

$$\gamma(\tau) = \frac{1}{2\pi}\sigma_\epsilon^2 \int_{-\pi}^{\pi} \frac{|\beta(e^{-i\omega})|^2}{|\alpha(e^{-i\omega})|^2}|1 - e^{-i\omega}|^{-2d} e^{i\omega\tau} d\omega, \quad \tau = 0, 1, \ldots . \tag{3.27}$$

Fehlt sowohl der AR- wie auch der MA-Teil, so ist eine explizite Lösung dieses Integrals möglich[11] und es ergibt sich die bereits oben zitierte Autokovarianzfunktion (3.12)

$$\begin{aligned} \gamma(\tau) &= \sigma_\epsilon^2 \frac{\Gamma(1-2d)}{\Gamma^2(1-d)} \prod_{0<k\leq\tau} \frac{k-1+d}{k-d} \\ &= \frac{\Gamma(1-2d)\Gamma(\tau+d)}{\Gamma(\tau-d+1)\Gamma(d)\Gamma(1-d)}\sigma_\epsilon^2. \end{aligned}$$

[11] Vgl. zur Integration Brockwell und Davis [24, 1991, S. 523].

Eine numerische Berechnung des Integrals ist allerdings nicht uneingeschränkt zu empfehlen, da die numerische Integration eines uneigentlichen Integrals unzuverlässig sein kann. Dies ist dann der Fall, wenn für positive d die Spektraldichtefunktion für $\omega \to 0$ gegen unendlich geht. Darüber hinaus steigt die Zahl der Integrationen mit zunehmender Länge der Zeitreihe.

Sowell [178, 1992] hat deshalb eine für numerische Berechnungen geeignetere Form der Autokovarianzfunktion abgeleitet. Er war dabei in der Lage, das Integral durch die Summation von $p \times q \times q$ Termen zu ersetzen, wobei p-mal die Neuberechnung der hypergeometrischen Funktion[12]

$$F(a,b;c;x) \equiv \sum_{r=0}^{\infty} \frac{(a)_r (b)_r}{r!(c)_r} x^r \tag{3.28}$$

$$= \sum_{r=0}^{\infty} \frac{\Gamma(a+r)\Gamma(b+r)\Gamma(c)}{\Gamma(a)\Gamma(b)\Gamma(c+r)\Gamma(r+1)} x^r \tag{3.29}$$

mit $(a)_r = a(a+1)(a+2)\cdots(a+r-1)$, $(a)_0 = 1$ und analog $(b)_r$, $(c)_r$ notwendig ist. Die Autokovarianzfunktion eines ARFIMA(p,d,q)-Modells (3.27)[13] läßt sich dann durch

$$\gamma(\tau) = \sigma^2 \sum_{i=1}^{p} \zeta_i \sum_{n=0}^{q} \sum_{m=0}^{q} \beta_n \beta_m C(d, p+n-m-\tau, \rho_i) \tag{3.30}$$

berechnen, wobei ρ_i die i-te Wurzel des AR-Polynoms $\alpha(B)$ bezeichnet und folgende Definitionen gelten:

$$\zeta_i = \left(\rho_i \prod_{j=1}^{p} (1 - \rho_i \rho_j) \prod_{k=1, k \neq i}^{p} (\rho_i - \rho_k) \right)^{-1} \tag{3.31}$$

$$C(d,h,\rho) = \frac{\Gamma(1-2d)\Gamma(d+h)}{\Gamma(1-d+h)\Gamma(1-d)\Gamma(d)} \left[\rho^{2p} F(d+h, 1, 1-d+h, \rho) + F(d-h, 1, 1-d-h, \rho) - 1 \right]. \tag{3.32}$$

Anzumerken bleibt, daß sich für $p = 0$ die Berechnung der Autokovarianzen wesentlich zu

$$\gamma(\tau) = \sigma^2 \sum_{n=0}^{q} \sum_{m=0}^{q} \frac{\Gamma(1-2d)\Gamma(d-\tau+n-m)}{\Gamma(1-d)\Gamma(d)\Gamma(1-d-\tau+n-m)} \tag{3.33}$$

[12] Vgl. zur Definition der hypergeometrischen Funktion Bronstein und Semendjajew [25, 1991, S. 445]. Die zweite Zeile erhält man durch Anwendung der Gleichungen (3.3) und (3.6). Um die hypergeometrische Funktion lediglich p-mal berechnen zu müssen, leitet Sowell [178, 1992, S. 21] die iterative Beziehung $F(a,1,c,\rho) = \frac{c-1}{\rho(a-1)}[F(a-1,1,c-1,\rho)-1]$ ab.

[13] Hier wird die Schreibweise von Cheung [29, 1990, S. 18, Gleichung (45)] verwendet, indem die Fouriertransformierte des MA-Teils $|\beta(e^{-i\omega})|^2$ ersetzt wird durch $\sum_{n=0}^{q}\sum_{m=0}^{q} \beta_n \beta_m e^{-i\omega(n-m)}$. Sowell [178, 1992] schreibt dies als $\sum_{l=-q}^{q} \sum_{s=\max(0,l)}^{\min(q,q+l)} \beta_s \beta_{s-l} e^{-i\omega l}$, wobei er irrtümlich in der Minimierungsbedingung $q-l$ anstatt $q+l$ angibt.

vereinfacht. Damit ist die Darstellung des fraktional integrierten ARMA-Modells abgeschlossen.

3.1.3 Fraktionale Gaußprozesse

Das ARFIMA(p,d,q)-Modell ist jedoch keineswegs das einzige Long Memory-Modell, das in der Literatur vorgeschlagen wurde. Allerdings ist es das attraktivste Modell, da es das einzige ist, da es erlaubt, simultan Short und Long Memory-Prozesse zu modellieren und damit eine Verallgemeinerung der bereits weitverbreiteten ARMA-Ansätze ermöglicht. Gerade die simultane Modellierung von Short und Long Memory ist mit dem vor mehr als zwanzig Jahren von Mandelbrot und Wallis [144, 1969] entwickelten stationären fraktionalen Gaußprozeß nicht möglich[14]. Der *fraktionale Gaußprozeß* ist mit dem reellen Exponenten H, $0 < H < 1$, parametrisiert und besitzt die Autokorrelationsfunktion

$$\rho(\tau) = \frac{1}{2}\left[|\tau+1|^{2H} - 2|\tau|^{2H} + |\tau-1|^{2H}\right], \quad 0 < H < 1. \tag{3.34}$$

Für große $|\tau|$ kann die Autokorrelationsfunktion angenähert werden durch[15]

$$\rho(\tau) \sim C\tau^{2H-2}, \quad C > 0. \tag{3.37}$$

[14] Bereits ein Jahr vorher führten Mandelbrot und van Ness [143, 1968] im Bereich der zeitstetigen stochastischen Prozesse die fraktionale Brownsche Bewegung ein.

[15] Siehe dazu McLeod und Hipel [147, 1978, S. 496]. Die Approximation läßt sich folgendermaßen zeigen. Zur Vereinfachung sei hier nur der Fall $\tau > 1$ betrachtet. Man bringe (3.34) zunächst in Exponentialschreibweise

$$\begin{aligned}\rho(\tau) &= \frac{1}{2}\left[(\tau+1)^{2H} - 2\tau^{2H} + (\tau-1)^{2H}\right] \\ &= \frac{1}{2}\left[e^{2H\log(\tau+1)} - 2e^{2H\log\tau} + e^{2H\log(\tau-1)}\right].\end{aligned}$$

Mit Hilfe der Taylorapproximation ergibt sich

$$\log(\tau+1) \sim \log\tau + \frac{1}{\tau}[(\tau+1)-\tau] = \log\tau + \frac{1}{\tau} \tag{3.35}$$

$$\log(\tau-1) \sim \log\tau + \frac{1}{\tau}[(\tau-1)-\tau] = \log\tau - \frac{1}{\tau}. \tag{3.36}$$

Dies in (3.35) eingesetzt, führt zu

$$\begin{aligned}\rho(\tau) &= \frac{1}{2}\left[e^{2H\log\tau}e^{\frac{1}{\tau}} - 2e^{2H\log\tau} + e^{2H\log\tau}e^{-\frac{1}{\tau}}\right]. \\ &= \frac{1}{2}\tau^{2H}\left[e^{\frac{1}{\tau}} - 2 + e^{-\frac{1}{\tau}}\right] \\ &\sim \frac{1}{2}\tau^{2H}\left[2 + \tau^{-2} - 2\right] \\ &= \frac{1}{2}\tau^{2H-2}\end{aligned}$$

Verwendet man wieder die Konvergenzbedingung einer Potenzreihe (3.11), so sieht man, daß die Autokorrelationsfunktion und damit auch die Autokovarianzfunktion für $H < 0.5$ konvergiert, hingegen für $H > 0.5$ divergiert. Setzt man $H = d + 0.5$, so zeigt sich, daß der fraktionale Gaußprozeß das gleiche asymptotische Verhalten im Zeit- und Frequenzbereich wie der ARFIMA(p,d,q)-Prozeß aufweist und darüber hinaus Long und Intermediate Memory-Prozesse umfaßt.

Mit Hilfe des stationären fraktionalen Gaußprozesses war es erstmals gelungen, ein Phänomen stochastisch zu modellieren, das nach seinem Entdecker als Hurst-Phänomen bezeichnet wird. Der Hydrologe Hurst ([115, 1951], [116, 1956]) untersuchte Anfang der 50iger Jahre die über große Zeiträume verfügbaren Daten über den Wasserstand des Nils, um durch bessere Vorhersagen eine möglichst optimale Nutzung der Staudämme zu gewährleisten. Mit einer von ihm zu diesem Zweck entwickelten Schätzstatistik entdeckte er, daß diese Zeitreihen keinem Short Memory-Prozeß entsprachen, sondern starke Abhängigkeiten zwischen weit auseinanderliegenden Beobachtungen aufwiesen. Seitdem spielen stochastische Prozesse mit Long Memory in der Hydrologie eine wichtige Rolle. Dies deutet darauf hin, daß gerade im Bereich der Natur stochastische Prozesse mit starken Abhängigkeiten eine große Bedeutung haben. Es ist zu fragen, inwieweit sich diese Eigenschaften auf ökonomische Zusammenhänge übertragen.

Nach der Präsentation der Eigenschaften des fraktional integrierten autoregressiven Moving-Average-Modells sowohl im Zeitbereich wie auch im Frequenzbereich und einem Vergleich dieses Modells mit dem älteren fraktionalen Gaußprozeß läßt sich zusammendfassend sagen, daß es das bisher allgemeinste lineare Zeitreihenmodell darstellt, das mit einer geringen Anzahl an Parametern die simultane Erfassung von Long und Short Memory bzw. von Intermediate und Short Memory erlaubt und darüber hinaus auch die weitverbreiteten ARIMA-Modelle einschließlich des Random Walks enthält. Es wurde außerdem argumentiert, daß auch weiter in der Zukunft liegende Realisationen von Long Memory-Prozessen gut prognostiziert werden können. Deshalb werden im nächsten Abschnitt Prognoseverfahren, die auch für stochastische Prozesse mit Long Memory geeignet sind, vorgestellt.

---

und damit zu (3.37). Dabei wurde in der dritten Zeile folgende Approximation (Bronstein und Semendjajew [25, 1991, S. 85, 1.2.2.3])

$$\frac{e^y + e^{-y}}{2} = \cosh y = 1 + \frac{y^2}{2!} + \frac{y^4}{4!} \cdots \sim 1 + \frac{y^2}{2}$$

verwendet.

3.2 Prognosen mit ARFIMA-Modellen

In diesem Abschnitt werden Prognoseverfahren behandelt, die für ARFIMA(p,d,q)-Modelle geeignet sind. Die Kenntnis von Prognoseverfahren ist einerseits in Kapitel 7 zur Analyse der Out-of-sample Prognosequalität von ARFIMA-Modellen bei Wechselkursen notwendig, andererseits eine Voraussetzung zur Ableitung eines theoretischen Wechselkursmodells mit Wechselkurserwartungen in Abschnitt 6.5.

Es werden zwei exakte und zwei approximative Prognoseverfahren dargestellt. Die approximativen Prognoseverfahren bieten sich als attraktive Alternative an, wenn die Zahl der Beobachtungen einer Zeitreihe groß und die Berechnung der Autokovarianzfunktion dementsprechend aufwendig ist. Ein Algorithmus zur Vereinfachung der exakten Prognose von Brockwell und Davis [24, 1991] sowie das approximative Prognoseverfahren von Brockwell und Davis [24, 1991, S. 533-34] stehen dabei im Mittelpunkt. Ein zweites approximatives Verfahren, das von Peiris und Perera [160, 1988] vorgeschlagen wurde, wird am Ende kurz angesprochen.

Bei der Prognose geht es um die Vorhersage der zu erwartenden Realisationen eines stochastischen Prozesses im Zeitablauf. Auf Basis der bisherigen Realisierung $\{x_1, \ldots, x_t\}$ eines stationären Prozesses $\{X_1, \ldots, X_t\}$ wird die Schätzung $\hat{x}_{t+h}$ der Zufallsvariablen X_{t+h} im Zeitpunkt t als h-Perioden Prognose bezeichnet. Die Prognose ist selbst eine Zufallsvariable $\hat{X}_{t+h}$. Um die Güte einer Prognose zu ermitteln, eignet sich als Gütemaß für stochastische Prozesse mit endlicher Varianz die mittlere quadratische Abweichung (*mean squared error*)

$$MSE[\hat{X}_{t+h}] = E[(X_{t+h} - \hat{X}_{t+h})^2], \tag{3.38}$$

d.h. man betrachtet den Erwartungswert der quadratischen Abweichung der Zufallsvariable X_{t+h} von der Prognose $\hat{X}_{t+h}$. Wird ein stochastischer Prozeß mit unendlicher Varianz geschätzt, so ist auch der $MSE[\hat{X}_{t+h}]$ unendlich. Ein Beispiel eines solchen Prozesses ist ein linearer Prozeß $X_t = \sum_{u=-\infty}^{\infty} a_u Z_{t-u}$, der im Gegensatz zu (2.15) nicht von identisch und unabhängig verteilten Zufallsvariablen, sondern von einem Prozeß angetrieben wird, dessen Zufallsvariable unabhängig und identisch verteilt sind, aber im Vergleich zur Normalverteilung eine größere Dichte in den Enden der Verteilung aufweisen[16].

[16] Vgl. zur genaueren Charakterisierung solcher Verteilungen Brockwell und Davis [24, 1991, S. 535ff.]. Eine große Klasse von Verteilungen, die unendliche Varianz aufweisen können, ist die Klasse der stabilen Verteilungen.

3.2.1 Zwei exakte Prognosemethoden

Für stochastische Prozesse mit endlicher Varianz wird deshalb normalerweise diejenige Prognose als die beste bezeichnet, für die die mittlere quadratische Abweichung am kleinsten ist. Die ***beste Prognose*** von X_{t+h} entspricht damit dem bedingten Erwartungswert[17]

$$\hat{X}_{t+h} = E[X_{t+h}|X_1, \ldots, X_t]. \tag{3.39}$$

Allerdings ist die exakte Berechnung des bedingten Erwartungswertes im allgemeinen sehr schwierig, da in sie die gemeinsame Verteilung des stochastischen Prozesses eingeht. Deshalb ist es häufig vorzuziehen, sich auf lineare Prognosen zu beschränken[18]

$$\tilde{X}_{t+h} = \sum_{i=1}^{t} \theta_{ti}^{(h)} X_{t+1-i}, \tag{3.40}$$

wobei der Index (h) die Zahl der zu prognostizierenden Perioden angibt und die Parameter $\theta_{ti}^{(h)}$ noch zu bestimmen sind. Besitzt der stochastische Prozeß einen Mittelwert μ ungleich Null, so ergibt sich die lineare Prognose gemäß[19]

$$\tilde{X}_{t+h} - \mu = \sum_{i=1}^{t} \theta_{ti}^{(h)} (X_{t+1-i} - \mu). \tag{3.41}$$

Für einen stationären stochastischen Prozeß ist die beste lineare Prognose wiederum diejenige, die die mittlere quadratische Abweichung minimiert

$$\min_{\theta_{t1}^{(h)}, \ldots, \theta_{tt}^{(h)}} E[(X_{t+h} - \sum_{i=1}^{t} \theta_{ti}^{(h)} X_{t+1-i})^2] =$$

$$\min_{\theta_{t1}^{(h)}, \ldots, \theta_{tt}^{(h)}} [\sigma^2 - \sum_{i=1}^{t} \theta_{ti}^{(h)} \gamma(h+i-1) + \sum_{i=1}^{t} \sum_{j=1}^{t} \theta_{ti}^{(h)} \theta_{tj}^{(h)} \gamma(j-i)].$$

Aus den Bedingungen erster Ordnung ergibt sich das lineare Gleichungssystem

$$\sum_{j=1}^{t} \theta_{tj}^{(h)} \gamma(j-i) = \gamma(h+i-1), \quad i = 1, \ldots, t, \tag{3.42}$$

das die Berechnung der $\theta_{ti}^{(h)}, i = 1, \ldots, t$ erlaubt. Wie man sieht, erfordert die Berechnung der besten linearen Prognose lediglich die Kenntnis der zweiten Momente, so daß es nicht überraschend ist, daß für lineare Prozesse, für die die

[17]Vgl. dazu Schlittgen und Streitberg [172, 1989, S. 336].
[18]Vgl. dazu Brockwell und Davis [24, 1991, S. 168, Gleichung (5.1.8)].
[19]Vgl. dazu Brockwell und Davis [24, 1991, S. 166].

multivariate Normalverteilung gilt, die beste lineare Prognose (3.42) gleich der besten Prognose des bedingten Erwartungswertes (3.39) ist[20].

Damit sind alle (linearen) Prognosen von allgemeinen linearen Prozessen mit endlicher Varianz die besten im Sinne des bedingten Erwartungswertes. Mit der Einführung des ARFIMA(p,d,q)-Modells ist es deshalb möglich geworden, bei der Prognose neben Short Memory auch Long Memory-Strukturen berücksichtigen zu können, ohne auf die positiven Prognoseeigenschaften linearer Modelle verzichten zu müssen.

Trotzdem bleibt die Berechnung der besten linearen Prognose mit Hilfe des Gleichungssystems (3.42) noch relativ aufwendig, da dessen Lösung die Invertierung der Kovarianzmatrix impliziert. Da dies für lange Zeitreihen aufwendig ist, sei hierzu als Alternative der Innovationsalgorithmus von Brockwell und Davis [24, 1991, S. 172] vorgestellt. Zu seinem intuitiven Verständnis ist es hilfreich, die Zufallsvariablen $X_1, \ldots, X_t, X_{t+h}$ als Basisvektoren von Räumen mit Dimensionen $1, \ldots, t, t+h$ aufzufassen. Dann entspricht die beste lineare Prognose $\tilde{X}_{t+h}$ der Projektion von X_{t+h} auf den linearen Raum H_t, der von den Vektoren $X_1, \ldots, X_t$ aufgespannt wird. Dies ist gleichbedeutend damit, daß der Vektor $(X_{t+h} - \tilde{X}_{t+h})$, der die Innovation angibt, zu den Vektoren $X_i, i = 1, \ldots, t$ orthogonal ist. Der Raum H_t wird jedoch auch von den Innovationen $X_1 - \tilde{X}_1, \ldots, X_t - \tilde{X}_t$ aufgespannt, wenn $\tilde{X}_1 = 0$ gesetzt wird, denn die Innovationen $(X_{j+1} - \tilde{X}_{j+1})$ stehen senkrecht auf allen $X_i, i = 1, \ldots, j$ und damit auf allen $X_i - \tilde{X}_i, i = 1, \ldots, j$. Deshalb gilt, daß sich die beste lineare Prognose $\tilde{X}_{t+h}$ auch aus der Summe

$$\tilde{X}_{t+h} = \sum_{j=h}^{t+h-1} \theta_{t+h-1,j}(X_{t+h-j} - \tilde{X}_{t+h-j}) \tag{3.43}$$

berechnen läßt. Die Berechnung von (3.43) wird durch den Innovationsalgorithmus von Brockwell und Davis [24, 1991] sehr erleichtert und ist auch für Mehrperiodenprognosen möglich.

Proposition 1 Der Innovationsalgorithmus *von Brockwell und Davis*[21]
$\{X_t\}$ habe einen Erwartungswert von Null und eine nichtsinguläre Kovarianzmatrix $[\sigma_{X_i X_j}]_{i,j=1}^{t}$ für alle $t = 1, \ldots$. Dann sind die h-Periodenprognosen $\tilde{X}_{t+h}, t \geq 0$ und deren mittlere quadratische Abweichung $MSE[\tilde{X}_{t+h}]$ gegeben durch

$$\tilde{X}_{t+h} = \begin{cases} 0 & \textit{falls } t = 0 \\ \sum_{j=h}^{t+h-1} \theta_{t+h-1,j}(X_{t+h-j} - \tilde{X}_{t+h-j}) & \textit{falls } t \geq 1, \end{cases} \tag{3.44}$$

[20] Vgl. dazu Brockwell und Davis [24, 1991, S. 64].

[21] Vgl. Brockwell und Davis [24, 1991, S. 172, Proposition 5.2.2 und S. 174f.].

und

$$
\begin{aligned}
MSE[\tilde{X}_1] &= \sigma_{X_1X_1} \\
\theta_{t+h-1,t+h-1-k} &= \frac{1}{MSE[\tilde{X}_{k+1}]}\left(\sigma_{X_{t+h}X_{t+h}} - \sum_{j=0}^{k-1} \theta_{k,k-j}\theta_{t+h-1,t+h-1-j} MSE[\tilde{X}_{j+1}]\right), \\
&\textit{für} \quad k = 0, 1, \ldots, t+h-2, \\
MSE[\tilde{X}_{t+h}] &= \sigma_{X_{t+h}X_{t+h}} - \sum_{j=h}^{t+h-1} \theta^2_{t+h-1,j} MSE[\tilde{X}_{t+h-j}].
\end{aligned}
\tag{3.45}
$$

Damit steht ein zweites exaktes Prognoseverfahren zur Verfügung, daß die Invertierung der Kovarianzmatrix vermeidet. Außerdem eignet sich dieses Verfahren auch zur Prognose von nichtstationären Prozessen, da es nicht die Existenz einer stationären Autokovarianzfunktion erfordert. Beide Prognoseverfahren setzen jedoch die Kenntnis der Kovarianzmatrix voraus.

3.2.2 Zwei approximative Prognosemethoden

Die Berechnung der Autokovarianzfunktion eines ARFIMA(p,d,q)-Modells für $d \neq 0$ ist, wie in Abschnitt 3.1 gezeigt wurde, recht aufwendig, insbesondere dann, wenn der AR-Teil nicht Null ist. Steht eine große Zahl von Beobachtungen einer Zeitreihe zur Verfügung, sind approximative Prognosemethoden eine attraktive Alternative. Zwei approximative Methoden sind in der Literatur vorgeschlagen worden, die eine von Brockwell und Davis [24, 1991, S. 533], die andere von Peiris und Perera [160, 1988]. Beiden Methoden ist gemeinsam, daß X_{t+h} nicht auf den endlichen Raum H_t mit den Basisvektoren $X_1, \ldots, X_t$, sondern auf den Raum $\breve{H}_t$ mit unendlich vielen Basisvektoren $\ldots, X_{-1}, X_0, X_1, \ldots, X_t$ projiziert wird. Da die Basisvektoren $\ldots, X_{-1}, X_0$ bei praktischen Prognosen natürlich nicht bekannt sind, müssen sie deshalb durch Nullsetzen approximiert werden, was den approximativen Charakter dieses Verfahrens verursacht.

Wären alle Basisvektoren bekannt, so wären diese Verfahren ebenfalls exakt. Diese Ausweitung des Projektionsraumes von H_t auf $\breve{H}_t$ ist notwendig, wenn die Autokovarianzen $\gamma(\tau)$ nicht direkt in die Prognosegleichungen eingehen sollen, sondern indirekt durch die Verwendung unendlich vieler MA-Parameter ψ_j, für die gemäß Gleichung (2.18) gilt, daß die unendliche Summe der Produkte dieser MA-Parameter $\sum_{j=-\infty}^{\infty} \psi_j \psi_{j+\tau} = \gamma(\tau)$ ist. Eine exakte lineare Prognose erfordert dann die Verwendung der unendlichen MA-Repräsentation (3.7) eines kausalen und invertierbaren ARFIMA(p,d,q)-Prozesses

$$X_t = \sum_{j=0}^{\infty} \psi_j \varepsilon_{t-j}$$

bzw. der (dazu inversen) unendlichen AR-Repräsentation (3.15)

$$\varepsilon_t = \sum_{j=0}^{\infty} \varphi_j X_{t-j}.$$

Die Parameter der unendlichen Polynome $\psi(B)$ und $\varphi(B)$ lassen sich analog zu Gleichung (2.59) durch Koeffizientenvergleich aus

$$\begin{aligned} \psi(B) &= \beta(B)(1-B)^{-d}\alpha^{-1}(B) \\ \varphi(B) &= \alpha(B)(1-B)^{d}\beta^{-1}(B) \end{aligned}$$

bestimmen. $(1-B)^{-d}$ und damit auch $(1-B)^d$ sind durch (3.1) bzw. (3.16) definiert.

Dann läßt sich die beste lineare (approximative) Prognose für einen kausalen und invertierbaren ARFIMA(p,d,q)-Prozeß mit Mittelwert μ für gegebenes t mit $\check{X}_j = X_j$ für alle $j \le t$ berechnen durch[22]

$$\check{X}_{t+h} - \mu = -\sum_{j=1}^{\infty} \varphi_j (\check{X}_{t+h-j} - \mu) \tag{3.46}$$

$$\check{X}_{t+h} = \mu + \sum_{j=h}^{\infty} \psi_h \varepsilon_{t+h-j} \tag{3.47}$$

und

$$MSE[\check{X}_{t+h}] = \sigma^2 \sum_{j=0}^{h-1} \psi_j^2. \tag{3.48}$$

Man beachte, daß für eine endliche Zahl von Beobachtungen auch die mittlere quadratische Abweichung $MSE[\check{X}_{t+h}]$ approximativ ist, da zur exakten Berechnung der h MA-Parameter ψ_j nach Gleichung (2.18) unendlich viele Autokovarianzen notwendig wären.

Stehen dem Anwender bereits geeignete Prognoseverfahren für reine ARMA(p,q)-Modelle zur Verfügung, so ist das zweite Prognoseverfahren, das von Peiris und Perera [160, 1988] vorgeschlagen wurde, vorzuziehen, da es lediglich für den Long Memory-Teil einen unendlichen Raum $\check{H}_t$ erfordert. Der Ansatz von Peiris und Perera [160, 1988] wird hier jedoch nicht weiter verfolgt. Beiden approximativen Verfahren ist gemeinsam, daß die Prognosen nur für eine große Zahl an Beobachtungen zufriedenstellend sind.

[22] Siehe dazu Brockwell und Davis [24, 1991, S. 533 und S. 183, Theorem 5.5.1].

3.3 Generierungsmethoden für ARFIMA-Prozesse

In diesem Abschnitt werden vier Verfahren vorgestellt, mit deren Hilfe Realisationen von ARFIMA(p,d,q)-Prozessen erzeugt werden können. Die Generierungsmethoden sind eine Voraussetzung für die Analyse der Schätzeigenschaften verschiedener Long Memory-Schätzverfahren bei Vorliegen kurzer Zeitreihen in Kapitel 5. Die vier dargestellten Generierungsverfahren sind im einzelnen: eine approximative Moving-Average-Methode, ein Verfahren von McLeod und Hipel [147, 1978], ein Algorithmus von Hosking [111, 1984] und eine approximative ARMA-Methode, ebenfalls von Hosking [111, 1984]. Das Verfahren von McLeod und Hipel und der Algorithmus von Hosking [111, 1984] unterscheiden sich dabei nur in der Methode, nicht aber im Ergebnis.

Methode 1: Die approximative Moving-Average-Methode

Dieses Verfahren ist sicherlich das einfachste, wenn es um die Generierung von einfachem fraktional differenziertem Rauschen geht, da dessen unendliche Moving-Average-Darstellung (3.8) $X_t = \theta(B)\varepsilon_t$ mit Hilfe der Potenzreihendarstellung (3.1) von $(1-B)^{-d}$ für beliebig lange Lags leicht berechnet werden kann. Es ist nun naheliegend, die unendliche Moving-Average-Repräsentation nach dem n-ten Lag abzubrechen und den Einfluß aller ε_{t-k} mit $k \geq n$ zu vernachlässigen

$$X_t = \sum_{k=0}^{n} \theta_k \varepsilon_{t-k}. \tag{3.49}$$

Diese Vorgehensweise läßt sich ohne weiteres auf ARFIMA(p,d,q)-Prozesse übertragen, indem nunmehr die unendliche Moving-Average-Darstellung analog zu Gleichung (2.59) durch Koeffizientenvergleich gewonnen wird.

Allerdings ist die approximative Moving-Average-Methode nicht uneingeschränkt zu empfehlen. Wird n zu klein gewählt, ist kaum eine zufriedenstellende Approximation des wahren Prozesses gewährleistet. Selbst für große n geht der approximative Charakter dieses Verfahrens nicht völlig verloren, obwohl der Rechenaufwand insbesondere für lange Zeitreihen beträchtlich ansteigt. Darüber hinaus muß zur Generierung aller Werte $X_t, t < n$ auf simulierte Störterme zurückgegriffen werden, die außerhalb der zu generierenden Zeitreihe liegen. Der schwerwiegendste Einwand gegen diese Methode ist jedoch, daß die Autokovarianzfunktion der erzeugten Zeitreihe nur asymptotisch der wahren Autokovarianzstruktur entspricht. Damit disqualifiziert sich diese Methode als Grundlage von Computersimulationen.

Methode 2: Die Methode von McLeod und Hipel

Eine theoretisch exakte und dabei für fraktional differenziertes Rauschen leicht berechenbare Methode haben McLeod und Hipel [147, 1978] eingeführt. Sei P eine untere Dreiecksmatrix

$$P = \begin{pmatrix} p_{11} & 0 & \cdots & 0 \\ p_{21} & p_{22} & \cdots & 0 \\ \vdots & \vdots & \vdots & \vdots \\ p_{T1} & p_{T2} & \cdots & p_{TT} \end{pmatrix},$$

mit deren Hilfe jede Zufallsvariable $X_t, t = 1, \ldots, T$ eines stochastischen Prozesses als ein spezifisches MA(t)-Modell

$$X_t = \sum_{j=1}^{t} p_{tj}\varepsilon_j \quad \text{für alle } t \leq T \tag{3.50}$$

geschrieben werden kann. Mit $\varepsilon = (\varepsilon_1, \ldots, \varepsilon_T)'$ verkürzt sich diese Gleichung in Matrixschreibweise zu

$$X = P\varepsilon. \tag{3.51}$$

Die Kovarianzmatrix von X läßt sich dann in den Parametern der MA(t)-Modelle (3.50) und der Varianz von Weißem Rauschen σ_ε^2

$$\begin{aligned} E(XX') &= E(P\varepsilon(P\varepsilon)') \\ &= \sigma_\varepsilon^2(PP') \end{aligned} \tag{3.52}$$

ausdrücken.

Ist einem die Kovarinanzmatrix eines beliebigen Prozesses gegeben, so lassen sich mit Hilfe der Cholesky-Dekomposition die Matrix P, d.h. die Parameter aller MA(t) Modelle, und damit eine Zeitreihe mit entsprechender Autokovarianzstruktur berechnen.

Soll ein ARFIMA(0,d,q)-Prozeß generiert werden, ist die iterative Berechnung der Autokovarianzfunktion entsprechend (3.12) bei $q = 0$ oder (3.33) bei $q \neq 0$ nicht viel aufwendiger als die Kalkulation der unendlichen MA-Darstellung in Methode 1. Geht es jedoch um die Erzeugung eines allgemeinen ARFIMA(p,d,q)-Prozesses, $d \neq 0$, müssen die Autokovarianzen entweder aus (3.27) unter Verwendung numerischer Integrationsverfahren oder aus (3.30), (3.31) und (3.32) unter

Verwendung der hypergeometrischen Funktion (3.28) berechnet werden. In Abschnitt 3.1 wurde argumentiert, daß die numerische Integration für positive d unzuverlässig sein kann und in diesem Fall das letztere Verfahren verwendet werden sollte. Damit erfordert diese Generierungsmethode unter Umständen einigen Programmieraufwand.

Es bleibt festzuhalten, daß diese Generierungsmethode zumindest für fraktional differenziertes Rauschen Methode 1 vorzuziehen ist. Ein Verfahren, das zu denselben Ergebnissen führt und entsprechend ebenfalls die Kenntnis die Autokovarianzstruktur erfordert, jedoch nicht die Cholesky-Dekomposition einer Matrix, ist folgende Methode 3.

Methode 3: Die Methode von Hosking

Anstatt die Zufallsvariable X_t aus den Realisationen von Weißem Rauschen mit Hilfe von MA(t)-Modellen zu bestimmen, nutzt Hosking [111, 1984] aus, daß, gegeben die Information über vergangene Realisationen $X_1, \ldots, X_{t-1}$, die X_t durch eine bedingte Wahrscheinlichkeitsverteilung bestimmt sind. Unter der Annahme der Normalverteilung ergibt sich

$$X_t \sim \mathrm{N}(E[X_t|X_1, \ldots, X_{t-1}], Var[X_t|X_1, \ldots, X_{t-1}]),$$

wobei $E[X_1] = \mu$ und $Var[X_1] = \gamma(0)$. Die Berechnung der bedingten Erwartungswerte und Varianzen erfordert außerdem eine Bestimmung der Parameter $\psi_{t1}, \ldots, \psi_{tt}, 1 \leq t \leq T$ der unteren Dreiecksmatrix Ψ, so daß

$$m_{t+1} = E[X_{t+1}|X_1, \ldots, X_t] = \psi_{t1}X_t + \psi_{t2}X_{t-1} + \ldots + \psi_{tt}X_1 \tag{3.53}$$

und

$$v_t\sigma_\varepsilon^2 = Var[X_{t+1}|X_1, \ldots, X_t] = E[(X_{t+1} - E[X_{t+1}|X_1, \ldots, X_t])^2]. \tag{3.54}$$

Hosking [111, 1984] verwendet hierzu de facto den Durbin-Levinson Algorithmus, auch wenn er ihn nicht explizit benennt. Ein Beweis dieses Algorithmus findet sich z.B. in Brockwell und Davis [24, 1991, Proposition 5.2.1, S. 169-171]. Der Algorithmus lautet:

Proposition 2 Der Durbin-Levinson Algorithmus:
Es sei $\{X_t\}$ ein stationärer Prozeß mit Mittelwert Null und Autokovarianzfunktion $\gamma(\cdot)$, so daß $\gamma(0) > 0$ und $\gamma(h) \to 0$, falls $h \to \infty$. Dann erfüllen die Koeffizienten der Matrix Ψ und die bedingten Varianzen $v_t\sigma_\varepsilon^2$ wie in (3.53) und (3.54) definiert

folgende Beziehungen: $\psi_{11} = \frac{\gamma(1)}{\gamma(0)}, v_0\sigma_\varepsilon^2 = \gamma_0$,

$$\psi_{tt} = [\gamma(t) - \sum_{j=1}^{t-1} \psi_{t-1,j}\gamma(t-j)]v_{t-1}^{-1} \tag{3.55}$$

$$\begin{bmatrix} \psi_{t1} \\ \vdots \\ \psi_{t,t-1} \end{bmatrix} = \begin{bmatrix} \psi_{t-1,1} \\ \vdots \\ \psi_{t-1,t-1} \end{bmatrix} - \psi_{tt} \begin{bmatrix} \psi_{t-1,t-1} \\ \vdots \\ \psi_{t-1,1} \end{bmatrix} \tag{3.56}$$

und

$$v_t = v_{t-1}[1 - \psi_{tt}^2] \tag{3.57}$$

Wie bereits Hosking [111, 1984] bemerkt, ist dieses Methode mit dem Verfahren von McLeod und Hipel äquivalent. Da Hosking auf einen Nachweis dieser Behauptung verzichtet, wird wird hier eine Beweisskizze dargestellt.

Theorem 1 *Die Generierungsmethoden von McLeod und Hipel (Methode 2) und von Hosking (Methode 3) führen beide zu identischen Ergebnissen bei der Generierung beliebiger Zeitreihen, sofern die theoretische Kovarianzmatrix existiert.*

Beweisskizze: Mit Methode 3 erzeugt man eine beliebige Realisation von $\{X_t\}$ durch

$$X_t \sim N(m_t, v_t\sigma_\varepsilon^2) \qquad t \geq 1.$$

Damit läßt sich schreiben

$$X_t = \sqrt{v_{t-1}}\varepsilon_t + m_t, \tag{3.58}$$

wobei $\varepsilon_t \sim N(0, \sigma_\varepsilon^2)$ wie bei Methode 2 Weißem Rauschen entspricht. Werden nun die Ausdrücke für den bedingten Erwartungswert (3.53) und der bedingten Varianz (3.54) in (3.58) eingesetzt, erhält man

$$\begin{aligned} X_1 &= \sqrt{v_0}\varepsilon_1 \\ X_2 &= \sqrt{v_1}\varepsilon_2 + \psi_{11}X_1 = \sqrt{v_1}\varepsilon_2 + \psi_{11}\sqrt{v_0}\varepsilon_1 \\ X_3 &= \sqrt{v_2}\varepsilon_3 + \psi_{21}X_2 + \psi_{22}X_1 \\ &= \sqrt{v_2}\varepsilon_3 + \psi_{21}\sqrt{v_1}\varepsilon_2 + (\psi_{21}\psi_{11}\sqrt{v_0} + \psi_{22}\sqrt{v_0})\varepsilon_1 \\ &= \sum_{j=1}^{3} \tilde{p}_{3j}\varepsilon_{3-j}. \end{aligned}$$

Damit erhält man wieder einen MA(t)-Prozeß für jedes X_t. Wendet man den Durbin-Levinson Algorithmus an, können die Koeffizienten der Matrix Ψ und die bedingten Varianzen $v_t\sigma_\varepsilon^2$ ausschließlich in termini der Autokovarianzen geschrieben werden. Dann ist jeder Koeffizient $\tilde{p}_{tk}$ ausschließlich ein Ausdruck von

Autokovarianzen. Dies gilt natürlich auch für die Elemente der Matrix P, die man durch die Cholesky-Zerlegung bei Methode 2 erhält. Durch iterative Berechnungen läßt sich dann die Äquivalenz der Koeffizienten $\tilde{p}_{tk}$ and p_{tk} zeigen. □

Methode 4: Eine approximative ARMA-Methode

Ist es nicht möglich, für einen ARFIMA(p,d,q)-Prozeß mit $p, q > 0$ die exakte Autokovarianzfunktion zu berechnen und möchte man trotzdem den fraktional differenzierten Prozeß theoretisch exakt generieren, steht eine weitere Methode zur Verfügung, die ebenfalls von Hosking [111, 1984] vorgeschlagen wurde. Dieser Methode liegt die Tatsache zugrunde, daß, wie bereits in Abschnitt 3.1 gezeigt wurde, jeder ARFIMA(p,d,q)-Prozeß $\{X_t\}$ als ARMA-Prozeß (3.21)

$$\alpha(B)X_t = \beta(B)Z_t,$$

aufgefaßt werden kann, der von fraktional differenzierten Rauschen $Z_t = (1 - B)^{-d}\varepsilon_t$ gesteuert wird. Werden die AR- und MA-Polynome explizit eingesetzt, ergibt sich die Gleichung

$$X_t = \sum_{u=1}^{p} \alpha_u X_{t-u} + \sum_{u=0}^{q} \beta_u Z_{t-u}. \tag{3.59}$$

Soll ein ARFIMA(0,d,q)-Prozeß der Länge T generiert werden, so sind zunächst $T + q$ Werte eines ARFIMA(0,d,0)-Prozesses mittels Methode 2 oder 3 zu generieren. Beide Methoden erfordern die Berechnung der Autokovarianzfunktion eines fraktional differenzierten Rauschens, welche gut mit Hilfe von (3.12) berechnet werden kann. Die X_t ergeben sich dann direkt aus (3.59).

Enthält der ARFIMA(p,d,q)-Prozeß darüber hinaus einen AR-Teil, so ist zu berücksichtigen, daß die ersten X_t's kaum eine dem wahren Prozeß entsprechende Kovarianzstruktur aufweisen, wenn alle $X_{1-p}, \ldots, X_0$ Null gesetzt werden. Deshalb ist es empfehlenswert, die Generierung der X_t bereits bei $t \geq -L$ zu beginnen, damit derartige Initialisierungseffekte vernachlässigbar werden. Hosking [111, 1984] schlägt vor, L so zu wählen, daß $|\alpha|^L \leq \epsilon$ ist, wobei α die größte Lösung der charakteristischen Gleichung des AR-Polynoms $\alpha(z) = 0$ bezeichnet. Für ϵ gibt Hosking [111, 1984] 0,01 vor. Insgesamt sind dann $T + L + q$ Werte des fraktional differenzierten Rauschens zu generieren. Diese Generierungsmethode hat gegenüber der approximativen Moving-Average-Methode den Vorteil, daß die Long Memory-Struktur, die durch d vorgegeben wird, exakt generiert wird. Lediglich bei Vorliegen eines AR-Teils ist eine Approximation notwendig.

Damit ist die Darstellung der vier Generierungsverfahren abgeschlossen. Sie bildete den letzten Teil dieses Kapitels. Vorangegangen ist eine ausführliche Einführung in die Eigenschaften von verschiedenen Long Memory-Modellen im Zeit- und Frequenzbereich. Betont wurde dabei, daß das fraktional integrierte ARMA-Modell einen flexiblen Rahmen bietet, um gleichzeitig herkömmliche Short Memory und Long Memory-Prozesse modellieren zu können und in der empirischen Arbeit ein Verzicht auf die Berücksichtigung etwaiger Long Memory-Komponenten zu stark verzerrten Parameterschätzungen führen kann. Anschliessend wurden exakte und approximative Prognosemethoden dargestellt, mit denen die Long Memory-Struktur eines stochastischen Prozesses für auch mehrperiodige Prognosen ausgenutzt werden kann. Das nächste Kapitel ist verschiedenen Schätzverfahren für fraktional integrierte ARMA-Prozesse gewidmet.

Kapitel 4

Schätzverfahren für Long Memory-Prozesse

In diesem Kapitel werden Methoden zur Schätzung von fraktional integrierten ARMA-Prozessen vorgestellt. Dazu gehören das Geweke/Porter-Hudak-Verfahren sowie ein exaktes und zwei approximative Maximum-Likelihood-Verfahren. Die zwei approximativen Maximum-Likelihood-Methoden umfassen dabei den Whittleschätzer und dessen Approximation. Das erste Verfahren erlaubt ausschließlich die Schätzung des Intermediate/Long Memory-Parameters d, zeichnet sich aber dafür durch seine einfache Berechenbarkeit aus, da es lediglich die Durchführung einer Regression erfordert. Die Schätzung durch Maximierung der in diesem Kapitel vorgestellten Likelihoodfunktionen setzt hingegen numerische Optimierungsverfahren voraus, ermöglicht aber gleichzeitig eine simultane Schätzung der Short und Long Memory-Parameter. Allen im folgenden dargestellten Verfahren ist gemeinsam, daß zur Ableitung der asymptotischen Verteilung der jeweiligen Parameterschätzungen die Normalverteilung der Störvariablen vorausgesetzt werden muß.

Einen Schwerpunkt dieses Kapitels bildet darüber hinaus der Nachweis, daß der Whittleschätzer sehr einfach auf der Grundlage der Autokovarianzfunktion berechnet werden kann und es somit keinen Grund mehr gibt, sich in der empirischen Arbeit im Rahmen der approximativen Maximum-Likelihood-Verfahren ausschließlich auf die Verwendung des approximativen Whittleschätzers zu beschränken. Für den Fall, daß kein geeignetes Computerprogramm zur Berechnung der Autokovarianzfunktion zur Verfügung steht, wird eine explizite Formel abgeleitet, die eine exakte und schnelle Berechnung des Whittleschätzers erlaubt. Grundlage hierfür ist die Ableitung der Autokovarianzfunktion von Sowell [178, 1992].

Der Aufbau des Kapitels ist wie folgt. In Abschnitt 4.1 wird das Geweke/Porter-Hudak-Verfahren dargestellt. Abschnitt 4.2 ist den verschiedenen Maximum-Likelihood-Methoden gewidmet. Im letzten Abschnitt 4.3 wird eine alternative Berechnungsmöglichkeit des Whittleschätzers dargestellt und bewiesen.

Auch wenn dieses Kapitel ausschließlich Schätzverfahren für ARFIMA-Prozesse zum Inhalt hat, so sollte trotzdem die Existenz der "R/S-Statistik" Erwähnung finden, da dieser Test die Entwicklung von linearen Prozessen mit Long Memory angestoßen hat und Booth, Kaen und Koveos [19, 1982] mit einer Weiterentwicklung dieser Teststatistik die ersten empirischen Ergebnisse über Intermediate oder Long Memory in den Wechselkursen erzielten[1]. Die "R/S"-Statistik geht auf den englischen Hydrologen Hurst[2][115, 1951] zurück. Ihre Verwendung erfordert keine Spezifikation eines stochastischen Long Memory-Prozesses, so daß in der Alternativhypothese auch Long Memory-Prozesse enthalten sind, die nicht dem fraktional integrierten ARMA-Prozeß entsprechen. Aufgrund dieser Allgemeinheit hat sich das Interesse an ihr bis heute erhalten. Mandelbrot [141, 1972], [142, 1975] verfeinerte als erstes die "R/S"-Statistik. Erst kürzlich hat Lo [136, 1991] eine "modifizierte R/S"-Statistik vorgeschlagen. Er versucht dabei, eine Schwäche des bisherigen "R/S"Statistik zu beheben, die darin besteht, daß sie empfindlich auf das Vorliegen von Short Memory reagiert. Die Nullhypothese des "modifizierten R/S"-Tests schließt hingegen eine große Klasse von Short Memory-Prozessen ein und erlaubt damit einen mächtigeren Test auf das Vorliegen von Long Memory-Prozessen[3]. Allerdings zeigt Cheung [29, 1990] in ausgiebigen Monte-Carlo-Simulationen, daß die Macht des modifizierten R/S-Tests bei relativ kurzen Zeitreihen abnimmt, wenn ein ARFIMA(p,d,q)-Modell mit $p > 0$ und $q > 0$ zugrundegelegt wird. Dies ist offensichtlich der Preis dafür, daß auf die Annahme eines spezifizierten stochastischen Prozesses wie z.B. eines ARFIMA(p,d,q)-Prozesses verzichtet wird. Da in dieser Arbeit ausschließlich ARFIMA(p,d,q)-Prozesse eine Rolle spielen, werden die zwei Varianten der "R/S"-Statistik nicht weiter verfolgt.

---

[1] Vgl. dazu Kapitel 7.

[2] Siehe dazu auch die Ausführungen in Unterabschnitt 3.1.3.

[3] Lo [136, 1991] verwendet dabei eine schwächere Definition von Long Memory.

4.1 Das Geweke/Porter-Hudak-Verfahren

Das Geweke/Porter-Hudak-Verfahren ist ein semiparametrisches Verfahren zur Schätzung des Intermediate/Long Memory-Parameters d, da es keine Spezifikation des AR- oder MA-Polynoms erfordert. Es besteht aus einer einfachen Regression auf der Grundlage der Spektraldichte des ARFIMA(p,d,q)-Modells (3.23)

$$\begin{aligned} f(\omega) &= \frac{|\beta(e^{-i\omega})|^2}{|\alpha(e^{-i\omega})|^2}|1-e^{-i\omega}|^{-2d} f_\epsilon(\omega) \\ &= |1-e^{-i\omega}|^{-2d} f_{ARMA}(\omega) \\ &= (4\sin^2(\omega/2))^{-d} f_{ARMA}(\omega), \end{aligned} \tag{4.1}$$

wobei $f_{ARMA}(\omega) = \frac{\sigma^2}{2\pi}\frac{|\beta(e^{-i\omega})|^2}{|\alpha(e^{-i\omega})|^2}$ die Spektraldichte eines ARMA-Modells ist. Die Regressionsbeziehung läßt sich nun ableiten, indem die Spektraldichtefunktion in der Schreibweise (4.1) logarithmiert und auf der rechten Seite $\ln f_{ARMA}(0)$ addiert und subtrahiert wird. Man erhält dann

$$\ln f(\omega) = \ln f_{ARMA}(0) - d\ln(4\sin^2(\omega/2)) + \ln\frac{f_{ARMA}(\omega)}{f_{ARMA}(0)}.$$

Fügt man auf beiden Seiten das Periodogramm $I(\omega)$ hinzu und stellt um, so gilt an den Fourierfrequenzen $\omega_t = 2\pi t/T, t = 1, 2, \ldots, T-1$:

$$\ln I(\omega_t) = \ln f_{ARMA}(0) - d\ln(4\sin^2\frac{\omega_t}{2}) + \ln\frac{f_{ARMA}(\omega_t)}{f_{ARMA}(0)} + \ln\frac{I(\omega_t)}{f(\omega_t)}. \tag{4.2}$$

Das *Periodogramm*[4]

$$I(\omega) = \frac{1}{2\pi}\sum_{\tau=-T+1}^{T-1}\tilde{\gamma}(\tau)e^{-i\tau\omega} = \frac{1}{2\pi}\sum_{\tau=-T+1}^{T-1}\tilde{\gamma}(\tau)\cos\tau\omega, \tag{4.3}$$

entspricht dabei dem empirischen Analogon der Spektraldichtefunktion durch Anwendung von deren Definition (2.34) auf eine gegebene Realisation $\{x_t\}_{t=1,\ldots,T}$ einer Zeitreihe, indem die *empirische Autokovarianzfunktion*[5]

$$\tilde{\gamma}(\tau) = \frac{1}{T}\sum_{t=1}^{T-|\tau|}(x(t)-\bar{x})(x(t+|\tau|)-\bar{x}) \tag{4.4}$$

[4] Vgl. dazu Brockwell und Davis [24, 1991, S. 334, Proposition 10.1.2] oder Hannan [90, 1973, S. 131]. Man beachte, daß Hannan die Definition des Periodogramms so wählt, daß der Erwartungswert des Periodogramms gerade der Spektraldichtefunktion $f(\omega)$, $\omega \neq 0$ entspricht, Brockwell und Davis [24, 1991, S. 343] hingegen auf den Faktor $1/(2\pi)$ in der Definition verzichten. Siehe Priestley [165, 1981, S. 398, Lemma 6.1.1] für einen Beweis des zweiten Gleichheitszeichens, wobei darauf hinzuweisen ist, daß Priestleys [165, 1981, S. 395, Gleichung (6.1.24)] Definition des Periodogramms anstatt des Faktors $1/(2\pi)$ den Faktor $2/T$ enthält.

[5] Vgl. hierzu Brockwell und Davis [24, 1991, S. 28-9, Definition 1.5.2].

mit $\bar{x} = \frac{1}{T}\sum_{t=1}^{T} x(t)$ anstelle der theoretischen Autokovarianzfunktion (2.13) Verwendung findet. Betrachtet man nun Gleichung (4.2), so ist für Frequenzen nahe Null, $\omega_t < \omega_m$, ω_m klein, der vorletzte Term im Vergleich zu den anderen Ausdrücken auf der rechten Seite vernachlässigbar. Mit $a = \ln f_{ARMA}(0)$ und dem Störterm $\eta = \ln \frac{I(\omega_t)}{f(\omega_t)}$ erhält man dann eine einfache lineare Regression

$$\ln I(\omega_t) = a - d\ln(4\sin^2\frac{\omega_t}{2}) + \eta_t, \quad t = 1,\ldots,m. \tag{4.5}$$

Um das adäquate Schätzverfahren für diese lineare Regression zu finden, ist es notwendig, die Verteilungseigenschaften des Störterms η_t zu analysieren. Grundlage hierfür sind die im folgenden kurz dargestellten Verteilungseigenschaften der Periodogrammschätzungen an den Fourierfrequenzen.

Nach Schlittgen und Streitberg [172, 1989, S. 268, Satz 6.2.3] gilt für einen linearen stochastischen Prozeß $\{X_t\}$ der Länge T mit absolut summierbarer Autokovarianzfunktion asymptotisch

$$I(\omega_t) \sim \frac{1}{f(\omega_t)}e^{-\omega_t/f(\omega_t)}, \tag{4.6}$$

d.h. das Periodogramm ist an den Fourierfrequenzen asymptotisch exponentialverteilt mit Erwartungswert $f(\omega_t)$. Diese Eigenschaft wird verständlicher, wenn man zunächst das Periodogramm umformt zu einer Summe[6] von Kosinus- und Sinusfunktionen

$$I(\omega_t) = [A(\omega_t)]^2 + [B(\omega_t)]^2, \tag{4.9}$$

[6]Diese Form erhält man, indem die empirische Autokovarianzfunktion (4.4) mit $\bar{x} = 0$ in die Definition des Periodogramms (4.3) eingesetzt, eine geeignete Substitution der Indices vorgenommen und die trigonometrische Darstellung einer komplexen Zahl verwendet wird

$$\begin{aligned} I(\omega_t) &= \frac{1}{2\pi T}\sum_{\tau=-T+1}^{T-1}\sum_{j=1}^{T-|\tau|} x(j)x(j+|\tau|)e^{-i\tau\omega_t} \\ &= \frac{1}{2\pi T}\sum_{s=1}^{T}\sum_{j=1}^{T} x(s)x(j)e^{-i(s-j)\omega_t}. \\ &= \frac{1}{2\pi T}\sum_{s=1}^{T} x(s)e^{-is\omega_t}\sum_{j=1}^{T} x(j)e^{ij\omega_t} \end{aligned} \tag{4.7}$$

Durch weiteres Umformen erhält man schließlich Gleichung (4.9)

$$\begin{aligned} I(\omega_t) &= \frac{1}{2\pi T}\left[\sum_{s=1}^{T} x(s)\cos(s\omega_t) - i\sum_{s+1}^{T} x(s)\sin(s\omega_t)\right]\left[\sum_{j=1}^{T} x(j)\cos(j\omega_t) + i\sum_{j=1}^{T} x(j)\sin(j\omega_t)\right] \\ &= \frac{1}{2\pi T}\left[\sum_{s=1}^{T} x(s)\cos(s\omega_t)\right]^2 + \frac{1}{2\pi T}\left[\sum_{s=1}^{T} x(s)\sin(s\omega_t)\right]^2. \\ &= [A(\omega_t)]^2 + [B(\omega_t)]^2. \end{aligned}$$

wobei

$$A(\omega_t) = \sqrt{\frac{1}{2\pi T}} \sum_{j=1}^{T} x(j)\cos(j\omega_t),$$

$$B(\omega_t) = \sqrt{\frac{1}{2\pi T}} \sum_{j=1}^{T} x(j)\sin(j\omega_t).$$

Betrachtet man das Periodogramm von Weißem Rauschen $\{\varepsilon_t\}$, so gilt, daß sowohl $A(\omega_t)$ als auch $B(\omega_t)$ normalverteilt sind. Damit ist die Summe der Quadrate von $A(\omega_t)$ und $B(\omega_t)$ Chi-quadrat-verteilt mit Freiheitsgrad 2. Eine Chiquadratverteilung mit Freiheitsgrad 2 ist jedoch identisch mit einer Exponentialverteilung[7]. Für einen allgemeinen ARFIMA-Prozeß mit Intermediate Memory ist dieses Ergebnis nur asymptotisch gültig, da die Unabhänigkeit zwischen den Periodogrammwerten an verschiedenen Fourierfrequenzen nur noch asymptotisch gilt. Die Bedingung der absoluten Summierbarkeit der Autokovarianzfunktion stellt dabei sicher, daß die Verteilung des Periodogramms tatsächlich konvergiert.

Geweke und Porter-Hudak [78, 1983, S. 225] argumentieren nun, daß der Störterm η_t an den Fourierfrequenzen ω_t asymptotisch unabhängig verteilt ist, wenn die Bedingung der absoluten Summierbarkeit für ARFIMA(p,d,q)-Prozesse, d.h. $-0,5 < d < 0$ erfüllt ist. Deshalb kann bei einer geeigneten Wahl der Zahl der verwendeten Periodogrammwerte m die einfache Kleinst-Quadrat Methode angewendet werden. Für m muß dabei gelten, daß $m/T \to 0$, wenn $T \to \infty$. Die Bedingung $m/T \to 0$, wenn $T \to \infty$, ist notwendig, um die asymptotische Normalverteilung von $\tilde{d}$ abzuleiten

$$\tilde{d} \sim \mathrm{AN}(d, \frac{\pi^2}{6\sum_{t=1}^{m}(y_t-\bar{y})^2}), \quad T \to \infty, \tag{4.10}$$

wobei $y_t = \ln(4\sin^2\frac{\omega_t}{2})$ und $\bar{y}$ deren Mittelwert ist. Für die Funktion $m(T)$ schlagen Geweke und Porter-Hudak [78, 1983] selbst die Funktion $m = T^\alpha$ vor, wobei sie in verschiedenen Monte-Carlo-Simulationen mit $\alpha = 0.5$ die besten Resultate erzielten.

Wie jedoch Hassler [98, 1993] und Robinson [170] unabhängig voneinander zeigen, ist der von Geweke und Porter-Hudak gewählte Nachweis von (4.10) nicht

---

Man beachte, daß aus (4.7) die Definitionsgleichung eines Periodogramms folgt

$$I(\omega_t) = \frac{1}{2\pi T}\left|\sum_{s=1}^{T} x(s)e^{-is\omega_t}\right|^2, \tag{4.8}$$

die normalerweise in der Literatur verwendet wird und aus der dann (4.3) abgeleitet wird. Vgl. zur Umformung Brockwell und Davis [24, 1991, S. 334] und zur Ableitung der Verteilungseigenschaften Priestley [165, 1981, S. 395ff.].

[7]Vgl. Brockwell und Davis [24, 1991, S. 344, Proposition 10.3.2]

korrekt, da die postulierte asymptotische Unabhängigkeit der Störterme η_t nur für $d = 0$ erfüllt ist. Der erste Grund hierfür ist die Division des Periodograms durch eine Spektraldichte von Null im Falle von Intermediate Memory und $T \to \infty$. Wie beide Autoren zeigen, kann dies vermieden werden, wenn bei der Regression (4.5) lediglich die Fourierfrequenzen $\omega_t = n, n+1, \ldots, m$ verwendet werden, wobei für $T \to \infty$ n ebenfalls gegen unendlich gehen muß. Da Hassler sich auf den Fall von Intermediate Memory beschränkt, während Robinson den gesamten Bereich von stationären und invertierbaren ARFIMA-Prozessen $-0,5 < d < 0,5$ betrachtet, unterscheiden sich die von beiden Autoren genannten Bedingungen, die n für $T \to \infty$ erfüllen muß[8]. Aufgrund von einigen Monte Carlo-Simulationen schlägt Hassler [98, 1993] für praktische Anwendungen jedoch vor, daß $n = 1$ gesetzt werden kann, falls die Zeitreihen nicht zu lang sind.

Für die Ableitung der asymptotischen Unabhängigkeit der Störterme η_t benötigen darüber hinaus beide Autoren normalverteilte Störterme des ARFIMA-Prozesses ε_t. Neben der Ableitung von (4.10) sowohl für Intermediate Memory als auch für Long Memory, umfaßt Robinsons [170] Asymptotik auch multivariate Long/Intermediate Memory Modelle.

Der Vorzug des Geweke/Porter-Hudak-Verfahrens ist im Vergleich zu den Maximum-Likelihood-Verfahren, die in den nächsten Abschnitten dargestellt und diskutiert werden, dessen einfache Anwendbarkeit. Es bietet sich deshalb auch als erste Stufe einer zweistufigen Schätzung von ARFIMA(p,d,q)-Modellen an. Im ersten Schritt wird die Zeitreihe $\{x_t\}_{t=1,\ldots,T}$ mit dem geschätzten Intermediate/Long Memory-Parameter $\tilde{d}$ differenziert. Anschließend wird die fraktional differenzierte Zeitreihe $y_t = (1-B)^d x_t$ den bekannten Schätzverfahren für ARMA(p,q)-Modelle unterzogen. Die Unabhängigkeit der Schätzung des Intermediate/Long Memory-Parameters von der Spezifikation der Short Memory-Komponenten ist ein weiterer Vorzug des Geweke/Porter-Hudak-Verfahrens.

Sowell [179, 1992] hat das Geweke/Porter-Hudak-Verfahren in seiner empirischen Verläßlichkeit kritisiert, da mit der Regel $m = T^{0.5}$ auch noch Short Memory-Einflüsse die Schätzung von d beeinflussen können. Sein Argument ist, daß bei z.B. 169 vierteljährlichen Beobachtungen einer BSP Zeitreihe, die ungefähr 42 Jahre umfassen, auch Zyklen von ca. 3 Jahren die Schätzung von d beeinflussen. Dies ist zwar richtig, da für eine Zeitreihe dieser Länge $m = 13$ Periodogrammschätzungen vorliegen und die (Kreis-)frequenz $\omega_{13} = (2\pi)13/169$ einer Periodenlänge von 13 Quartalen und damit von ca. 3 Jahren entspricht. Allerdings verknüpft Sowell bei diesem Argument die Memory-Eigenschaften einer Zeitreihe mit deren Erhebungsfrequenz und bezieht auf diese Weise Short Memory auf die Kalenderzeit. Dies ist nicht besonders sinnvoll, da z.B. bei Verwendung

[8] Für Details siehe Hassler [98, 1993, S. 4, Gleichung (8)] und Robinson [170, S. 16, Assumption 6].

von 169 Monatsdaten ω_{13} gerade einem einjährigen Zyklus entsprechen würde, was in der Konjunkturtheorie definitiv unter kurze Zyklen fallen würde. Die Definition von Short oder Long Memory-Eigenschaften macht also immer nur bezüglich einer gegebenen Zeitreihe Sinn. Die Interpretation einer Schätzung hinsichtlich der Kalenderzeit muß deshalb immer die Erhebungsfrequenz einer Zeitreihe berücksichtigen.

Allerdings bleibt Sowells Kritik in dem Sinne gerechtfertigt, daß die Schätzung von d in obigem Fall der vierteljährlichen BSP Daten entscheidend durch die Konjunkturzyklen beeinflußt wird. In der Tat ist die starke Abhängigkeit der Verzerrung der Geweke/Porter-Hudak Schätzung von AR- oder MA-Komponenten, wie sie von Agiakloglou, Newbold und Wohar [3, 1993] oder auch Hassler [97, 1993] aufgezeigt wird, ein Nachteil dieses Schätzverfahrens. Es ist damit letztlich nur zur Analyse von fraktional differenziertem Rauschen geeignet. Allerdings ist es möglich, eine mögliche große Verzerrung durch ARMA-Komponenten zu entdecken, indem man, wie Hassler [97, 1993] vorschlägt, die Regression (4.5) für verschiedene m schätzt. Überlappen sich die jeweiligen Konfidenzintervalle für verschiedene m nicht, so kann dies als Hinweis auf Verzerrungen durch Short Memory-Komponenten interpretiert werden. In diesem Fall sind andere Schätzverfahren anzuwenden.

Will man die mit dem Geweke/Porter-Hudak Verfahren verbundenen Probleme und Einschränkungen umgehen, ist es notwendig, eine simultane Schätzung aller ARFIMA(p,d,q)-Parameter durchzuführen. Dazu sind einstufige Maximum-Likelihood-Verfahren notwendig, die im folgenden Abschnitt diskutiert werden.

4.2 Maximum-Likelihood-Verfahren

Das im vorhergehenden Abschnitt dargestellte Geweke/Porter-Hudak-Schätzverfahren für Long Memory-Prozesse erlaubt keine simultane Schätzung von Short und Long Memory-Eigenschaften. Dazu sind spezifische Maximum-Likelihood-Verfahren notwendig, die nun diskutiert werden. Dieser Abschnitt, gegliedert in zwei Unterabschnitte, enthält einen Literaturüberblick sowohl über exakte und als auch über approximative Maximum-Likelihood-Verfahren. Das exakte Maximum-Likelihood-Verfahren und dessen asymptotischen Eigenschaften bilden den Inhalt von Unterabschnitt 4.2.1. In Unterabschnitt 4.2.2 werden zwei approximative Maximum-Likelihood-Verfahren vorgestellt: der Whittleschätzer und dessen Approximation.

Das Maximum-Likelihood-Verfahren ist eine Strategie, diejenige gemeinsame

Dichtefunktion aus einer Vielzahl von Alternativen zu bestimmem, die der beobachteten Realisation einer Zeitreihe die größte Wahrscheinlichkeit beimißt. Dies erfordert eine Uminterpretation der gemeinsamen Dichtefunktion $f(x|\theta,\mu)$, die, gegeben deren Parameter θ und μ, der Realisation x einer Zeitreihe die Dichte $f(x|\theta,\mu)$ zuordnet. Hält man jedoch anstelle der Parameter θ und μ die Realisation x einer Zeitreihe fest und variiert θ und μ, so gibt f die Wahrscheinlichkeit bzw. Likelihood $L(\theta,\mu|x) = f(x|\theta,\mu)$ an, daß gerade θ und μ vorliegen. $L(\theta,\mu|x)$ wird als *Likelihoodfunktion* bezeichnet.

In Abschnitt 2.1 wurde als gemeinsame Dichtefunktion die multivariate Normalverteilung mit der Kovarianzmatrix (2.9) und der Dichtefunktikon (2.10) gewählt. Mit Hilfe des ARFIMA(p,d,q)-Modells kann diese nun sparsam parametrisiert werden, indem dessen Autokovarianzen, die eindeutig durch den Parametervektor $\theta = (\alpha_1,\ldots,\alpha_p,d,\ \beta_1,\ldots,\beta_q,\sigma_\varepsilon^2)'$[9] und durch die Autokovarianzfunktion (3.27) bestimmt sind, die Elemente der Kovarianzmatrix $\Sigma(\theta)$ bilden. Die logarithmierte Likelihoodfunktion eines ARFIMA(p,d,q)-Modells lautet damit

$$L(\theta,\mu) = -\frac{T}{2}\log 2\pi - \frac{1}{2}\log\det(\Sigma(\theta)) - \frac{1}{2}(x-\mu)'\Sigma^{-1}(\theta)(x-\mu), \tag{4.11}$$

wobei wie gehabt $x = (x_1,\ldots,x_T)'$ den Vektor der Realisation der Zeitreihe angibt und $\mu = E[x_t]$ bezeichnet. Durch Maximierung von $L(\theta,\mu)$ erhält man eine Schätzung für θ und μ.

Zwei prinzipielle Vorgehensweisen stehen zur Schätzung von (4.11) zur Verfügung: das exakte Maximum-Likelihood-Verfahren im Zeitbereich (Time domain exact Maximum Likelihood) und das approximative Maximum-Likelihood-Verfahren im Frequenzbereich (Frequency Domain Approximative Maximum Liklihood). Diese Methoden werden in den folgenden zwei Unterabschnitten genauer dargestellt.

4.2.1 Die exakte Maximum-Likelihood-Methode im Zeitbereich

Die Maximierung von (4.11) wird als die exakte Maximum-Likelihood-Methode im Zeitbereich bezeichnet. Sie ist exakt, da die Likelihoodfunktion (4.11) selbst zugrundegelegt wird. Weil in die Likelihoodfunktion (4.11) die Autokovarianzfunktion und nicht die Spektraldichte eingeht, ist die Likelihoodfunktion eine Funktion im Zeitbereich.

[9]Man beachte, daß θ auch ausschließlich zur Bezeichnung des Vektors der Parameter der linearen Filter $(\alpha_1,\ldots,\alpha_p,d,\ \beta_1,\ldots,\beta_q)'$ verwendet wird. Die Art der Verwendung wird dabei aus dem Kontext ersichtlich.

Häufig wird anstelle einer Maximierung von (4.11) eine Minimierung von $L_T^{(1)}(\theta, \mu)$ durchgeführt, d.h.

$$\hat{\theta}^{(1)} = \arg\min_{\theta} L_T^{(1)}(\theta, \mu), \tag{4.12}$$

$L_T^{(1)}(\theta, \mu)$ ergibt sich aus (4.11) durch Multiplikation mit $-2/T$ und der Addition einer Konstanten. Ist der Mittelwert μ eines stochastischen Prozesses nicht bekannt, wird μ am einfachsten durch das arithmetische Mittel $\bar{x} = \sum_{t=1}^{T} x_t/T$ geschätzt. Die Maximum-Likelihood-Schätzung des Parametervektors θ ergibt sich dann entsprechend aus

$$\hat{\theta}^{(1a)} = \arg\min_{\theta} L_T^{(1)}(\theta, \bar{x}). \tag{4.13}$$

Maximum-Likelihood-Schätzungen sind erst dann aussagekräftig, wenn zumindest die asymptotische Verteilung der Parameterschätzungen bekannt ist, um so entweder asymptotische t-Tests durchführen oder asymptotische Konfidenzintervalle berechnen zu können. Für einige Parameterkonstellationen haben verschiedene Autoren die asymptotische Normalverteilung von $\hat{\theta}^{(1)}$ bzw. $\hat{\theta}^{(1a)}$

$$\sqrt{T}(\hat{\theta} - \theta_0) \sim N(0, W^{-1}(\theta_0)) \tag{4.14}$$

gezeigt mit

$$W(\theta) = \frac{1}{4\pi} \int_{-\pi}^{\pi} \frac{\partial \log f(\omega; \theta)}{\partial \theta} \frac{\partial \log f(\omega; \theta)}{\partial \theta'} d\omega, \tag{4.15}$$

wobei $f(\omega; \theta)$ die Spektraldichte (3.23) des ARFIMA(p,d,q)-Prozesses angibt. Unter den Bedingungen auf $0 < d < 0.5$ und $p, q \neq 0$ konnten Beran [11, 1986] und Dahlhaus [39, 1989] die Gültigkeit der asymptotischen Normalverteilung (4.14) und (4.15) für beide Parametervschätzungen $\hat{\theta}^{(1)}$ und $\hat{\theta}^{(1a)}$ zeigen. Beide Autoren waren darüber hinaus in der Lage, die Effizienzeigenschaft

$$\lim_{T \to \infty} \frac{1}{T} E\left[\frac{\partial L_T(\theta_0, \mu_0)}{\partial \theta} \frac{\partial L_T(\theta_0, \mu_0)}{\partial \theta'}\right] = W(\theta_0) \tag{4.16}$$

nachzuweisen[10]. Möhring [153, 1990] erweitert die Gültigkeit dieser Ergebnisse auf den Bereich negativer d.

Damit ist gezeigt, daß die exakte Maximum-Likelihood-Methode gute asymtotische Schätzeigenschaften aufweist. Exakte Maximum-Likelihood-Schätzungen erfordern allerdings die Kenntnis der Kovarianzmatrix, bzw. der Autokovarianz-

[10] Beide Ergebnisse sind nach Robinson [168, 1990, S. 34] zitiert.

funktion eines ARFIMA-Prozesses[11]. In Abschnitt 3.1 wurde gezeigt, daß die Autokovarianzfunktion des ARFIMA(p,d,q)-Modells (3.27) durch

$$\gamma(\tau) = \frac{1}{2\pi}\sigma_\epsilon^2 \int_{-\pi}^{\pi} \frac{|\beta(e^{-i\omega})|^2}{|\alpha(e^{-i\omega})|^2} |1 - e^{-i\omega}|^{-2d} e^{i\omega\tau} d\omega, \quad \tau = 0, 1, \ldots$$

gegeben ist. Dort wird auch eine Berechnungsmethode, Gleichungen (3.30) mit (3.33), dargestellt, mit der eine numerische Berechnung des Integrals umgangen werden kann. Dieses Verfahren, das Sowell [178, 1992] entwickelt hat, erfordert allerdings die numerische Approximation der hypergeometrischen Funktion (3.28), falls $p \neq 0$.

Doch auch mit Sowells [178, 1992] Vereinfachung bleibt die Berechnung der exakten Likelihood im Zeitbereich für lange Zeitreihen sehr rechenintensiv, da sie neben der Neuberechnung der p hypergeometrischen Funktionen die Inversion der $T \times T$ Kovarianzmatrix $\Sigma(\theta)$ erfordert. Letzteres kann bei Zeitreihen mit mehreren hundert Beobachtungen selbst die Kapazitätsgrenze moderner PCs überschreiten. Deshalb seien im nächsten Unterabschnitt approximative Likelihoodfunktionen im Frequenzbereich dargestellt.

4.2.2 Zwei approximative Maximum-Likelihood-Methoden im Frequenzbereich: der Whittleschätzer und dessen Approximation

Im vorangegangen Unterabschnitt wurde festgestellt, daß selbst unter den heute günstigen Bedingungen für die Anwendung numerischer Verfahren die exakte Maximum-Likelihood-Methode ein aufwendiges Schätzverfahren darstellt. Zu Beginn der 50iger Jahre, als an eine numerische Maximierung der exakten Likelihood im Frequenzbereich überhaupt nicht zu denken war, schlug Whittle [187,

[11] Die Berechnung der Kovarianzmatrix $\Sigma(\theta)$ aus der Autokovarianzfunktion kann vereinfacht werden, wenn die Toeplitzeigenschaft der Kovarianzmatrix ausgenutzt wird. Eine Toeplitzmatrix ist eine Matrix mit konstanten Diagonalen wie beispielsweise

$$T = \begin{pmatrix} a_0 & a_1 & \cdots & a_{n-1} \\ a_1 & a_0 & \cdots & a_{n-2} \\ \cdots & \cdots & \cdots & \cdots \\ a_{n-1} & a_{n-2} & \cdots & a_0 \end{pmatrix}. \tag{4.17}$$

Vgl. dazu Ortega [158, 1987, S. 242].

1951], [188, 1953], [189, 1954] deshalb ein approximatives Maximum-Likelihood-Verfahren für traditionelle ARMA-Modelle vor, das im Frequenzbereich operiert. Fox und Taqqu [62, 1986] haben gezeigt, daß sich dieser Ansatz auch zur Schätzung von ARFIMA(p,d,q)-Modellen eignet. Im folgenden wird dieser sogenannte Whittleschätzer abgeleitet. Aber auch der Whittleschätzer wird in der Praxis häufig angenähert, so daß auch dessen Approximation dargestellt wird.

Der Whittleschätzer

Whittle [187, 1951] selbst wählte als Ausgangspunkt zur Ableitung des Whittleschätzers die exakte Likelihoodfunktion im Zeitbereich (Gleichung (4.11)). Sein Beitrag bestand darin, die Kovarianzmatrix $\Sigma(\theta)$ in der exakten Likelihoodfunktion durch eine Approximation zu ersetzten. In der Darstellungsweise von Fox und Taqqu [62, 1986] lautet diese[12]

$$\Sigma^{-1}(\theta) \sim \frac{1}{\sigma_\varepsilon^2} A_T(\theta), \tag{4.18}$$

wobei $A_T(\theta)$ eine T x T Matrix mit den Elementen

$$[A_T(\theta)]_{jk} = a_{j-k}(\theta) = \frac{1}{2\pi} \int_{-\pi}^{\pi} \frac{1}{g(\omega;\theta)} e^{i(j-k)\omega} d\omega \tag{4.19}$$

ist. Dabei bezeichnet σ_ε^2 die Varianz des Weißen Rauschens und

$$g(\omega;\theta) = \frac{2\pi}{\sigma_\varepsilon^2} f(\omega;\theta) \tag{4.20}$$

die mit dem Faktor $2\pi/\sigma_\varepsilon^2$ "normierte" Spektraldichtefunktion eines ARMA-Modells. Diese Approximation erscheint intuitiv plausibel, wenn man berücksichtigt, daß zwischen der Autokovarianzfunktion eines stationären Prozesses und dessen Spektraldichtefunktion durch (2.34) und (2.35) eine Eins-zu-Eins Beziehung besteht

$$\begin{aligned} f(\omega) &= \frac{1}{2\pi} \sum_{-\infty}^{\infty} \gamma(\tau) e^{-i\omega\tau}, \qquad -\pi \le \omega \le \pi, \\ \gamma(\tau) &= \int_{-\pi}^{\pi} f(\omega) e^{i\omega\tau} d\omega, \qquad \tau = \ldots, -1, 0, 1, 2, \ldots. \end{aligned}$$

In der Tat wird die Approximation (4.18) aufgrund dieser Beziehung exakt, wenn beide Matrizen sowohl unendlich viele Zeilen wie Spalten aufweisen[13]. Weiterhin

[12] Die Darstellungsweise von Whittle [187, 1951] ist nicht sehr intuitiv und wird deshalb hier nicht referiert.

[13] Siehe Fox und Taqqu [62, 1986].

approximiert Whittle die Determinante der Kovarianzmatrix Σ durch[14]

$$\det(\Sigma) \sim (\sigma_\varepsilon^2)^T. \tag{4.21}$$

Die Annäherung (4.21) impliziert, daß für große Stichproben sich die Determinanten der Kovarianzmatrizen der Normalverteilung $\det(\Sigma(\theta))$ und von Weißem Rauschen $\det(\Sigma_\varepsilon)$ (2.14) angleichen.

Mit diesen beiden Schritten erhält man folgende approximative Likelihoodfunktion

$$L_T^{(2a)}(\theta,\mu) = -\frac{T}{2}\log 2\pi - \frac{T}{2}\log\sigma_\varepsilon^2 - \frac{1}{2}\frac{(x-\mu)'A_T(\theta)(x-\mu)}{\sigma_\varepsilon^2}. \tag{4.22}$$

Durch Minimierung von (4.22) ergeben sich die Parameterschätzungen

$$\hat{\theta}^{(2a)} = \arg\min_\theta L_T^{(2a)}(\theta,\mu). \tag{4.23}$$

Leitet man sowohl nach den $p+q$ ARMA-Parametern θ_i als auch nach der Varianz des Weißen Rauschens σ_ε^2 ab, erhält man die Optimalitätsbedingungen

$$(x-\mu)'\frac{\partial}{\partial\theta_i}A_T(\theta)(x-\mu) = 0, \qquad i = 1,\ldots,p+q, \tag{4.24}$$

$$\tilde{\sigma}_\varepsilon^2 = \frac{(x-\mu)'A_T(\theta)(x-\mu)}{T}. \tag{4.25}$$

Im Gegensatz zur Maximierung der exakten Likelihoodfunktion ist die Maximierung der approximativen Likelihoodfunktion (4.22) und Minimierung von (4.25) völlig äquivalent. Die Lösung der Bedingungen erster Ordnung für die ARMA-Parameter, d.h. die Lösung der $p+q$ Gleichungen (4.24), liefert keine zusätzlichen Restriktionen zur Minimierung von Gleichung (4.25). Dies ist eine direkte Konsequenz der Approximation der Determinante der Kovarianzmatrix $|\Sigma|$. Multipliziert man den Zähler der rechten Seite von Gleichung (4.25) aus und berücksichtigt die Definition der empirischen Autokovarianzfunktion (4.4) $\tilde{\gamma}(\tau) = \frac{1}{T}\sum_{j=1}^{T-|\tau|}(x_{j+|\tau|}-\bar{x})(x_j-\bar{x})$, ergibt sich der *Whittleschätzer*

$$\tilde{\sigma}_T^2(\theta) = \sum_{\tau=-T+1}^{T-1}\frac{1}{2\pi}\tilde{\gamma}(\tau)\int_{-\pi}^{\pi}\frac{1}{g(\omega;\theta)}e^{-i\tau\omega}d\omega. \tag{4.26}$$

Der Whittleschätzer entspricht einer gewichteten Summe der empirischen Autokovarianzen, wobei die Gewichte gerade den Matrixelementen $a_\tau(\theta)$ aus (4.19) gleichen. Da man durch Minimierung des Whittleschätzers (4.26) direkt die Varianz

[14] Whittle [187, 1951, S. 79f.] leitet diese Annäherung auch aus seiner approximativen Kovarianzmatrix ab. Vgl. Fußnote 12. Für eine ausführliche Ableitung dieser Approximation siehe Hannan und Deistler [92, 1988, S. 224 – 225].

des Weißen Rauschens σ_ε^2 schätzt, wird der Whittleschätzer (4.26) auch manchmal als "White Noise-Schätzer" (Schätzer für Weißes Rauschen) bezeichnet.

Mit Hilfe der Definition (4.3) des Periodogramms in termini der empirischen Autokovarianzfunktion $\tilde{\gamma}(\tau)$

$$I_T(\omega) = \frac{1}{2\pi} \sum_{\tau=-T+1}^{T-1} \tilde{\gamma}(\tau) e^{-i\tau\omega}$$

läßt sich der Whittleschätzer (4.26) auch auf Basis des Periodogramms formulieren:

$$\tilde{\sigma}_T^2(\theta) = \int_{-\pi}^{\pi} \frac{I_T(\omega)}{g(\omega;\theta)} d\omega. \tag{4.27}$$

Diese Schreibweise ist in der Literatur vorherrschend. Hier wird die Varianz des Weißen Rauschens minimiert, indem die Spektraldichte durch geeignete Wahl der ARMA-Parameter θ möglichst gut an das Periodogramm, das gelegentlich auch als "empirische Spektraldichte" bezeichnet wird, angepaßt wird. Deshalb sagt man, daß die Anpassung der ARMA-Parameter im Frequenzbereich erfolge.

Setzt man die Approximation (4.19) direkt in (4.22) ein, indem man die Definition des Periodogramms (4.8) berücksichtigt, erhält man nach Multiplikation mit $-\frac{2}{T}$ unter Vernachlässigung der Konstanten eine alternative Schreibweise der approximativen Likelihoodfunktion

$$L_T^{(2b)}(\theta) = \frac{1}{2\pi} \int_{-\pi}^{\pi} \log(2\pi f(\omega;\theta)) d\omega + \frac{1}{2\pi} \int_{-\pi}^{\pi} \frac{I_T(\omega)}{f(\omega;\theta)} d\omega, \tag{4.28}$$

welche ebenfalls in der Literatur verwendet wird (Hannan und Deistler [92, 1988, S. 224]). Den Whittleschätzer (4.27) erhält man dann durch Minimierung von (4.28).

Ein Problem beider Formen des Whittleschätzers ist, daß sie ebenso wie die exakte Likelihoodfunktion Integrationen erfordern. Die numerische Integration in Gleichung (4.27) ist extrem aufwendig, da das Periodogramm keine glatte Funktion ist, sondern über den Frequenzbereich von 0 bis 2π einen sehr erratischen Verlauf haben kann. Wohl aus diesem Grund ist der Whittleschätzer zur Schätzung von ARFIMA-Modellen bisher in der Praxis nicht angewendet worden.

Dagegen lassen sich die Integrale über die jeweiligen Kehrwerte der mit $2\pi/\sigma_\varepsilon^2$ "normierten" Spektraldichtefunktion $g(\omega;\theta)$ numerisch vergleichsweise einfach bestimmen, denn in (4.26) gilt für die Integrationen qualitativ das gleiche wie für die Integrationen, die die Berechnung der Autokovarianzfunktion erfordern. Allerdings liegt hier im Unterschied zu den Ausführungen in Abschnitt 3.1 das uneigentliche Integral für Intermediate Prozesse, also für $d \leq 0$ vor, da die "normierte"

Spektraldichte $g(\omega;\theta)$ in Gleichung (4.26) im Nenner steht. Damit empfiehlt sich diese Form des Whittleschätzers als ein vielversprechendes Schätzverfahren für ARFIMA(p,d,q)-Prozesse mit $d \geq 0$, sofern man ähnlich wie bei der exakten Likelihoodfunktion die Zahl der notwendigen Integrationen reduzieren kann. Im anschließenden Abschnitt 4.3 wird gezeigt, daß sich Sowells [178, 1992] Methode zur Berechnung der Autokovarianzfunktion, die in Abschnitt 3.1 referiert wurde, auf die Berechnung des Integrals in (4.26) übertragen läßt und damit der Whittleschätzer auch bei Long Memory-Prozessen empirisch anwendbar wird.

Welche asymptotischen Verteilungseigenschaften hat der Whittleschätzer? Für $d \geq 0$ haben Fox und Taqqu [62, 1986] die asymptotische Normalverteilung ((4.14) und (4.15)) der Parameterschätzungen des Whittleschätzers ((4.26) oder (4.27)) bewiesen. Dahlhaus [39, 1989] konnte darüber hinaus für den gleichen Parameterbereich asymptotische Effizienz (4.16) zeigen. Cheung [29, 1990, S. 30-1] hat eine Approximation der asymptotischen Parameterverteilung

$$\sqrt{T}(\hat{\theta}-\theta_0) \sim N\left(0, 2\tilde{\sigma}_T^2(\theta)\left[\frac{\partial^2\tilde{\sigma}_T^2(\theta)}{\partial\theta^2}\Big|_{\hat{\theta}}\right]^{-1}\right) \tag{4.29}$$

abgeleitet, indem die Berechnung der asymptotischen Kovarianzmatrix sehr vereinfacht wird. Wie Dahlhaus [38, 1988] zeigt, kann die Effizienz des Whittleschätzers (4.27) auf Basis des Periodogramms in begrenzten Zeitreihen verloren gehen. Ursache hierfür ist der Leakage-Effekt bei der Schätzung des Periodogramms. Aufgrund dieses Effekts überdecken hohe Gipfel in der Spektraldichte an einer bestimmten Frequenz die Struktur der Spektraldichte in anderen Frequenzbereichen. Dies gilt insbesondere für Long Memory-Prozesse, da sie am Ursprung eine unendliche Spektraldichte aufweisen. Der Leakage-Effekt selbst wird wiederum durch die Endlichkeit einer beobachteten Zeitreihe erzeugt[15]. Die Wirkung des Leakage-Effekts tritt auch bei der Schätzung eines einfachen AR-Prozesses auf[16].

Dahlhaus [38, 1988] zeigt weiter, daß durch eine Modifikation der Periodogrammberechnung mit Hilfe eines Datentapers der Whittleschätzer (4.26) bei Vorliegen von stationären ARMA-Prozessen auch bei begrenzten Zeitreihen effizient ist. Ein *Datentaper* ist eine Zahlenfolge $b_t, t = \ldots, -1, 0, 1, \ldots$ von reellen Zahlen, mit der die beobachtete Zeitreihe X_t durch Gewichtung $b_t X_t$ modifiziert wird. Dabei läßt sich der Datentaper durch eine Funktion $b_t = b(t/T)$ beschreiben, wobei die Funktion $b(\nu)$ stetig, beschränkt und außerhalb des Intervalls (0,1] Null ist.

[15] Vgl. bezüglich einer genaueren Darstellung des Leakage-Effekts Schlittgen und Streitberg [172, 1989, S. 293ff.] oder auch Koopmans [123, 1974, S. 259].

[16] Die Parameterschätzungen des Whittleschätzers sind im Fall eines AR-Modells mit den Schätzungen auf Basis der Yule-Walker-Gleichungen identisch (Dzhaparidze und Yaglom [53, 1983, Example 5.1] zitiert nach Dahlhaus [38, 1988, S. 809]). Von den Yule-Walker-Schätzungen ist bekannt, daß sie bei AR-Prozessen mit Wurzeln nahe dem Einheitskreis keine zufriedenstellenden Schätzungen liefern.

Der Datentaper wird dabei jeweils an den Enden der Zeitreihe angewandt, wobei der modifzierte Anteil der Beobachtungen an einem Ende gerade a entspricht. In der empirischen Arbeit mit ARFIMA-Modellen wurden bisher folgende Datentaper verwendet[17]:

- **Trapez-Datentaper** mit $0 \leq a \leq \frac{1}{2}$:

$$b(\nu) = \begin{cases} \nu/a & 0 \leq \nu \leq a, \\ 1 & a \leq \nu \leq 1-a, \\ (1-\nu)/a & 1-a \leq \nu \leq 1, \\ 0 & \text{sonst.} \end{cases} \tag{4.30}$$

- **Kosinus-Datentaper**[18] mit $0 \leq a \leq \frac{1}{2}$:

$$b(\nu) = \begin{cases} \frac{1}{2}(1-\cos(\pi\nu/a)) & 0 \leq \nu \leq a, \\ 1 & a \leq \nu \leq 1-a, \\ \frac{1}{2}(1-\cos(\pi(1-\nu)/a)) & 1-a \leq \nu \leq 1, \\ 0 & \text{sonst.} \end{cases} \tag{4.31}$$

Der Parameter a wurde dabei entweder gleich 0,1 oder 0,25 gesetzt.

Der approximative Whittleschätzer

In der empirischen Literatur wurde bisher der Whittleschätzer (4.27) durch eine Summe über die Fourierfrequenzen $\omega_u = 2\pi u/T$ approximiert, um die Integration in (4.27) oder die T Integrationen in (4.26) ganz zu umgehen. Auf diese Weise erhält man den *approximativen Whittleschätzer*

$$\hat{\sigma}_T^2(\theta) = \frac{2\pi}{T} \sum_{u=1}^{T-1} \frac{I_T(\omega_u)}{g(\omega_u;\theta)}. \tag{4.32}$$

Der approximative Whittleschätzer (4.32) ergibt sich durch die Annäherung des Integrals in (4.27) durch eine Riemannsumme an T Integrandenwerten. Man erhält ihn auch, indem die diskrete Version[19] der approximativen Likelihoodfunktion (4.28)

$$L_T^{(3a)}(\theta) = \frac{1}{T} \sum_{u=1}^{T} \log(2\pi f(\omega_u;\theta)) + \frac{1}{T} \sum_{u=1}^{T} \frac{I_T(\omega_u)}{f(\omega;\theta)} \tag{4.33}$$

[17] Vgl. hierzu Cheung [29, 1990]. Wird kein Datentaper verwendet, gilt: $b(\nu) = 1$.

[18] Vgl. Koopmans [123, 1974, S. 302].

[19] Man beachte, daß die Funktion (4.33) keine Likelihoodfunktion mehr darstellt. Vgl. dazu Hannan und Deistler [92, 1988, S. 225].

minimiert wird

$$\hat{\theta}^{(3a)} = \arg\min_{\theta} L_T^{(3a)}(\theta, \mu). \tag{4.34}$$

Für den approximativen Whittleschätzer existiert darüber hinaus eine alternative Ableitung, allerdings nur für ARFIMA-Modelle mit Intermediate Memory, da eine absolut summierbare Autokovarianzfunktion vorausgesetzt wird. Der Ausgangspunkt hierfür ist die asymptotische gemeinsame Verteilung der Periodogrammschätzungen an den Fourierfrequenzen ω_u. Wie in Abschnitt 4.1 kurz skizziert, sind die Periodogrammschätzungen an den Fourierfrequenzen unter der Bedingung der absoluten Summierbarkeit der Autokovarianzfunktion asymptotisch unabhängig und exponentialverteilt mit Erwartungswert $f(\omega_t)$. Dann ist die asymptotische gemeinsame Verteilung des Periodogramms durch

$$w(I_T(\omega_1), \ldots, I_T(\omega_T)) = \prod_{u=1}^{T} \frac{1}{f(\omega_u)} e^{-I_T(\omega_u)/f(\omega_u)} \tag{4.35}$$

gegeben. Interpretiert man (4.35) als Likelihoodfunktion für das Vorliegen einer Spektraldichtefunktion $f(\omega; \theta)$, so ergibt sich nach Logarithmierung[20]

$$L_T^{(3b)}(\theta) = \sum_{u=1}^{T} \ln \frac{1}{f(\omega; \theta)} - \frac{I_T(\omega_u)}{f(\omega_u; \theta)}. \tag{4.36}$$

Ersetzt man die Spektraldichtefunktion $f(\omega_u; \theta)$ durch das Produkt $\frac{\sigma_\varepsilon^2}{(2\pi)} g(\omega_u; \theta)$, und leitet dann die Bedingung erster Ordnung für die Varianz des Weißen Rauschens σ_ε^2 ab, so erhält man gerade den approximativen Whittleschätzer (4.32).

Es bleibt anzumerken, daß die Herleitung aus der asymptotischen gemeinsamen Verteilung des Periodogramms restriktivere Annahmen erfordert, als die ursprüngliche Herleitung von Whittle. Sie kann z.B. nicht auf Long Memory-Prozesse ausgedehnt werden kann, da diese Prozesse ja gerade dadurch definiert sind, daß sie keine absolut summierbare Autokovarianzfunktion besitzen.

Die asymptotischen Verteilungseigenschaften des approximativen Whittleschätzers sind noch nicht rigoros bewiesen worden, allerdings behauptet Dahlhaus [39, 1989], daß die Parameterschätzungen $\hat{\theta}^{(3a)}$ des approximativen Whittleschätzers (4.32) die gleichen asymptotischen Verteilungseigenschaften (4.14) und (4.15) wie die Parameterschätzungen des Whittleschätzers (4.27) aufweisen. Robinson [168, 1990] skizziert darüber hinaus eine Beweismöglichkeit für diese Behauptung. Auch bei Verwendung des approximativen Whittleschätzers läßt sich die Berechnung der asymptotischen Kovarianzmatrix mit Hilfe der von Cheung

[20] Vgl. Rice [167, 1979] oder Schlittgen und Streitberg [172, 1989, S. 280-1]

[29, 1990] abgeleiteten Beziehung (4.29) vereinfachen. Es ist auch beim approximativen Whittleschätzer zu erwarten, daß durch Verwendung eines Datentapers (4.30) oder (4.31) die unerwünschten Leakage-Effekte reduziert werden können.

Die Anwendung des approximativen Whittleschätzers (4.32) impliziert im Vergleich zum Whittleschätzer (4.27) in termini des Periodogramms einen Informationsverlust, denn das Periodogramm wird nicht an allen Frequenzen zwischen $-\pi$ und π, so wie beim Whittleschätzer (4.27) selbst, sondern nur an den $T-1$ Fourierfrequenzen berücksichtigt. Dieser Informationsverlust kann auch auf eine andere Weise interpretiert werden. Geht man von der Darstellung (4.26) des Whittleschätzers aus, die mit Hilfe der empirischen Autokovarianzfunktion formuliert ist, zeigt sich, daß durch die Beschränkung auf die Fourierfrequenzen die Gewichte approximiert werden, mit denen die empirischen Autokovarianzen aufsummiert werden, denn das Integral in (4.26) wird durch die Summe

$$\sum_{u=1}^{T-1} \frac{2\pi}{T} \frac{1}{g(\omega_u;\theta)} e^{-i\tau\omega_u} \tag{4.37}$$

ersetzt. Die Approximation erfolgt also völlig unabhängig von den statistischen Eigenschaften des Periodogramms, da die Gewichte ausschließlich durch die "normierte" Spektraldichte $g(\omega;\theta)$ bestimmt werden.

Bei Vorliegen von sehr langen Zeitreihen führen der Whittleschätzer und dessen Approximation zu praktisch demselben Ergebnis, da (4.37) bereits eine gute Approximation der Integrale in (4.26) darstellt. In der Literatur wurde jedoch auch für relativ kurze Zeitreihen trotz des damit verbundenen Informationsverlustes ausschließlich der approximative Whittleschätzer verwendet. Wird ausschließlich ein AR-Prozeß geschätzt, kann immer der approximative Whittleschätzer verwendet werden, da er mit dem Whittleschätzer identisch sind. Dies kann durch Integration bzw. Aufsummierung unter Ausnutzung der Orthogonalitätseigenschaften der Kosinus- und Sinusfunktionen gezeigt werden[21]. Soll jedoch auch ein MA-Teil und/oder ein Intermediate/Long Memory-Parameter geschätzt werden, so ist für kurze Zeitreihen auf jeden Fall der Whittleschätzer selbst vorzuziehen. Wird zur Berechnung des Whittleschätzers (4.26) ein Integrationsalgorithmus verwendet, ist dies allerdings zeitaufwendig und, wie bereits erwähnt wurde, für Intermediate Memory-Prozesse ungenau. Deshalb wird im anschließenden Abschnitt ein Verfahren vorgeschlagen, wie diese Integrationen ganz umgangen werden können.

[21] Vgl. zu diesen Eigenschaften Priestley [165, 1981, S. 187] und Schlittgen und Streitberg [172, 1989, S. 405].

4.3 Eine alternative Methode zur Berechnung des Whittleschätzers

Im vorhergehenden Abschnitt wurde festgestellt, daß bei Vorliegen von "relativ kurzen" Zeitreihen der approximative Whittleschätzer $\hat{\sigma}_T^2(\theta)$ (4.32) im allgemeinen gegenüber dem exakten Whittleschätzer (4.26)

$$\tilde{\sigma}_T^2(\theta) = \sum_{\tau=-T+1}^{T-1} \frac{1}{2\pi}\tilde{\gamma}(\tau) \int_{-\pi}^{\pi} \frac{1}{g(\omega;\theta)} e^{-i\tau\omega} d\omega$$

viel Information, die sich aus der Spektraldichtefunktion ergibt, verschenkt, da das Integral in (4.26) durch eine Summe mit relativ wenig Summanden approximiert wird. Wird das im folgenden mit $\eta(\tau)$

$$\eta(\tau) = \int_{-\pi}^{\pi} \frac{1}{g(\omega;\theta)} e^{-i\tau\omega} d\omega \tag{4.38}$$

bezeichnete Integral im Whittleschätzer (4.26) numerisch berechnet, so ist dies nicht nur zeitaufwendig, sondern auch ungenau, wenn ein Prozeß mit Intermediate Memory vorliegt, da dann der Integrand in Gleichung (4.38) am Ursprung gegen unendlich geht. Dies wird deutlich, wenn man die "normierte" Spektraldichte

$$\frac{1}{g(\omega;\theta)} = \frac{|\alpha(e^{-i\omega})|^2}{|\beta(e^{-i\omega})|^2} |1 - e^{-i\omega}|^{2d} \tag{4.39}$$

für $d < 0$ betrachtet.

In diesem Abschnitt werden deshalb alternative Berechnungsverfahren für die Integrale (4.38) vorgeschlagen. Steht ein Computerprogramm zur Berechnung der Autokovarianzfunktion eines ARFIMA(p,d,q)-Prozesses zur Verfügung, lassen sich die Integrale $\eta(\tau)$ sehr einfach berechnen. Dies wird am Ende dieses Abschnitts gezeigt. Ist ein derartiges Computerprogramm nicht vorhanden, wird eine alternative Berechnungsmethode bewiesen. Zur Ableitung der entsprechenden Gleichungen wird die Vorgehensweise angewendet, mit der Sowell [178, 1992] ein alternatives Verfahren zur Berechnung der Autokovarianzfunktion (3.30) mit (3.33) teilweise auf Basis der hypergeometrischen Funktion (3.28) bewiesen hat. Das folgende Theorem faßt das alternative Berechnungsverfahren für (4.38) zusammen.

Theorem 2 *Sei* $-0,5 < d < 0.5$ *und seien sowohl die Nullstellen des AR- wie auch die Nullstellen des MA-Polynoms außerhalb des Einheitskreises. Darüber* *hinaus liegen keine gemeinsamen Nullstellen dieser Polynome vor. Die Nullstellen des MA-Polynoms $\beta(z)$ sind einfach. δ_j bezeichne den Kehrwert der j-ten Nullstelle des MA-Polynoms $\beta(z)$. Dann gilt für $q > 0$:*

$$\eta(\tau) = \sum_{j=1}^{q} \xi_j \sum_{n=0}^{p} \sum_{m=0}^{p} \alpha_n \alpha_m \tilde{C}(d, \tau + n - m + q, \delta_j) \tag{4.40}$$

mit

$$\xi_j = \frac{1}{\delta_j \prod_{i=1}^{q}(1 - \delta_i \delta_j) \prod_{k=1,k\neq j}^{q}(\delta_j - \delta_k)} \tag{4.41}$$

und

$$\begin{aligned} \tilde{C}(d, h, \delta) &= 2\pi \frac{\Gamma(1+2d)\Gamma(-d+h)}{\Gamma(1+d+h)\Gamma(1+d)\Gamma(-d)} \\ &\quad \left[\delta^{2q} F(-d+h, 1, 1+d+h, \delta) + F(-d-h, 1, 1+d-h, \delta) - 1\right]. \end{aligned} \tag{4.42}$$

Ist $q = 0$, so gilt

$$\eta(\tau) = 2\pi \sum_{n=0}^{p} \sum_{m=0}^{p} \alpha_n \alpha_m \frac{\Gamma(1+2d)\Gamma(-d+\tau+n-m)}{\Gamma(1+d)\Gamma(-d)\Gamma(1+d+\tau+n-m)}. \tag{4.43}$$

Beweis:

Der Beweis folgt in der Struktur Sowell [178, 1992] und verläuft für den Fall $q > 0$ in drei Schritten. Anschließend wird der Beweis für den Fall $q = 0$ geführt.

Fall 1: $q > 0$

1. Der erste Schritt umfaßt die Umformung der Fouriertransformierten in Gleichung (4.38) zu Summen:

(a) Die Fouriertransformierte des MA-Polynoms läßt sich schreiben als

$$|\beta(e^{-i\omega})|^2 = \beta(e^{-i\omega})\beta(e^{i\omega}).$$

Aufgrund des Fundamentalsatzes der Algebra[22] läßt sich das Polynom $\beta(z)$ in ein Produkt komplexer Faktoren zerlegen

$$\beta(z) = \beta_q \prod_{j=1}^{q}(z - z_j) = \beta_q(-1)^q \prod_{i=1}^{q} z_i \prod_{j=1}^{q}(1 - \frac{1}{z_j} z),$$

wobei $z_1, \ldots, z_q$ die Nullstellen des Polynoms bezeichnen. Da $\beta_0 = 1$, ist $\beta(0) = \beta_q(-1)^q \prod_{i=1}^{q} z_i = 1$. Es gilt also mit $\delta_j = 1/z_j$

$$\frac{1}{|\beta(e^{-i\omega})|^2} = \prod_{j=1}^{q}(1 - \delta_j e^{-i\omega})^{-1}(1 - \delta_j e^{i\omega})^{-1}.$$

[22] Nach dem Fundamentalsatz der Algebra besitzt jede algebraische Gleichung n-ten Grades in der Menge der komplexen Zahlen eine Produktdarstellung. Vgl. dazu z.B. Bronstein und Semendjajew [25, 1991, S. 134] oder auch Schlittgen und Streitberg [172, 1989, S. 93], die den Fundamentalsatz der Algebra auf ein AR-Polynom anwenden.

Die Annahme einfacher Nullstellen erlaubt Sowell [178, 1992, S. 9] für dieses Produkt unter Verwendung von (4.41) eine Partialbruchzerlegung durchzuführen

$$\frac{1}{|\beta(e^{-i\omega})|^2} = \sum_{j=1}^{q} e^{-i\omega q}\xi_j \left[\frac{\delta_j^{2q}}{1-\delta_j e^{-i\omega}} - \frac{1}{1-\delta_j^{-1}e^{-i\omega}}\right]. \tag{4.44}$$

(b) Die Fouriertransformierte des AR-Polynoms $|\alpha(e^{-i\omega})|^2$ kann als Doppelsumme geschrieben werden[23]

$$|\alpha(e^{-i\omega})|^2 = \sum_{n=0}^{p}\sum_{m=0}^{p} \alpha_n\alpha_m e^{-i\omega(n-m)}. \tag{4.45}$$

(c) Die Fouriertransformierte des Long Memory-Terms bleibt unverändert.
2. Werden (4.44) und (4.45) in (4.38) eingesetzt, so erhält man

$$\begin{aligned}\eta(\tau) &= \int_0^{2\pi} \sum_{j=1}^{q}\xi_j \sum_{n=0}^{p}\sum_{m=0}^{p}\alpha_n\alpha_m \qquad (4.46)\\ &\left[\frac{\delta_j^{2q}}{1-\delta_j e^{-i\omega}} - \frac{1}{1-\delta_j^{-1}e^{-i\omega}}\right](1-e^{-i\omega})^d(1-e^{i\omega})^d e^{-i\omega(n-m+q+\tau)}d\omega.\end{aligned}$$

Die Integration erfolgt dabei anstatt über $(-\pi,\pi)$ zweckmäßigerweise über $(0,2\pi)$, da die Fouriertransformierte des Long Memory-Terms an 0 und 2π Polstellen aufweist. Da alle Terme, die unabhängig von ω sind, vor das Integral gezogen werden können, läßt sich der vorhergehende Ausdruck zerlegen in (4.40) mit

$$\tilde{C}(d,h,\delta) = \int_0^{2\pi}\left[\frac{\delta^{2q}}{1-\delta e^{-i\omega}} - \frac{1}{1-\delta^{-1}e^{-i\omega}}\right](1-e^{-i\omega})^d(1-e^{i\omega})^d e^{-i\omega h}d\omega. \tag{4.47}$$

3. Aus (4.47) läßt sich im letzten Schritt die endgültige Form von $\tilde{C}(d,h,\delta)$ (4.42) ableiten.
(a) Da $|\delta_j| < 1, j = 1,\ldots,q$, läßt sich mit Hilfe der Formel der unendlichen geometrischen Reihe zeigen, daß

$$\begin{aligned}\sum_{j=0}^{\infty}\delta^j(e^{-i\omega})^j &= \frac{1}{1-\delta e^{-i\omega}},\\ \sum_{k=1}^{\infty}\delta^k(e^{i\omega})^k &= -\frac{1}{1-\delta^{-1}e^{-i\omega}}.\end{aligned}$$

Werden beide Ausdrücke in $\tilde{C}(d,h,\delta)$ (4.47) eingesetzt, ergibt sich

$$\begin{aligned}\tilde{C}(d,h,\delta) &= \int_0^{2\pi}\delta^{2q}\sum_{j=0}^{\infty}\delta^j(1-e^{-i\omega})^d(1-e^{i\omega})^d e^{-i\omega(h+j)}d\omega \qquad (4.48)\\ &+ \int_0^{2\pi}\sum_{k=1}^{\infty}\delta^k(1-e^{-i\omega})^d(1-e^{i\omega})^d e^{-i\omega(h-k)}d\omega.\end{aligned}$$

[23] Vgl. dazu Cheung [29, 1990, S. 18].

Nun lassen sich Integral und Summe vertauschen, da

$$\begin{aligned}
&\int_0^{2\pi} \sum_{j=0}^{\infty} |\delta^j (1-e^{-i\omega})^d (1-e^{i\omega})^d e^{-i\omega(h+j)}| d\omega \\
\leq &\int_0^{2\pi} \sum_{j=0}^{\infty} |\delta|^j |(1-e^{-i\omega})^d (1-e^{i\omega})^d| d\omega \\
= &\frac{1}{1-|\delta|} \int_0^{2\pi} |(1-e^{-i\omega})^d (1-e^{i\omega})^d| d\omega,
\end{aligned}$$

denn $|\delta|$ ist innerhalb des Einheitskreises und der Integrand ist zwischen den Polstellen $0, 2\pi$ beschränkt.
(b) Jetzt kann $\int_0^{2\pi} (1-e^{-i\omega})^d (1-e^{i\omega})^d e^{-i\omega y} d\omega$ integriert werden. Es gilt

$$\begin{aligned}
\int_0^{2\pi} (1-e^{-i\omega})^d (1-e^{i\omega})^d e^{-i\omega y} d\omega &= 2^d \int_0^{2\pi} (1-\cos\omega)^d e^{-i\omega y} d\omega \\
&= 2^{1+2d} \int_0^{\pi} (\sin z)^{2d} e^{-i2yz} dz.
\end{aligned}$$

Dabei wurde die Identität $\sin \frac{x}{2} = \sqrt{\frac{1-\cos x}{2}}$ ausgenutzt, sowie $z = \frac{\omega}{2}$ gesetzt. Wird weiter die Integrationsformel in Erdelyi et al. [56, 1953, S. 12, (1.5.29)]

$$\int_0^{\pi} (\sin z)^{\alpha} e^{i\beta z} dz = \frac{\pi}{2^{\alpha}} \frac{\Gamma(1+\alpha)}{\Gamma(1+\frac{\alpha+\beta}{2})\Gamma(1+\frac{\alpha-\beta}{2})} e^{i\frac{1}{2}\pi\beta}, \quad \text{Re}\,\alpha > -1,$$

verwendet, so ergibt sich für das Integral unter der Bedingung $d > -0.5$ und mit $e^{-iy\pi} = (-1)^y$, da y ganzzahlig ist,

$$2^{1+2d} \int_0^{\pi} (\sin z)^{2d} e^{-i2yz} dz = 2\pi \frac{\Gamma(1+2d)}{\Gamma(1+d-y)\Gamma(1+d+y)} (-1)^y. \tag{4.49}$$

(c) Wird das Integral (4.49) in $\tilde{C}(d, h, \delta)$ (4.48) nach Vertauschen der Integration und der Summation eingesetzt, ergibt dies

$$\begin{aligned}
\tilde{C}(d, h, \delta) &= 2\pi\delta^{2q} \sum_{j=0}^{\infty} \delta^j \frac{\Gamma(1+2d)(-1)^{h+j}}{\Gamma(1+d-h-j)\Gamma(1+d+h+j)} \qquad (4.50) \\
&+ 2\pi \sum_{k=1}^{\infty} \delta^k \frac{\Gamma(1+2d)(-1)^{h-k}}{\Gamma(1+d-h+k)\Gamma(1+d+h-k)}.
\end{aligned}$$

Mit Hilfe der Identität $\frac{\Gamma(x+n)}{\Gamma(x)} = \frac{\Gamma(1-x)}{\Gamma(1-x-n)(-1)^n}$, die sich aus den Eigenschaften der Gammafunktion $\Gamma(1-x)\Gamma(x) = \frac{\pi}{\sin \pi x}$ (Gradshteyn und Ryzhik [83, 1980, S. 936, 8.334.3]) und der Sinusfunktion $\sin \pi(x+n) = (-1)^n \sin \pi x$ (Bronstein und Semendjajew [25, 1991, S. 179]) ergibt, lassen sich beide unendlichen Summen in

Gleichung (4.50) umformen zu

$$\begin{aligned}\tilde{C}(d,h,\delta) &= 2\pi\frac{\Gamma(1+2d)(-1)^h}{\Gamma(1+h+d)\Gamma(1+d-h)}\\ &\quad\left[\delta^{2q}\sum_{j=0}^{\infty}\frac{\Gamma(-d+h+j)\Gamma(1+d+h)}{\Gamma(1+d+h+j)\Gamma(-d+h)}\delta^j\right.\\ &\quad\left.+\sum_{k=1}^{\infty}\frac{\Gamma(-d-h+k)\Gamma(1+d-h)}{\Gamma(1+d-h+k)\Gamma(-d-h)}\delta^k.\right]\end{aligned}$$

Die Erweiterungen mit $\Gamma(1+d+h)$ bzw. $\Gamma(1+d-h)$ ermöglichen es, die unendlichen Summen durch die hypergeometrische Funktion $F(a,b;c;x)$ (3.28) zu ersetzen. Unter Verwendung der Eigenschaft der Gammafunktion (3.6) und geeigneter Substitution ergibt sich außerdem $\Gamma(1+d-h) = \frac{\Gamma(1+d)\Gamma(-d)}{\Gamma(-d+h)(-1)^h}$. Damit folgt nun die endgültige Formel für $\tilde{C}(d,h,\delta)$ (4.42)

$$\begin{aligned}\tilde{C}(d,h,\delta) &= 2\pi\frac{\Gamma(1+2d)\Gamma(-d+h)}{\Gamma(1+d+h)\Gamma(1+d)\Gamma(-d)}\\ &\quad\left[\delta^{2q}F(-d+h,1,1+d+h,\delta)+F(-d-h,1,1+d-h,\delta)-1\right].\end{aligned}$$

Fall 2: $q=0$:
Die Gleichung (4.46) vereinfacht sich dann zu

$$\begin{aligned}\eta(\tau) &= \int_0^{2\pi}\sum_{n=0}^{p}\sum_{m=0}^{p}\alpha_n\alpha_m\\ &\quad(1-e^{-i\omega})^d(1-e^{i\omega})^d e^{-i\omega(n-m+\tau)}d\omega.\end{aligned}$$

Zusammen mit der Integrationsformel (4.49) und der in 3.(c) genannten Substitution für $\Gamma(1+d-h), h=\tau+n-m$ ergibt sich daraus (4.43). □

Die hier vorgestellte Berechnungsmethode für das Integral $\eta(\tau)$ im Whittleschätzer (4.26) hat neben ihrer Exaktheit einen weiteren Vorzug. Wurde bereits ein Computerprogramm zur Berechnung der Autokovarianzfunktion nach Sowells Methode geschrieben, das für ein ARFIMA(p,d,q)-Modell mit $\alpha_1,\ldots,\alpha_p,d,$ $\beta_1,\ldots,\beta_q,\sigma_\varepsilon^2$ die Autokovarianz

$$\gamma(\tau,\alpha_1,\ldots,\alpha_p,d,\beta_1,\ldots,\beta_q,\sigma_\varepsilon^2) \tag{4.51}$$

mit Lag τ berechnet, so läßt sich dieses Programm unmittelbar zur Berechnung von $\eta(\tau)$ verwenden, da

$$\eta(\tau,\alpha_1,\ldots,\alpha_p,d,\beta_1,\ldots,\beta_q) = 2\pi\gamma(-\tau,-\beta_1,\ldots,-\beta_q,-d,-\alpha_1,\ldots,-\alpha_p,1) \tag{4.52}$$

gilt. Dies läßt sich sehen, wenn das Integral $\eta(\tau)$ durch Einsetzen von $g(\omega;\theta)$ zu

$$\eta(\tau) = \int_{-\pi}^{\pi} \frac{|\alpha(e^{-i\omega})|^2}{|\beta(e^{-i\omega})|^2} |1 - e^{-i\omega}|^{2d} e^{-i\tau\omega} d\omega \tag{4.53}$$

umgeformt wird. Im Vergleich zum Integral der Autokovarianzfunktion (3.27) steht hier die Fouriertransformierte des AR-Polynoms im Zähler und die Fouriertransformierte des MA-Polynoms im Nenner. Da sich die beiden Polynome (2.50) und (2.45) durch die Vorzeichen vor den Parametern unterscheiden, müssen in (4.53) die AR- und MA-Parameter mit -1 multipliziert werden. Dies gilt auch für den Intermediate/Long Memory-Parameter d, da die Fouriertransformierte von $1 - B$ nun ebenfalls im Zähler steht. Schließlich geht τ im Gegensatz zu (3.27) negativ in den Exponenten von (4.38) ein, so daß auch hier mit -1 multipliziert wird. Aufgrund der Achsensymmetrie der Funktion $g(\omega;\theta)$ ist letzteres jedoch nicht zwingend notwendig.

Damit wurde in diesem Abschnitt gezeigt, daß die Berechnung des Whittleschätzers präzise und schnell erfolgen kann. Steht ein Programm zur Berechnung der Autokovarianzfunktion mittels Sowells Methode zur Verfügung, ist die Berechnung des Whittleschätzers sehr einfach. Ansonsten muß entweder die Programmierung der Autokovarianzfunktion oder die Berechnung der Integrale im Whittleschätzer gemäß der hier vorgestellten Gleichungen erfolgen. Zusammenfassend läßt sich sagen, daß man bei der Schätzung von fraktional integrierten ARMA-Prozessen aus einigen Verfahren auswählen kann, die sich hinsichtlich ihres Rechenaufwands und ihrer Effizienz unterscheiden, wenn es um die Schätzung von kurzen Zeitreihen geht. Im nächsten Kapitel werden deshalb die Schätzeigenschaften der hier vorgestellten Schätzverfahren bei Vorliegen kurzer Zeitreihen untersucht, um herauszufinden, wann sich der Mehraufwand lohnt.

Kapitel 5

Eigenschaften von Long Memory-Schätzverfahren bei Vorliegen kurzer Zeitreihen

Im vorhergehenden Kapitel wurden Schätzverfahren für Long Memory-Prozesse und deren analytisch ableitbare Eigenschaften diskutiert. Auf diese Weise konnten allerdings ausschließlich die asymptotischen Merkmale dieser Schätzverfahren und nicht deren Schätzeigenschaften bei einer relativ geringen Zahl von Beobachtungen bestimmt werden. Die Kenntnis der asymptotischen Merkmale ist jedoch für eine praktische Anwendung von Schätzverfahren nicht ausreichend, da die zu analysierenden Zeitreihen meist relativ kurz sind und keineswegs klar ist, inwieweit die asymptotischen Eigenschaften bei der Schätzung von kurzen Zeitreihen ihre Gültigkeit behalten.

Da also bisher bei einer begrenzten Beobachtungszahl mit rein theoretischen Mitteln keine Aussagen über die Schätzeigenschaften von Schätzverfahren für ARFIMA-Prozesse abgeleitet werden konnten, muß auf numerische Methoden zurückgegriffen werden. Die Idee hierbei ist, Wahrscheinlichkeiten durch relative Häufigkeiten und Erwartungswerte oder Varianzen durch arithmetische Mittelwerte zu approximieren. Hierzu werden mit Hilfe eines Zufallsgenerators in einer ausreichend großen Zahl N Replikationen von Zufallsexperimenten erzeugt bzw. simuliert und aus diesen Realisationen die entsprechenden relativen Häufigkeiten oder arithmetischen Mittelwerte berechnet. Dabei wird die Approximation der

Wahrscheinlichkeiten bzw. der Momente umso genauer, je größer die Zahl der Replikationen ist. Diese Simulationen werden im allgemeinen als Monte-Carlo-Simulationen bezeichnet.

Werden speziell die Schätzverfahren von ARFIMA-Modellen untersucht, müssen hierfür mittels einer der in Abschnitt 3.3 dargestellten Generierungsmethoden N Realisationen eines ARFIMA(p,d,q)-Prozesses erzeugt werden, wobei die Länge T, der Parametervektor $\theta = (\alpha_1, \ldots, \alpha_p, d, \beta_1, \ldots, \beta_q)'$, der Mittelwert μ und die White Noise-Varianz σ_ε^2 vorgegeben sein müssen. Anschließend wird für jede Realisation einer Zeitreihe ein entsprechend spezifiziertes ARFIMA(p,d,q)-Modell mit dem Schätzverfahren geschätzt, dessen Eigenschaften analysiert werden sollen. Sind zur Berechnung der Schätzung numerische Optimierungsverfahren notwendig, ist die Möglichkeit nichtkonvergenter Schätzungen gegeben. Darüber hinaus tritt bei überparametrisierten Modellen manchmal das Problem auf, daß die Hessematrix nicht invertierbar ist und damit keine Kovarianzmatrix berechnet werden kann. Damit stehen zur Kalkulation der relativen Häufigkeiten oder arithmetischen Mittelwerte nur noch $\tilde{N}$ konvergente Schätzungen zur Verfügung, wobei dann $\tilde{N} \leq N$ gilt[1].

Eine Alternative zu dieser Vorgehensweise ist, die Zahl der Replikationen N solange zu erhöhen, bis die Anzahl konvergenter Schätzungen $\tilde{N}$ die ursprünglich gewünschte Anzahl an Replikationen erreicht. In dieser Arbeit wird jedoch die Zahl der Replikationen N grundsätzlich konstant gehalten, da nur dann gewährleistet ist, daß verschiedenen Monte-Carlo-Experimenten die gleichen Zufallszahlen zugrundeliegen. Ist dies nicht der Fall, ist die Vergleichbarkeit verschiedener Monte-Carlo-Ergebnisse eingeschränkt. Allerdings impliziert das hier gewählte Vorgehen, daß z.B. der approximierte Erwartungswert und die approximierte Varianz von $\hat{\theta}$ in verschiedenen Experimenten aus einer unterschiedlichen Anzahl $\tilde{N}$ konvergenter Schätzungen berechnet sein können.

Die Analyse der Schätzeigenschaften von Schätzverfahren läßt sich in zwei Bereiche unterteilen. In dem einen Bereich geht es um die Frage, wie präzise die stochastischen Eigenschaften einer Zeitreihe bestimmt werden können, wenn die Spezifikation des stochastischen Prozesses bekannt ist. Im Rahmen der ARFIMA (p, d, q)-Modelle heißt dies, daß der Zeitreihenanalytiker die wahre Ordnung der AR- und MA-Polynome kennt und außerdem weiß, ob Intermediate/Long Memory vorhanden ist oder nicht.

In der empirischen Anwendung von ARFIMA-Modellen ist dies typischerweise nicht der Fall, da es gerade darum geht herauszufinden, ob Intermediate oder Long

[1]Nicht für alle Kriterien ist die Kenntnis der Kovarianzmatrix Voraussetzung zu deren Berechnung. Ein Beispiel hierfür ist die Parameterverzerrung. Um auch hier die Vergleichbarkeit zu sichern, werden nur die Schätzungen herangezogen, deren Kovarianzmatrix existiert.

Memory in einer beobachteten Zeitreihe eine Rolle spielt. Dies rückt die Frage in den Mittelpunkt, wie zuverlässig die wahre Spezifikation des stochastischen Prozesses, von dem eine Realisation beobachtet wird, identifiziert werden kann. Dieser zweite Bereich umfaßt also die Frage der korrekten Modellselektion.

In diesem Kapitel werden beide Bereiche analysiert. In den beiden ersten Abschnitten 5.1 und 5.2 geht es um die Untersuchung der Schätzeigenschaften, wenn die wahre Spezifikation des stochastischen Prozesses bekannt ist. Abschnitt 5.1 faßt dabei als erstes die Ergebnisse aus der Literatur zusammen und korrigiert diese in einem Fall. Zweitens werden die Schätzeigenschaften des Whittleschätzers mittels eigens durchgeführter Monte-Carlo-Simulationen bestimmt und mit den Schätzeigenschaften der bislang untersuchten Schätzverfahren verglichen. In Abschnitt 5.2 werden anschließend die Faktoren abgeleitet, die die Verzerrung der Schätzung des Intermediate/Long Memory-Parameters beeinflussen. Dies ist bisher in der Literatur nicht zufriedenstellend geschehen.

Die Problematik einer korrekten Modellselektion von reinen Long Memory- wie auch von ARFIMA(p, d, q)-Prozessen wird in Abschnitt 5.3 behandelt. Mit Hilfe umfangreicher Monte-Carlo-Simulationen werden verschiedene Selektionskriterien auf ihre Selektionseigenschaften von fraktional differenziertem Rauschen und ARFIMA(p, d, q)-Prozessen untersucht. Damit die Rechenzeiten in vertretbarem Rahmen gehalten werden konnten, wird in diesen Analysen ausschließlich der approximative Whittleschätzer verwendet, der die Maximierung einer approximativen Likelihoodfunktion im Frequenzbereich erfordert. Das Ergebnis wird hierbei nicht nur von den Eigenschaften des Schätzverfahrens, sondern auch von den Eigenschaften des verwendeten Selektionskriteriums beeinflußt.

Das zentrale Ergebnis dieses Kapitels ist, daß die Schätzung und Identifikation von Long Memory-Prozessen und schwachen Intermediate Memory-Prozessen problematisch sind, wenn nicht mehr als 100 Beobachtungen von einer Zeitreihe zur Verfügung stehen und der zugrundeliegende stochastische Prozeß schwaches Long Memory aufweist. Übersteigt die Zahl der Beobachtungen 200 und liegt fraktional differenziertes Rauschen vor, besteht bei Long Memory-Prozessen eine gute und bei Intermediate Memory sogar eine sehr gute Chance, den korrekten Prozeß zu selektieren, wenn das Schwarz-Kriterium verwendet wird. Erschwert wird die statistische Absicherung von schwachem Long Memory durch die Verzerrung der t-Werte, die hauptsächlich auf verzerrte Parameterschätzungen zurückgeführt werden kann, so daß Signifikanztests nicht für alle Parameterwerte auf einer statistisch verläßlichen Basis stehen. Da die Richtung der Verzerrung von der Parameterkonstellation des ARFIMA-Prozesses abhängt, läßt sich keine allgemeingültige Korrektur der t-Werte vornehmen.

Ist ein stochastischer Prozeß gleichzeitig von Short und Long Memory-Komponenten geprägt, so kann sich bei einer geringen Anzahl von Beobachtungen die Selektion des wahren Modells als unmöglich herausstellen. In Abschnitt 5.3 wird weiter deutlich, daß nunmehr das "Akaike Information Criterion" anstelle des Schwarz-Kriteriums die besten Selektionseigenschaften zeigt. Unter diesen Umständen sind Parameterverzerrungen und deren mittlere quadratische Abweichungen umso größer, je ähnlicher oder gegensätzlicher die Basisprozesse eines ARFIMA(p, d, q)-Prozesses sind. Dies ist das zentrale Ergebnis des Abschnitts 5.2, in dem das Konzept des Basisprozesses auch im Detail eingeführt wird. Deuten die Parameterschätzungen auf einen derartigen Extremfall hin, empfiehlt es sich, falls dies nicht bereits geschehen ist, den Whittleschätzer zu verwenden, der unter den sieben analysierten Schätzverfahren dann die besten Schätzeigenschaften aufweisen kann. Ist der Mittelwert des stochastischen Prozesses darüber hinaus bekannt und ist die beobachtete Zeitreihe nicht zu lang, erzielt man mit der exakten Maximum-Likelihood-Methode die besten Resultate. In allen anderen Fällen ist man mit der Anwendung der Approximation des Whittleschätzers gut beraten. Grundsätzlich gilt, daß alle Maximum-Likelihood-Methoden zu einer Unterschätzung des Intermediate/Long Memory-Parameters führen.

5.1 Eigenschaften von Long Memory-Schätzverfahren bei kurzen Zeitreihen und korrekter Modellspezifikation

Eigenschaften von Long Memory-Schätzverfahren bei kurzen Zeitreihen und korrekter Modellspezifikation

Dieser Abschnitt beschreibt die Qualität aller Schätzmethoden, die in Kapitel 4 dargestellt wurden, wenn die betrachtete Zeitreihe kurz ist und die Spezifikation des wahren Prozesses bekannt ist. Die sieben Schätzverfahren sind im einzelnen[2]:

1. das Geweke/Porter-Hudak-Regressionsverfahren (4.5)
2. das exakte Maximum-Likelihood-Verfahren im Zeitbereich (4.12), wenn der Erwartungswert μ bekannt ist,
3. das exakte Maximum-Likelihood-Verfahren im Zeitbereich (4.13), wenn der Erwartungswert μ durch das arithmetische Mittel $\bar{x} = \sum_{t=1}^{T} x_t/T$ geschätzt wird,

[2] Alle Programme wurden in der Programmiersprache GAUSS geschrieben. Zur Minimierung der Likelihoodfunktionen wurde dabei der Algorithmus von Broyden/Fletcher/Goldfarb/Shanno verwendet wurde, der in der Library OPTMUM in der Programmiersprache GAUSS zur Verfügung steht.

4. das approximative Maximum-Likelihood-Verfahren im Frequenzbereich in Form des approximativen Whittleschätzers (4.32),

5. der approximative Whittleschätzer (4.32) mit einem Kosinus-Datentaper (4.31),

6. der approximative Whittleschätzer (4.32) mit einem Trapez-Datentaper (4.30),

7. der Whittleschätzer (4.26).

Die Beurteilung dieser Schätzverfahren erfolgt anhand von drei Kriterien, die im folgenden Unterabschnitt 5.3.1 definiert und diskutiert werden. Die Kriterien umfassen die Verzerrung, die mittlere quadratische Abweichung und die Macht eines Schätzverfahrens, wobei die Macht bezüglich der Nullhypothese von Weißem Rauschen analysiert wird.

Die Analyse der Qualität der einzelnen Schätzverfahren wird in zwei Unterabschnitte unterteilt. Im zweiten Unterabschnitt 5.1.2 konzentriert sich die Untersuchung auf die Eigenschaften der Schätzung von fraktional differenziertem Rauschen. Verschiedene Long Memory-Prozesse mit Short Memory-Komponenten werden im dritten Unterabschnitt 5.1.3 analysiert. Beide Unterabschnitte liefern zunächst einen kritischen Literaturüberblick, wobei einige Ergebnisse mit eigenen Monte-Carlo-Simulationen überprüft und korrigiert werden. Die Literatur zur Untersuchung der Schätzeigenschaften der ersten sechs Schätzverfahren bei Vorliegen kurzer Zeitreihen umfaßt Arbeiten von Cheung [29, 1990], Sowell [178, 1992] sowie Cheung und Diebold [31, 1993]. Anschließend werden mit eigenen Monte-Carlo-Simulationen die Schätzeigenschaften des Whittleschätzers untersucht und mit den Schätzeigenschaften der bislang in der Literatur analysierten Schätzer verglichen.

5.1.1 Kriterien zur Beurteilung von Schätzverfahren

Die Beurteilung der verschiedenen Schätzverfahren im Rahmen dieses Abschnitts erfolgt mit Hilfe von drei Kriterien. Dabei bezeichnet θ_i den wahren Parameterwert und $\hat{\theta}_i$ dessen Schätzung:

Verzerrung: $B = E[\hat{\theta}_i] - \theta_i$

Mittlere quadratische Abweichung: $MSE = E[(\hat{\theta}_i - \theta_i)^2]$

Macht: Die Macht eines Tests entspricht der Wahrscheinlichkeit, mit der die Nullhypothese eines Tests abgelehnt wird, wenn sie tatsächlich abgelehnt werden sollte. Optimal wäre demnach eine Macht von Eins[3]. Zur Berechnung der Macht eines Tests ist also ein Kriterium erforderlich, gemäß dessen beurteilt werden kann, ob die Null- oder die Alternativhypothese vorliegt. Da in Kapitel 4 gezeigt wurde, daß die Parameterschätzungen aller dargestellten Schätzverfahren asymptotisch normalverteilt sind, ist es möglich, als Testgröße (asymptotisch korrekte) t-Werte zu verwenden. Die Nullhypothese wird dann abgelehnt, wenn der Absolutbetrag des t-Wertes einen kritischen Wert, der entsprechend dem gewünschtem Signifikanzniveau der t-Verteilung zu entnehmen ist, übersteigt. Der geschätzte t-Wert für die Nullhypothese $\hat{\theta}_i = \theta_{0i}$ ist dabei durch

$$\hat{t}_i = \frac{\hat{\theta}_i - \theta_{0i}}{\sqrt{\hat{V}ar[\hat{\theta}_i]}} \tag{5.1}$$

bestimmt, wobei $\hat{V}ar[\hat{\theta}_i]$ die geschätzte Varianz der Parameterschätzung $\hat{\theta}_i$ angibt. Die Macht bezeichnet also die Wahrscheinlichkeit, mit der der t-Wert den kritischen Wert übersteigt. Da es im allgemeinen darum geht herauszufinden, ob ein Parameter von Null verschieden ist, ist in dieser Arbeit die Nullhypothese durch $\theta_{0i} = 0$ und die Alternative durch $\theta_{0i} \neq 0$ definiert.

Die numerische Vorgehensweise erfordert, wie bereits angesprochen, daß die Erwartungswerte der Verzerrung sowie der mittleren quadratischen Abweichung durch ihre arithmetischen Mittel und die Macht durch die relative Häufigkeit, mit der die Nullhypothese korrekterweise verworfen wird, approximiert werden[4]. Um zuverlässige statistische Ergebnisse zu erhalten, ist deshalb eine ausreichend hohe Zahl an Wiederholungen notwendig. Den Monte-Carlo-Simulationen in diesem Abschnitt liegen daher $N = 500$ Replikationen zugrunde. Die Zahl der Replikationen wird auf 500 begrenzt, da, um die Vergleichbarkeit der Ergebnisse für verschiedene Schätzverfahren zu gewährleisten, die Anzahl der Replikationen für alle durchgeführten Monte-Carlo-Simulationen identisch sein sollte und aufgrund des höheren Rechenaufwands 500 Replikationen für die Monte-Carlo-Simulationen zur Analyse des Whittleschätzers eine Obergrenze bilden.

Bezüglich der Aussagekraft der einzelnen Kriterien ist zu beachten, daß die Ergebnisse für die drei Kriterien interdependent sind. So existiert zum einen

[3]DeGroot [41, 1989, S. 438- 9] definiert allgemeiner eine Machtfunktion ("Power Function"), die zusätzlich zu der gegebenen Definition von Macht auch die Wahrscheinlichkeit berücksichtigt, mit der die Nullhypothese nicht verworfen wird, wenn sie tatsächlich vorliegt. Im Optimalfall wären dann die Funktionswerte der Machtfunktion 0, wenn die Nullhypothese vorliegt und 1 im Fall der Alternative. Die Spezifikation einer oberen Grenze der Machtfunktion bei Vorliegen der Nullhypothese definiert das Signifikanzniveau eines Tests bezüglich der Nullhypothese. Das Maximum der Machtfunktion bei Vorliegen der Nullhypothese wird als Größe ("Size") eines Tests bezeichnet.

[4]Aus diesem Grund verwendet Cheung [29, 1990] den Ausdruck 'empirische Macht'.

zwischen der mittleren quadratischen Abweichung und der Verzerrung einer Parameterschätzung folgender Zusammenhang[5]

$$\begin{aligned} E[(\hat{\theta}_i - \theta_i)^2] &= (E[\hat{\theta}_i] - \theta_i)^2 + Var[\hat{\theta}_i] \quad \text{bzw.} \\ MSE &= B^2 + Var[\hat{\theta}_i], \end{aligned} \tag{5.2}$$

so daß bei konstanter mittlerer quadratischer Abweichung eine größere Verzerrung eine geringere Varianz impliziert. Ein Vergleich zweier Schätzverfahren ausschließlich hinsichtlich ihrer Verzerrung wäre also unvollständig.

Zum anderen wird bei konstanter Varianz der Parameterschätzung $\hat{V}ar[\hat{\theta}_i]$ und gegebenem wahrem Parameterwert θ_i die Macht eines Tests umso größer, je größer der Absolutwert der Summe aus der erwarteten Verzerrung B und dem wahren Wert θ_i, d.h. von $E[\hat{\theta}_i]$ wird. Dieser Zusammenhang ist bisher in der Literatur nicht dargestellt worden und wird deshalb im folgenden belegt. Gemäß obiger Definition gibt die Macht eines Testverfahrens die Wahrscheinlichkeit an, mit der die Nullhypothese $\theta_{0i} = 0$ korrekt verworfen wird, d.h. der t-Wert

$$\hat{t}_i = \frac{\hat{\theta}_i}{\sqrt{\hat{V}ar[\hat{\theta}_i]}}$$

über bzw. unter dem kritischen Wert liegt, wenn in der Tat $\theta_{0i} \neq 0$ ist. Die Macht eines Tests ist damit umso größer, je größer im Durchschnitt die t-Werte $\hat{t}_i$ sind, da dann die Wahrscheinlichkeit ansteigt, daß ein t-Wert im Absolutbetrag den kritischen Wert übertrifft. Die Bedingung dafür ist, daß der Absolutbetrag des Erwartungswertes der Parameterschätzung $|E[\hat{\theta}_i]|$ ansteigt. Daraus folgt, daß für einen gegebenen wahren Parameterwert θ_i die Macht eines Tests umso größer ist, je größer der Absolutwert der Summe aus der erwarteten Verzerrung B und dem wahren Wert θ_i wird.

Mit anderen Worten, ist der wahre Parameter θ_i positiv, führt eine Steigerung der absoluten Verzerrung $|B|$ nur dann zu einem Rückgang der Macht, wenn sich $|B|$ innerhalb von $-\theta_i < B < 0$ erhöht. Ist hingegen die Verzerrung ebenfalls positiv oder gilt $|B| > \theta$, kommt es durch eine Steigerung von B zu einem Anstieg der Macht. Diese Argumentation verdeutlicht, daß die empirisch ermittelte Macht eines Tests alleine keine zuverlässige Beurteilung der Schätzeigenschaften eines Schätzverfahrens erlaubt, da sowohl eine große wie auch eine kleine empirische Macht ausschließlich das Ergebnis einer Verzerrung sein kann.

[5] Eine Ableitung dieses Zusammenhangs ergibt sich aus

$$\begin{aligned} E[(\hat{\theta}_i - \theta_i)^2] - (E[\hat{\theta}_i] - \theta_i)^2 &= \\ E[\hat{\theta}_i^2 - 2\hat{\theta}_i\theta_i + \theta_i^2] - ((E[\hat{\theta}_i])^2 - 2\theta_i E[\hat{\theta}_i] + \theta_i^2) &= \\ E[\hat{\theta}_i^2] - (E[\hat{\theta}_i])^2 &= Var[\hat{\theta}_i] \end{aligned}$$

Dieser Zusammenhang wird auch von Cheung und Diebold [31, 1993, S. 10] verwendet.

5.1.2 Schätzeigenschaften bei Vorliegen von fraktional differenziertem Rauschen

Wie gut eignen sich nun die sieben genannten Schätzverfahren, die zu Beginn des Abschnitts genannt wurden, zum Schätzen von fraktional differenziertem Rauschen? In der Literatur sind bisher weder alle Schätzverfahren noch alle Kriterien analysiert worden. Cheung und Diebold [31, 1993] beschränken sich auf die zwei exakten Maximum-Likelihood-Verfahren und die drei Versionen des approximativen Whittleschätzers. Auch betrachten sie nur die Verzerrung und die mittlere quadratische Abweichung der Parameterschätzungen. Cheung [29, 1990] berücksichtigt zusätzlich das Geweke/Porter-Hudak-Verfahren und die modifizierte R/S-Statistik[6], die im folgenden jedoch keine Rolle spielt, da sie sich im Gegensatz zum Geweke/Porter-Hudak-Verfahren lediglich zum Testen auf Long Memory, jedoch nicht zum Schätzen eignet. Darüber hinaus berechnet er jeweils die empirische Macht eines Verfahrens bezüglich der Nullhypothese $\theta_{0i} = 0$. Beiden Analysen ist dabei die Generierungssmethode zur Simulation von fraktional differenziertem Rauschen von McLeod und Hipel [147, 1978] gemein, die als zweite Methode in Abschnitt 3.3 vorgestellt wird.

Der wichtigste Bestandteil dieses Abschnitts ist damit die Analyse der Schätzeigenschaften des Whittleschätzers, dessen Schätzeigenschaften bisher im Rahmen der ARFIMA-Prozesse nicht bekannt sind, sowie ein Vergleich der Schätzeigenschaften des Whittleschätzers mit den bereits in der Literatur dargestellten Ergebnissen. Als Grundlage hierfür werden deshalb als erstes die in der Literatur vorhandenen Forschungsergebnisse dargestellt und, wie in einem Fall nötig, korrigiert.

Cheung und Diebold [31, 1993] untersuchen für Zeitreihenlängen von $T = 50, 100, 300, 500$ jeweils Verzerrung und mittlere quadratische Abweichung der Schätzung $\hat{d}$ für fünf verschiedene Intermediate Memory-Modelle ($d = -0,45, -0.35, \ldots, -0.05$) und fünf verschiedene Long Memory-Modelle ($d = 0,05, 0,15, \ldots, 0,45$). Ihr bemerkenswertestes Ergebnis ist, daß die Verwendung der exakten Likelihoodfunktion mit geschätztem Mittelwert im Vergleich zu den drei approximativen Whittleschätzern weder die Verzerrung, noch die mittlere quadratische Abweichung wesentlich reduziert. Insbesondere bei Vorliegen von Long Memory entsprechen sich die mittleren quadratischen Abweichungen der genannten fünf Maximum-Likelihood-Schätzverfahren. Ist hingegen der Mittelwert der Zeitreihe bekannt, so erhält man mit der exakten Likelihoodfunktion die weitaus geringste Verzerrung und die geringste mittlere quadratische Abweichung. Für alle Maximum-Likelihood-Verfahren gilt, daß die Verzerrung immer negativ ist, d.h. daß das wahre d systematisch unterschätzt wird.

[6]Vgl. hierzu einige Bemerkungen in Kapitel 4.

Hinsichtlich der Variation der Verzerrung bei variierendem d bestehen jedoch Unterschiede zwischen den Maximum-Likelihood-Verfahren im Zeit- und Frequenzbereich. Bei Verwendung der approximativen Likelihoodfunktion im Frequenzbereich weisen weder Verzerrung noch mittlere quadratische Abweichung systematische Änderungen für ansteigende d's auf. Lediglich für große positive d führt die Verwendung eines Datentapers[7], entsprechend den theoretisch begründeten Erwartungen in Abschnitt 4.2.1, zu einer Reduktion sowohl der Verzerrung als auch der mittleren quadratischen Abweichung.

Schätzt man hingegen mittels der exakten Likelihoodfunktion und ist der Mittelwert bekannt, so sinkt die mittlere quadratische Abweichung mit zunehmendem d, obwohl die Verzerrung ansteigt. Muß der Mittelwert dagegen geschätzt werden, so steigen sowohl die mittlere quadratische Abweichung als auch die Verzerrung an. Cheung und Diebold [31, 1993] begründen dies mit Hilfe des Zusammenhangs (5.2) zwischen Verzerrung, Varianz des Schätzers und mittlerer quadratischer Abweichung folgendermaßen: Mit ansteigendem d nimmt die Varianz des generierten ARFIMA(0,d,0)-Prozesses zu und damit die Varianz $Var[\hat{\theta}_i]$ des Schätzers von d ab. Im Fall des exakten Likelihoodschätzers mit bekanntem Mittelwert übertrifft dieser Rückgang den mit einem ansteigendem d verbundenen Anstieg in der quadrierten Verzerrung $B^2 = (E[\hat{\theta}_i] - \theta_i)^2$ und führt damit zu einem Rückgang der mittleren quadratischen Abweichung. Ist der Mittelwert dagegen nicht bekannt, ist dies nicht der Fall.

Die Arbeit von Cheung [29, 1990] untersucht ausschließlich das Long Memory-Prozeßspektrum, aber erweitert die Analyse um das Geweke/Porter-Hudak-Verfahren und gibt darüber hinaus die empirische Macht der jeweiligen Schätzverfahren an. Bezüglich des Geweke/Porter-Hudak-Verfahrens stellt Cheung [29, 1990] fest, daß dessen mittlere quadratische Abweichung um das bis zu Achtfache über der des approximativen Whittleschätzers liegt. Dies impliziert eine relativ große Wahrscheinlichkeit, daß die Schätzung von d nicht im stationären und invertierbaren Parameterbereich $-0,5 < d < 0,5$ liegt, obwohl dies für das wahre d gilt. Gleichzeitig ist die Verzerrung der Geweke/Porter-Hudak-Schätzung teilweise geringer als die der exakten Likelihoodfunktion bei bekanntem Mittelwert und im Gegensatz zu allen Maximum-Likelihood-Schätzungen positiv. Bei einem Vergleich der Macht des Geweke/Porter-Hudak-Verfahrens, der zwei exakten Maximum-Likelihood-Verfahren und den drei Varianten des approximativen Whittleschätzers kommt Cheung [29, 1990] zu dem Ergebnis, daß die drei approximativen Whittleschätzer unabhängig von der Kenntnis des Mittelwertes die größte empirische Macht aufweisen. Im Fall eines ARFIMA(0,d,0)-Prozesses mit $d = 0,05$ ist die empirische Macht der approximativen Whittleschätzer sogar nahezu viermal größer als die des exakten Likelihoodschätzers bei bekanntem Mittelwert.

[7] Vgl. dazu die Gleichungen (4.30) und (4.31) in Abschnitt 4.2.2.

Das Ergebnis hinsichtlich der vergleichsweise großen Macht der approximativen Whittleschätzer erscheint unplausibel. Um diese Vermutung zu überprüfen, werden für den ARFIMA(0,d,0)-Prozeß mit $d = 0,05$ mit dem approximativen Whittleschätzer eigene Monte-Carlo-Simulationen mit 500 Replikationen durchgeführt. Die Simulationsergebnisse bestätigen, daß Cheung die Macht der approximativen Whittleschätzer zu hoch angibt.

Ein Vergleich der eigenen Simulationsergebnisse mit denen von Cheung [29, 1990] erfolgt für diesen schwachen Long Memory-Prozeß in Tabelle 5.1. Die Tabelle 5.1 enthält darüber hinaus die Simulationsergebnisse für den Whittleschätzer, die weiter unten besprochen werden. Dabei sind in Tabelle 5.1 die eigenen Simulationsergebnisse jeweils in der zweiten Zeile bezüglich eines Kriteriums angegeben. Betrachtet man nun die von Cheung berechnete Macht der

Tabelle 5.1: EIGENSCHAFTEN VERSCHIEDENER SCHÄTZVERFAHREN BEI VORLIEGEN EINES ARFIMA(0,d,0)-PROZESSES DER LÄNGE $T = 100$ MIT $d = 0,05$

	Schätzverfahren						
	Geweke/	exakte ML		approximative ML			
	Porter-	μ	μ	approximativer Whittleschätzer			Whittle-
	Hudak	bekannt	unbekannt		Datentaper		schätzer
	Verf.				Kosinus	Trapez	
Verzerrung	0,0041	-0,0110	-0,0434	-0,0467	-0,0470	- 0,0471	
	0,0159[a]			-0,0446[a]			-0,0405[a]
MSE	0,0876	0,0062	0,0094	0,0102	0,0111	0,0124	
	0,0939[a]			0,0103[a]			0,0095[a]
Macht	0,0620	0,1240	0,0610	0,4650	0,4520	0,4590	
	0,0621[a]			0,0561[a]			0,0541[a]

Alle Werte, die mit [a] versehen sind, basieren auf eigenen Monte-Carlo-Simulationen mit 500 Replikationen unter der Verwendung der Generierungsmethode 2. Alle anderen Werte sind den Tabellen 4.2.A, 4.3.A, 4.4.A, 4.5.A, 4.6.A und 4.7.A von Cheung [29, 1990] entnommen. Sie basieren auf 1000 Simulationen.

beiden Schätzverfahren, ergibt sich 0,1240 für das exakte Maximum-Likelihood-Verfahren bei Kenntnis des Mittelwertes und 0,4650 für die Macht des approximativen Whittleschätzers, einem viermal so großen Wert. Die mittels eigener Monte-Carlo-Simulationen berechnete Macht des approximativen Whittleschätzers beträgt hingegen gerade 0,0561 und ist damit ungefähr so groß wie die des exakten Maximum-Likelihood-Verfahrens bei geschätztem Mittelwert.

Das Ergebnis der eigenen Monte-Carlo-Simulationen, dem zufolge im Vergleich zum exakten Maximum-Likelihood-Schätzer bei Kenntnis des Mittelwertes der approximative Whittleschätzer eine geringere Macht aufweist, ist theoretisch plausibel, wenn man den in Unterabschnitt 5.1.1 abgeleiteten Zusammenhang zwischen der Macht und der Verzerrung eines Schätzverfahrens berücksichtigt. Demnach gilt, daß bei konstanter Varianz der Parameterschätzung und gegebenem wahrem Parameterwert θ_i die Macht eines Tests umso größer ist, je größer der Absolutwert der Summe aus der erwarteten Verzerrung B und dem wahren Wert θ_i wird. Diese Summe ist jedoch bei Verwendung der exakten Likelihoodfunktion größer als bei Anwendung des approximativen Whittleschätzers, da der Absolutbetrag der Verzerrung bei Anwendung des approximativen Verfahrens kleiner d, aber größer als der Absolutbetrag der Verzerrung der exakten Maximum-Likelihood-Schätzung ist. Damit muß die Macht des approximativen Verfahrens geringer sein.

Darüber hinaus sind die t-Werte der eigenen Monte-Carlo-Simulationen nicht durch eine verzerrte Schätzung der Parametervarianz beeinflußt, da die tatsächliche Varianz $Var[\hat{d}]$, die mittels Beziehung (5.2) aus der Verzerrung und der mittleren quadratischen Abweichung errechnet werden kann, mit 0,0080 nahezu dem Mittelwert der geschätzten Varianzen $\hat{V}ar[\hat{d}]$ in Höhe von 0,0079 entspricht.

Unter dieser Voraussetzung existiert ein weiterer Grund für eine geringere Macht des approximativen Whittleschätzers, als sie von Cheung [29, 1990] angegeben wird. Denn dann gilt, daß die geschätzte Varianz des approximativen Whittleschätzers größer ist als die des exakten Verfahrens bei Kenntnis des Mittelwertes. Unter Berücksichtigung von Beziehung (5.2) ergibt sich für die tatsächliche Parametervarianz der exakten Maximum-Likelihood-Methode bei Kenntnis des Mittelwertes 0,0075 im Vergleich zu 0,0080 bei Verwendung des approximativen Whittleschätzers. Das bedeutet, daß die t-Werte des approximativen Whittleschätzers kleiner sind als die des exakten Verfahrens bei Kenntnis des Mittelwertes, da der Nenner in der Definition des t-Wertes (5.1) durchschnittlich größer ist, und damit ceteris paribus eine geringere Wahrscheinlichkeit besitzen, den kritischen Wert im Absolutbetrag zu übertreffen. Aufgrund dieser Überlegungen ist davon auszugehen, daß Cheungs Angaben über die Macht der approximativen Whittleschätzer, die in Tabelle 5.1 enthalten sind, falsch sind.

Damit entspricht die Macht der approximativen Whittleschätzer ungefähr der Macht der exakten Maximum-Likelihood-Schätzung bei Unkenntnis des Mittelwerts. Diese Tatsache legt den Schluß nahe, daß die Kenntnis des Mittelwertes die Macht eines Schätzverfahrens entscheidend beeinflußt. Dies gilt auch für das Ausmaß der Verzerrung und die mittlere quadratische Abweichung. Ein Problem aller Schätzverfahren ist, daß sie bei Vorliegen von schwachem Long Memory und 100 Beobachtungen keine Macht besitzen, die Nullhypothese von Weißem Rauschen zu verwerfen, denn wie aus Tabelle 5.1 zu ersehen ist, erreicht die Macht des besten Verfahrens 0,1240. Auch bei 500 Beobachtungen erhöht sich die Macht der exakten Likelihoodschätzung bei Kenntnis des Mittelwertes nur auf 0,395 (Cheung [29, 1990, S. 92, Table 4.3.A]). Ist der Mittelwert nicht bekannt und soll der hohe Rechenaufwand durch die Invertierung der Kovarianzmatrix vermieden werden, so ergibt sich bei Verwendung des approximativen Whittleschätzers selbst bei 800 Beobachtungen lediglich eine Macht von nur 0.3247. Dies macht deutlich, daß Tests auf das Vorliegen von schwachem Long Memory eine wesentlich größere Anzahl an Beobachtungen erfordern als Tests auf das Vorliegen einfacher Short Memory-Prozesse. Steigt d an, erhöht sich die Macht bei Verwendung des exakten Maximum-Likelihood-Schätzers und bekanntem Mittelwert rasch, denn schon für $d = 0,15$ erreicht die Macht bei 100 Beobachtungen 0,5680 und bei 200 Beobachtungen bereits 0,8210 (Cheung [29, 1990, S. 92, Table 4.3.B]).

Nach dieser kritischen Zusammenfassung der in der Literatur vorhandenen Forschungsergebnisse, stellt sich die Frage, wie im Vergleich zu diesen Schätzverfahren der Whittleschätzer (4.26)

$$\tilde{\sigma}_T^2(\theta) = \sum_{\tau=-T+1}^{T-1} \frac{1}{2\pi}\tilde{\gamma}(\tau) \int_{-\pi}^{\pi} \frac{1}{g(\omega;\theta)} e^{-i\tau\omega} d\omega$$

abschneidet. Wie in Abschnitt 4.2.2 gezeigt wurde, zeichnet sich dieses Schätzverfahren dadurch aus, daß schlechtere Schätzeigenschaften aufgrund des Informationsverlustes, der durch die Approximation des Whittleschätzers bei kurzen Zeitreihen entsteht, vermieden werden. Der Informationsverlust ergibt sich aus der Approximation des Integrals im Whittleschätzer (4.26) durch die Summe (4.37)

$$\sum_{u=1}^{T-1} \frac{2\pi}{T} \frac{1}{g(\omega_u;\theta)} e^{-i\tau\omega}.$$

Um die Vergleichbarkeit mit den bisherigen Ergebnissen zu gewährleisten, wurden 500 Realisationen des ARFIMA(0,d,0)-Prozesses mit $d = 0,05$ generiert und geschätzt. Die Schätzeigenschaften des Whittleschätzers sind in der letzten Spalte in Tabelle 5.1 enthalten. Es zeigt sich, daß im Vergleich zu den eigenen Schätzungen mit dem approximativen Whittleschätzer die Verzerrung um 13,9%, die mittlere quadratische Abweichung um 7,7%, aber auch die Macht um 3,8% zurückgehen[8]. Damit bleibt die empirische Macht in der Größenordnung des approximativen Whittleschätzers. Hingegen werden Verzerrung und mittlere quadratische Abweichung reduziert. Aufgrund von Beziehung (5.2) gilt dies auch für die tatsächliche Parametervarianz. Dieses Muster ergibt sich ebenso bei ei-

[8]Die geringere Macht ist damit zu erklären, daß der Rückgang der Macht durch die Reduktion der Verzerrung gemäß der Argumentation in Unterabschnitt 5.1.1 den Anstieg der Macht aufgrund einer geringeren Parametervarianz übertrifft. Ein Rückgang der Macht bedeutet deshalb nicht, daß der Whittleschätzer schlechter ist.

nem Vergleich des Whittleschätzers mit der exakten Likelihood bei Unkenntnis des Mittelwertes[9].

Als Resumée läßt sich über den Whittleschätzer sagen, daß der Whittleschätzer, abgesehen von der empirischen Macht, die besten Schätzeigenschaften für sich verbuchen kann, wenn es um die Schätzung von ARFIMA(0,d,0)-Prozessen im Fall einer vergleichsweise geringen Anzahl von 100 oder 200 Beobachtungen geht und der Mittelwert geschätzt werden muß. Insbesondere führt dessen Verwendung zu einer nennenswerten Reduktion in der Verzerrung, so daß man sich unter diesen Bedingungen nicht mit der Schätzqualität des approximativen Whittleschätzer zufrieden geben sollte.

5.1.3 Schätzeigenschaften bei Vorliegen von ARFIMA (p,d,q)-Prozessen

In der empirischen Arbeit ist davon auszugehen, daß Short und Long Memory in einem stochastischen Prozeß gemeinsam vorliegen. Deshalb ist es notwendig, vor der empirischen Anwendung der genannten Verfahren deren Schätzeigenschaften für ARFIMA(p,d,q)-Prozesse mit p und/oder q ungleich Null zu betrachten. Wie im vorhergehenden Abschnitt über die Schätzeigenschaften bei Vorliegen von fraktional differenziertem Rauschen wird zunächst der Stand der Literatur kritisch dargestellt. Anschließend werden die Schätzeigenschaften des Whittleschätzers analysiert und mit den existierenden Ergebnissen verglichen.

Die Eigenschaften bei Vorliegen kurzer bzw. begrenzter Zeitreihen von Schätzverfahren für ARFIMA-Prozesse wurden bisher von zwei Forschern untersucht. Die ausführlichste Studie stammt von Cheung [29, 1990], da er abgesehen vom Whittleschätzer alle Schätzverfahren berücksichtigt, die zu Beginn des Abschnitts 5.1 aufgeführt wurden. Insgesamt liegen seinen Ergebnissen zwölf verschiedene ARFIMA(p,d,q)-Prozesse mit folgenden Parameterspezifikationen zugrunde:

- ARFIMA(1,d,0)-Prozesse mit θ = (0,3;0,15), (0,7;0,15), (0,3;0,35), (0,7;0,35),
- ARFIMA(0,d,1)-Prozesse mit θ = (0,15;0,3), (0,15;0,7), (0,35;0,3), (0,35;0,7),
- ARFIMA(1,d,1)-Prozesse mit θ = (0,3;0,15;0,3), (0,7;0,15;0,7), (0,3;0,35;0,3), (0,7;0,35;0,7).

[9] Quantitative Aussagen wären hier möglicherweise irreführend, da die zugrundeliegenden Werte der Schätzeigenschaften nicht aus den gleichen Zufallszahlen abgeleitet wurden.

Alle Prozesse werden jeweils mit Hilfe von Methode 4 aus Abschnitt 3.3 für fünf verschiedene Zeitreihenlängen $T = 100, 200, \ldots, 500$ generiert.

Sowell [178, 1992] analysiert sechzehn Intermediate/Long Memory-Prozesse folgender Form:

- ARFIMA(1,d,0)-Prozesse mit $\theta = (-0,7; -0,3)$, $(-0,2; -0,3)$, $(0,3; -0,3)$, $(0,8; -0,3)$,
- ARFIMA(1,d,0)-Prozesse mit $\theta = (-0,7; 0,3)$, $(-0,2; 0,3)$, $(0,3; 0,3)$, $(0,8; 0,3)$,
- ARFIMA(0,d,1)-Prozesse mit $\theta = (-0,3; -0,8)$, $(-0,3; -0,3)$, $(-0,3; 0,5)$, $(-0,3; 0,9)$,
- ARFIMA(0,d,q)-Prozesse mit $\theta = (0,3; -0,8)$, $(0,3; -0,3)$, $(0,3; 0,5)$, $(0,3; 0,9)$.

Bei den Schätzverfahren beschränkt er sich auf das Geweke/Porter-Hudak-Verfahren, das exakte Maximum-Likelihood-Verfahren bei Kenntnis des Mittelwertes und den approximativen Whittleschätzer. Auch verzichtet er darauf, die Macht der einzelnen Schätzverfahren zu berechnen.

Cheung [29, 1990, S. 73f.] stellt allgemein für alle Maximum-Likelihood-Verfahren fest, daß die gleichzeitige Existenz von Short und Long Memory ihre Verzerrung und ihre mittlere quadratische Abweichung erhöht und deren Macht senkt. Cheung beobachtet weiter für alle Maximum-Likelihood-Verfahren, daß bei Long Memory-Prozessen mit einem AR-Parameter der Anstieg sowohl in der Verzerrung als auch in der mittleren quadratischen Abweichung größer ist als bei Long Memory-Prozessen mit einem MA-Parameter. Darüber hinaus haben alle Maximum-Likelihood-Verfahren eine größere Macht, Long Memory aufzudecken als das Geweke/Porter-Hudak-Verfahren und weisen im Gegensatz zu diesem Schätzverfahren eine negative Verzerrung auf.

Im einzelnen kommt Cheung [29, 1990, S. 69f.] zu dem Ergebnis, daß bei gleichzeitiger Existenz von Short und Long Memory und Kenntnis des Mittelwerts die exakte Maximum-Likelihood-Methode das im Vergleich zu allen anderen Verfahren beste Schätzverfahren ist, da es die geringste Verzerrung und die geringste mittlere quadratische Abweichung aufweist. Muß jedoch der Mittelwert geschätzt werden, so zeigt sich, daß die Schätzungen der exakten Likelihoodfunktion zwar eine größere Verzerrung als die drei Schätzvarianten der approximativen Whittleschätzer zeigen, aber eine kleinere mittlere quadratische Abweichung, sofern nicht

d groß und der AR-Parameter ungleich Null sind. Die Verwendung eines Datentapers wirkt wie bei fraktional differenziertem Rauschen, d.h. die Schätzqualität verbessert sich, wenn d positiv und groß ist.

Cheungs [29, 1990, S. 69f.] Beurteilung des exakten Maximum-Likelihood-Verfahrens bei Kenntnis des Mittelwertes als das beste aller Schätzverfahren muß allerdings eingeschränkt werden, da die drei Versionen des approximativen Whittleschätzers in einigen Fällen eine wesentlich höhere Macht aufweisen als das exakte Maximum-Likelihood-Verfahren bei bekanntem μ. Dies sei anhand von einem ARFIMA(1,d,0)- und einem ARFIMA(1,d,1)-Prozeß mit den Parametern $\alpha_1 = 0,3$, $d = 0,15$ und $\beta_1 = 0,3$ verdeutlicht. Die Schätzeigenschaften der sechs analysierten Schätzverfahren bei Vorliegen dieser Prozesse finden sich in den Tabellen 5.2 und 5.3, die im Aufbau Tabelle 5.1 entsprechen und ebenfalls die Ergebnisse aus eigenen Monte-Carlo-Simulationen enthalten, die mit dem Geweke/Porter-Hudak-Verfahren, dem approximativen Whittleschätzer und dem Whittleschätzer durchgeführt wurden. Die Zeitreihen wurden wie bisher mit der Methode von McLeod und Hipel (Methode 2 in Abschnitt 3.3) generiert.

Tabelle 5.2: Eigenschaften verschiedener Schätzverfahren bei Vorliegen eines ARFIMA(1,d,0)-Prozesses der Länge $T = 100$ mit $\alpha_1 = 0,3$ und $d = 0,15$

	Schätzverfahren						
	Geweke/	exakte ML		approximative ML			
	Porter-	μ	μ	approximativer Whittleschätzer			Whittle-
	Hudak	bekannt	unbekannt		Datentaper		schätzer
	Verf.				Kosinus	Trapez	
Verzerrung	0,0371	-0,1191	-0,3019	-0,3147	-0,3250	-0,3116	
	0,0627[a]			- 0,3294[b]			-0,2643[c]
MSE	0,0855	0,0661	0,1492	0,1761	0,1865	0,1821	
	0,1015[a]			0,1986[b]			0,1450[c]
Macht	0,1370	0,2292	0,0710	0,2852	0,2756	0,2902	
	0,1202[a]			0,3580[b]			0,2278[c]

Zur Ermittlung der Werte, die mit [a] [b] [c] versehen sind, wurden in eigenen Monte-Carlo-Simulationen 500 Replikationen mit Generierungsmethode 2 durchgeführt. Bei den mit [b] bezeichneten Werten konvergierten davon 487 Simulationen und bei den mit [c] bezeichneten Werten 440. Alle anderen Werte sind den Tabellen 4.2.F, 4.3.F, 4.4.F, 4.5.F, 4.6.F und 4.7.F von Cheung [29, 1990] entnommen. Sie basieren auf 1000 Simulationen. Cheung macht keine Angaben darüber, ob sich die Zahl der Simulationen auf die Zahl der konvergenten Replikationen $\tilde{N}$ oder auf die Anzahl tatsächlich durchgeführter Replikationen N bezieht.

Auch hier sind in der jeweils zweiten Zeile die eigenen Monte-Carlo-Berechnungen auf Basis des approximativen Whittleschätzers angegeben. Wie aus der jeweils vierten Spalte zu ersehen ist, übertreffen alle drei Kriterien die von Cheung in den Tabellen 4.5.F und 4.5.N angegebenen Werte, bestätigen aber qualitativ Cheungs Ergebnisse.

In quantitativer Hinsicht weichen jedoch die eigenen Monte-Carlo-Ergebnisse von Cheungs Monte-Carlo-Resultaten ab, wie aus den Tabellen 5.2 und 5.3 zu ersehen ist. Dies gilt insbesondere für die Schätzeigenschaften des approximativen Whittleschätzers. Als Ursache für diese Abweichungen kommen potentiell zwei Faktoren in Betracht. Erstens unterscheiden sich die in den beiden Monte-Carlo-Studien verwendeten Generierungsmethoden. Cheung nutzt die approximative ARMA-Methode, die als vierte Methode in Abschnitt 3.2 vorgestellt wurde. Die eigenen Monte-Carlo-Simulationen basieren hingegen auf der in Abschnitt 3.2 diskutierten, exakten Generierungsmethode von McLeod und Hipel. Zum zweiten liegen Cheungs Untersuchungen doppelt so viele Replikationen zugrunde. Dabei macht Cheung allerdings keine Angaben darüber, ob sich die 1000 Replikationen

Tabelle 5.3: EIGENSCHAFTEN VERSCHIEDENER SCHÄTZVERFAHREN BEI VORLIEGEN EINES ARFIMA(1,d,1)-PROZESSES DER LÄNGE $T = 100$ MIT $\alpha_1 = 0,3$, $d = 0,15$ UND $\beta_1 = 0,3$

	Schätzverfahren						
	Geweke/ Porter-Hudak Verf.	exakte ML		approximative ML			
		μ bekannt	μ unbekannt	approximativer Whittleschätzer			Whittleschätzer
					Datentaper: Kosinus	Datentaper: Trapez	
Verzerrung	0,0625	-0,1206	-0,3224	-0,3214	-0,3692	-0,3518	
	0,0460[a]			- 0,4638[b]			-0,3662[c]
MSE	0,0857	0,0726	0,1731	0,1922	0,2259	0,2139	
	0,1007[a]			- 0,3406[b]			0,2402[c]
Macht	0,1670	0,2470	0,0851	0,3114	0,2553	0,2724	
	0,1162[a]			-0,4631[b]			0,3280[c]

Zur Ermittlung der Werte, die mit [a] [b] [c] versehen sind, wurden in eigenen Monte-Carlo-Simulationen $N = 500$ Replikationen mit Generierungsmethode 2 durchgeführt. Bei den mit [b] bezeichneten Werten konvergierten davon 498 Simulationen und bei den mit [c] markierten Ergebnissen 434 Simulationen. Alle anderen Werte sind den Tabellen 4.2.N, 4.3.N, 4.4.N, 4.5.N, 4.6.N und 4.7.N von Cheung [29, 1990] entnommen. Sie basieren auf 1000 Simulationen. Cheung macht keine Angaben darüber, ob sich die Zahl der Simulationen auf die Zahl der konvergenten Replikationen $\tilde{N}$ oder auf die Anzahl tatsächlich durchgeführter Replikationen N bezieht.

auf die Zahl der konvergenten Wiederholungen $\tilde{N}$ oder der insgesamt durchgeführten Replikationen N bezieht.

Es stellt sich an dieser Stelle die Frage, weshalb nicht alle Schätzungen auf der Basis des approximativen Whittleschätzers konvergieren. Verantwortlich hierfür ist das Verhalten des Whittleschätzers bzw. von dessen Approximation, wenn eine Realisation eines ARFIMA-Prozesses geschätzt wird, die keine oder nur eine sehr schwache stochastische Struktur aufweist. Abgesehen von erratischen Schwankungen, zeigt dann das Periodogramm dieser Realisation als empirisches Analogon zur Spektraldichte tendenziell einen waagrechten Verlauf[10]. Berechnet man den approximativen Whittleschätzer an 1000 Fourierfrequenzen ω_t unter der Voraussetzung eines waagrechten Periodogramms $I(\omega) = 1$ über ein Gitter von variierenden AR(1)- und MA(1)-Parameter für einen festen Intermediate/Long Memory-Parameter $d = 0,15$, erhält man Abbildung 5.1. Sowohl α_1 als auch β_1 variieren dabei von -0,5 bis 0,5 in Schritten von 0,1. Abbildung 5.1 macht deutlich, daß es bei einer Minimierung der abgebildeten Funktion zu einem gegenseitigen Aufschaukeln des AR(1)- und des MA(1)-Parameters kommen kann, wobei der eine Parameter gegen unendlich, der andere Parameter gegen minus unendlich strebt, so daß es dann zu keiner Konvergenz in der Nähe der wahren Parameterwerte kommt[11]. Aufgrund dieser Überlegungen ist davon auszugehen, daß in Cheungs [29, 1990] Monte-Carlo-Experimenten ebenfalls nichtkonvergierende Schätzungen aufgetreten sind, die jedoch nicht genannt werden.

Die im Vergleich zur exakten Maximum-Likelihood-Methode größere Macht des approximativen Whittleschätzers bei Kenntnis des Mittelwertes, wie sie aus den Tabellen 5.2 und 5.3 ersichtlich wird, ist mit dem Zusammenhang zwischen Macht und Verzerrung zu erklären, der im Unterabschnitt 5.1.1 über die Kriterien zur Beurteilung von Schätzeigenschaften dargestellt wurde. In beiden Fällen bewirkt ceteris paribus der Anstieg der Verzerrung über d hinaus einen Anstieg der Macht. Dieser positiv wirkende Einfluß wird allerdings vom Anstieg der tatsächlichen Parametervarianz von 0,0519 auf 0,0771 im Fall des ARFIMA(1,d,0)-Prozesses bzw. von 0,0581 auf 0,0889 im Fall des ARFIMA(1,d,1)-Prozesses abgeschwächt, aber nicht zum Verschwinden gebracht[12]. Diese Ergebnisse hinsichtlich der Macht zweier Schätzverfahren machen abermals deutlich, daß die Macht eines Tests alleine keine zuverlässige Beurteilung eines Schätzverfahrens erlaubt, da eine kleine wie eine große Macht hauptsächlich vom Ausmaß der Verzerrung abhängen kann. Konsequenterweise sollten t-Werte zumindest dann mit Vorsicht interpretiert werden, wenn "wenig", also 100 oder 200 Beobachtungen zur Verfügung stehen.

---

[10] Vgl. hierzu die Spektraldichte des Weißen Rauschens (2.40).

[11] Das Problem nichtkonvergenter Schätzungen tritt auch auf, wenn ein Modell überparametrisiert wird. Für die Klasse der ARMA-Modelle liefern Deistler, Dunsmuir und Hannan [42, 1978] eine theoretische Analyse der Auswirkungen von Überparametrisierung. Vgl. dazu auch Abschnitt 5.3.

[12] Genaugenommen ist die Veränderung der geschätzten Parametervarianz entscheidend. Da über sie keine Information vorliegt, wird sie durch die tatsächliche Parametervarianz angenähert. Damit die Vergleichbarkeit gewährleistet ist, werden für den approximativen Whittleschätzer die Ergebnisse von Cheung [29, 1990] herangezogen.

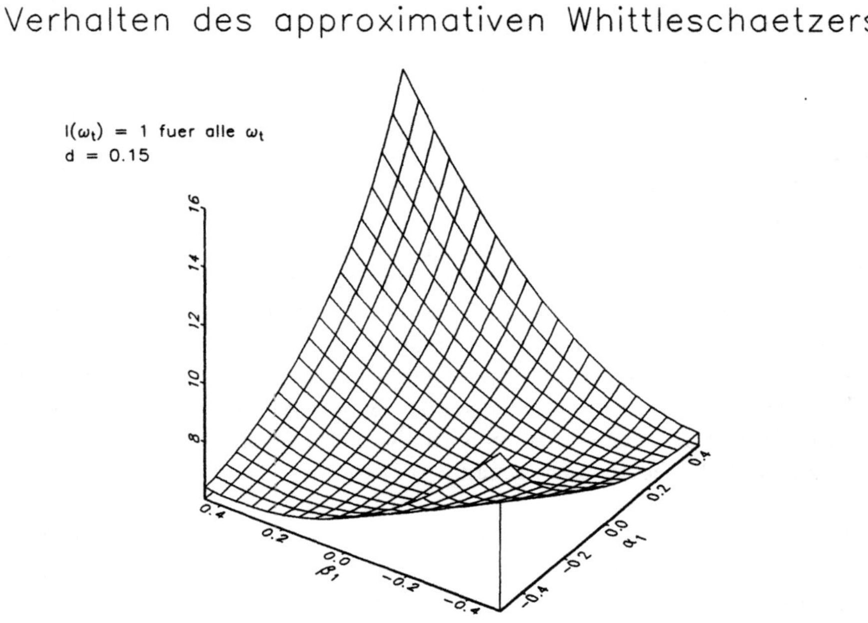

Abbildung 5.1: VERHALTEN DES APPROXIMATIVEN WHITTLESCHÄTZERS

Sowell [178, 1992] analysiert die Verzerrung und die Wurzel der mittleren quadratischen Abweichung des Geweke/Porter-Hudak-Verfahrens, des exakten Likelihood-Verfahrens bei Kenntnis des Mittelwerts und den approximativen Whittleschätzer. Dabei bestätigt er Cheungs Ergebnis, demzufolge bei Anwendung der exakten Likelihoodfunktion sowohl Verzerrung als auch mittlere quadratische Abweichung am geringsten sind. Im Gegensatz zu Cheung [29, 1990] berücksichtigt Sowell [178, 1992]) in den ausgewählten ARFIMA(1,d,0)- und ARFIMA(0,d,1)-Prozessen mit Long Memory auch negative Short Memory-Parameter. Deshalb werden in Tabelle 5.4 Sowells [178, 1992, Table 2 und 3] Ergebnisse für die beiden Maximum-Likelihood-Methoden zusammengefaßt, die sich bei der Schätzung der am Anfang dieses Abschnitts genannten ARFIMA-Prozesse ergaben[13]. Seine Monte-Carlo-Ergebnisse basieren auf 100 Replikationen bei einer Zeitreihenlänge von 100. Über die Generierungsmethode macht Sowell [178, 1992] keine Angaben.

[13]Seine Ergebnisse für gemischte Intermediate und Short Memory-Prozesse werden dabei nicht angegeben.

Tabelle 5.4: SCHÄTZEIGENSCHAFTEN DES EXAKTEN MAXIMUM-LIKELIHOOD-VERFAHRENS BEI KENNTNIS VON μ UND DES APPROXIMATIVEN WHITTLE-SCHÄTZERS BEI VORLIEGEN VERSCHIEDENER ARFIMA(1,d,0)- UND ARFIMA(0,d,1)-PROZESSE MIT $T = 100$

Parameter			exakte ML mit bekanntem μ		approximativer Whittleschätzer	
α_1	d	β_1	Verz.	$\sqrt{MSE}$	Verz.	$\sqrt{MSE}$
-0,8	0,3	0,0	-0,033	0,089	-0,073	0,103
-0,3	0,3	0,0	-0,026	0,096	-0,109	0,240
0,2	0,3	0,0	-0,096	0,197	-0,521	0,303
0,7	0,3	0,0	-0,137	0,155	-0,154	0,147
0,0	0,3	-0,8	-0,180	0,245	-0,515	0,277
0,0	0,3	-0,3	-0,064	0,142	-0,178	0,185
0,0	0,3	0,5	-0,012	0,088	-0,050	0,117
0,0	0,3	0,9	-0,007	0,065	-0,043	0,096

Die Ergebnisse für die ARFIMA(1,d,0)- und ARFIMA(0,d,1)-Prozesse sind den Tabellen 4 und Table 5 in Sowell [178, 1992] entnommen. Die Zahl der Beobachtungen ist jeweils 100. Allen Ergebnissen liegen 100 Replikationen zugrunde. Man beachte, daß bei Sowell das AR-Polynom $\tilde{\alpha}(B) = 1+\alpha_1 B+\alpha_2 B^2+\ldots+\alpha_p B^p$ definiert wird, so daß die Vorzeichen bei den AR-Parametern vertauscht wurden, um Konsistenz mit der hier verwendeten Definition (2.50) zu gewährleisten. Über die Generierungsmethode macht Sowell [178, 1992] keine Angaben.

Eine Betrachtung von Tabelle 5.4 verdeutlicht, daß die größten Verzerrungen und mittleren quadratischen Abweichungen bei Vorliegen eines ARFIMA(1,d,0)-Prozesses mit $\alpha_1 = 0,2$ und $d = 0,3$ bzw. eines ARFIMA(0,d,1)-Prozesses mit $d = 0,3$ und $\beta_1 = -0,8$ auftreten. Damit ist Cheungs [29, 1990] Schlußfolgerung nicht korrekt, derzufolge bei Long Memory-Prozessen mit einem AR-Parameter der Anstieg der Verzerrung und der mittleren quadratischen Abweichung größer ist als bei Long Memory-Prozessen mit einem MA-Parameter.

Um auszuschließen, daß Sowells Ergebnisse auf die geringe Zahl an Replikationen zurückzuführen sind, werden mit dem approximativen Whittleschätzer eigene Monte-Carlo-Simulationen mit $N = 500$ Replikationen durchgeführt, wobei die AR- bzw. MA-Parameter so verändert werden, daß die Absolutbeträge der Parameterwerte für negative wie positive Werte identisch sind[14]. Außerdem wird wie

[14] Eine Abweichung von Sowells [178, 1992] Short Memory-Parameterwerten erfolgt, um in Abschnitt 5.2 die aus den Tabellen 5.4 und 5.5 ersichtliche Struktur der Entwicklung der Schätzkriterien in Abhängigkeit des simulierten Prozesses besser erklären zu können.

in den bisherigen Studien auch die mittlere quadratische Abweichung verwendet. Die Ergebnisse sind in Tabelle 5.5 enthalten, die außerdem die entsprechenden Ergebnisse für den Whittleschätzer angibt. Zusätzlich wird die Macht eines jeden Schätzverfahrens bezüglich der Nullhypothese $d = 0$ berechnet. Sowells Ergebnisse werden durch die in den Spalten acht und neun angegebenen Resultate aus den eigenen Monte-Carlo-Simulationen bestätigt.

In den Spalten sieben und elf wird darüber hinaus die Zahl der konvergenten Schätzungen $\tilde{N}$ angegeben, aus denen jeweils die Schätzkriterien berechnet werden. Auffallend ist hier der ARFIMA(0,d,q)-Prozeß, der eine vergleichsweise geringe Konvergenzhäufigkeit besitzt. Wie sich zeigen wird, führt diese Parametrisierung mit zu den größten Verzerrungen innerhalb der zweiparametrigen ARFIMA-Modelle. Inwieweit zwischen dieser Tatsache und dem auffällig schlechten Konvergenzverhalten ein Zusammenhang besteht, kann allerdings gegenwärtig nicht geklärt werden.

Tabelle 5.5: SCHÄTZEIGENSCHAFTEN DES WHITTLESCHÄTZERS UND DESSEN APPROXIMATION BEI VORLIEGEN VERSCHIEDENER ARFIMA(1,d,0)-, ARFIMA(0,d,1)- UND ARFIMA(1,d,1)-PROZESSE MIT $T = 100$

Parameter			Whittleschätzer				approx. Whittleschätzer			
α_1	d	β_1	Verz.	MSE	Macht	$\tilde{N}$	Verz.	MSE	Macht	$\tilde{N}$
-0,8	0,3	0,0	-0,0659	0,0162	0,6767	498	-0,0660	0,0173	0,6626	498
-0,3	0,3	0,0	-0,1116	0,0438	0,4251	494	-0,1047	0,0404	0,4327	483
0,3	0,3	0,0	-0,2572	0,1354	0,1756	444	-0,2964	0,1709	0,2176	432
0,8	0,3	0,0	-0,0571	0,0261	0,1471	476	-0,0606	0,0265	0,1603	468
0,0	0,3	-0,8	-0,2260	0,1100	0,1539	247	-0,2922	0,1493	0,1293	232
0,0	0,3	-0,3	-0,1437	0,0493	0,0858	466	-0,1456	0,0532	0,0891	460
0,0	0,3	0,3	-0,0769	0,0223	0,5150	499	-0,0765	0,0238	0,5110	499
0,0	0,3	0,8	-0,0556	0,0143	0,7084	463	-0,0505	0,0148	0,7186	498
0,3	0,3	0,3					-0,4003	0,2798	0,3157	415
-0,3	0,3	-0,3					-0,1670	0,0788	0,0773	466

Alle ARFIMA-Prozesse wurden mit Generierungsmethode 2 erzeugt. Es wurden 500 Replikationen durchgeführt. Zur Berechnung der Verzerrung, der mittleren quadratischen Abweichung und der Macht wurden nur die Schätzungen herangezogen, deren Hessematrix invertierbar war. Deren Anzahl $\tilde{N}$ ist jeweils in der letzten Spalte angegeben.

Um die Wirkung von zwei Short Memory-Parametern auf die Schätzeigenschaften des approximativen Whittleschätzers hin zu untersuchen, werden zwei ARFIMA(1,d,1)-Prozesse simuliert. Als Grundlage dienen zwei ARFIMA(1,d,0)-Prozesse, denen jeweils ein im Wert identischer MA-Parameter hinzugefügt wurde. Dazu gehören die Parameterkonstellation $\alpha_1 = 0,3$ und $d = 0,3$, die unter den

ARFIMA(1,d,0)-Prozessen die schlechtesten Schätzeigenschaften aufweist und die Konstellation mit $\alpha_1 = -0,3$. Wie aus Tabelle 5.5 zu ersehen ist, erhöhen sich in beiden Fällen im Vergleich zu den jeweiligen ARFIMA(1,d,0)-Prozessen Verzerrung und mittlere quadratische Abweichung nochmals beträchtlich.

Damit lassen die Ergebnisse auf Grundlage von ARFIMA(p,d,q)-Prozessen keinen Zusammenhang zwischen AR- sowie MA-Parametern und Long Memory-Parameter erkennen, der das jeweilige Ausmaß von Verzerrung und mittlerer quadratischer Abweichung erklären kann. Ein derartiger Zusammenhang existiert jedoch und wird in Abschnitt 5.2 erörtert.

Lassen sich durch Verwendung des Whittleschätzers (4.26) die Schätzeigenschaften bei Vorliegen von mehrparametrigen Long Memory-Prozessen verbessern? Nach einem Vergleich der Spalten acht und fünf in den Tabellen 5.2 und 5.3, kommt man hinsichtlich dieser Frage zu einem positiven Ergebnis, denn wie bereits ausgeführt wurde, ist die vergleichsweise große Macht des approximativen Whittleschätzers auf dessen große Verzerrung zurückzuführen. In diesen Tabellen sind die Schätzeigenschaften aller sieben Schätzverfahren bei Vorliegen eines ARFIMA(1,d,0)-Prozesses mit $\alpha_1 = 0,3$ und $d = 0,15$ und eines ARFIMA(1,d,1)-Prozesses mit $\alpha_1 = 0,3$, $d = 0,15$ und $\beta_1 = 0,3$ enthalten. Da Cheungs [29, 1990] Studie andere Zufallszahlen zugrundeliegen, ist ein Vergleich des Whittleschätzers mit den exakten Likelihoodschätzern weniger aussagekräftig. Doch auch hier schneidet der Whittleschätzer zumindest für den ARFIMA(1,d,0)-Prozeß sehr gut ab, sofern der Mittelwert geschätzt werden muß.

Werden allerdings die Ergebnisse aus Tabelle 5.5 mitberücksichtigt, so muß diese Aussage eingeschränkt werden, denn es zeigt sich, daß die Verwendung des Whittleschätzers nur dann die Verzerrung und mittlere quadratische Abweichung reduziert, wenn ARFIMA(p,d,q)-Prozesse geschätzt werden sollen, die bei Verwendung des approximativen Whittleschätzers besonders schlechte Schätzeigenschaften aufweisen. Zu dieser Kategorie gehören auch die beiden ARFIMA-Prozesse, die den Ergebnissen in den Tabellen 5.2 und 5.3 zugrundeliegen. In diesen Fällen verbessern sich die Schätzeigenschaften beträchtlich. Wie aus Tabelle 5.2 zu ersehen ist, reduzieren sich im Vergleich zur Verwendung des approximativen Whittleschätzers im Fall des ARFIMA(1,d,0)-Prozesses die Verzerrung um 19,8% und die mittlere quadratische Abweichung um 27,0%, wenn jeweils die eigenen Monte-Carlo-Simulationen herangezogen werden. Liegt der ARFIMA(1,d,1)-Prozeß vor, so geht, wie aus Tabelle 5.3 ersichtlich ist, die Verzerrung um 25,0% zurück und die mittlere quadratische Abweichung um 30,2%. Betrachtet man Tabelle 5.5, die nur Prozesse mit $d = 0,3$ enthält, zeigt sich, daß für größere d die Verbesserung der Schätzeigenschaften bei Verwendung des Whittleschätzers etwas weniger gravierend, aber immer noch nennenswert ist.

Damit ergibt sich abschließend für die Schätzung von ARFIMA(p,d,q)-Prozessen bei 100 Beobachtungen folgendes Bild. Ist der Mittelwert bekannt, werden mittels der exakten Maximum-Likelihood-Methode mit Abstand die besten Ergebnisse erzielt. Muß der Mittelwert dagegen geschätzt werden, ist das Bild nicht einheitlich. Ist ein ARFIMA-Prozeß zu schätzen, der eine große Verzerrung und mittlere quadratische Abweichung induziert, so lassen sich diese beträchtlich reduzieren, wenn der Whittleschätzer verwendet wird. In diesen Fällen macht sich bemerkbar, daß der Whittleschätzer die verfügbare Information besser ausnutzen kann und die in Abschnitt 4.2.2 geäußerten Erwartungen erfüllt. Ansonsten unterscheiden sich die Schätzeigenschaften vom Whittleschätzer und dessen Approximation kaum. Vergleicht man die Schätzeigenschaften des approximativen Whittleschätzers und der exakten Likelihoodfunktion, läßt sich kein eindeutiges Urteil fällen, da je nach Größe von d das eine oder das andere Verfahren die besseren Schätzeigenschaften aufweist.

Darüber hinaus machen die verschiedenen Monte-Carlo-Simulationen deutlich, daß bei 100 Beobachtungen t-Werte zum Testen auf Vorliegen von Weißem Rauschen mit Vorsicht verwendet werden sollten, da diese häufig durch stark verzerrte Parameterschätzungen ebenfalls stark verzerrt sind und so leicht eine nichtvorhandene Signifikanz vortäuschen können. Speziell wurde argumentiert, daß die Macht eines Tests auf Vorliegen der Nullhypotheses $\hat{d} = 0$ umso größer ist, je größer der Absolutwert der Summe aus der erwarteten Parameterverzerrung und dem wahren Parameterwert, bzw. der Absolutwert von $E[\hat{\theta}_i]$ ist. Auch muß festgestellt werden, daß die statistische Absicherung der Existenz von schwachem Long Memory bei einer Zahl von 100 Beobachtungen im allgemeinen problematisch ist, da die Macht aller Verfahren im Durchschnitt gering ist, zumindest wenn der Mittelwert geschätzt werden muß. Schließlich ist bei der Schätzung von ARFIMA-Spezifikationen zu beachten, daß bei 100 oder 200 Beobachtungen in einer Zeitreihe die Parameterschätzung von d wegen der Verzerrung häufig im Bereich von Intermediate Memory liegt, obwohl schwaches Long Memory in einem ARFIMA(p,d,q)-Prozeß vorliegt. Wie in Abschnitt 3.1 gezeigt wurde, zeichnen sich jedoch Intermediate Memory-Prozesse mit negativem d im Vergleich zu Long Memory-Prozessen mit positivem d durch einen völlig anderen Verlauf der Spektraldichte aus.

Damit ist die Beschreibung der Schätzeigenschaften der verschiedenen Schätzverfahren abgeschlossen. Eine Identifikation der Faktoren, die Verzerrung und mittlere quadratische Abweichung hauptsächlich beeinflussen, erfolgte dabei nicht. Da deren Kenntnis für die empirische Arbeit hilfreich sein kann, werden im folgenden Abschnitt 5.2 die Faktoren analysiert, die das Ausmaß der Verzerrung der Parameterschätzung von d beeinflussen.

5.2 Determinanten der Verzerrung des Intermediate/Long Memory- Parameters bei der Schätzung von ARFIMA-Modellen

Dieser Abschnitt untersucht die Faktoren, die die Schätzung des Intermediate/Long Memory-Parameters d verzerren, aus zwei unterschiedlichen Perspektiven. Zum einen wird in Unterabschnitt 5.2.1 gefragt, inwieweit die beobachteten Verzerrungen von der a priori verfügbaren Information über die zu analysierende Zeitreihe abhängen, die unabhängig von der Spezifikation des ARFIMA(p,d,q)-Modells ist. Zum anderen wird in Unterabschnitt 5.2.2 analysiert, inwieweit die Spezifikation der Parameter von ARFIMA(1,d,0)- und ARFIMA(0,d,1)-Prozessen das Ausmaß der Verzerrungen beeinflußt.

5.2.1 Einfluß der a priori verfügbaren Information

Um das sehr unterschiedliche Ausmaß von Verzerrung und mittlerer quadratischer Abweichung verstehen zu können, ist es notwendig, die Arbeitsweise des Whittleschätzers (4.26) und dessen Approximation (4.32) genauer zu betrachten. Drei Faktoren bestimmen Verzerrung und mittlere quadratische Abweichung bei Anwendung des approximativen Whittleschätzers, wobei zwei Faktoren auch bei Verwendung des Whittleschätzers Verzerrungen auslösen können. Alle drei Faktoren sind leicht zu benennen, wenn man die Schreibweise des Whittleschätzers

$$\tilde{\sigma}_T^2(\theta) = \sum_{\tau=-T+1}^{T-1} \frac{1}{2\pi}\tilde{\gamma}(\tau) \int_{-\pi}^{\pi} \frac{1}{g(\omega;\theta)} e^{-i\tau\omega} d\omega \qquad (4.26)$$

auf Basis der empirischen Autokovarianzfunktion $\tilde{\gamma}(\tau)$ zugrundelegt:

Faktor (A) ergibt sich aus der Approximation der exakten Likelihoodfunktion (4.11) durch (4.22), die wie in Abschnitt 4.2.2 beschrieben, durch die Approximation der Determinante und durch Vereinfachung der Kovarianzmatrix in (4.11) entsteht,

Faktor (B) bezeichnet potentielle Verzerrungen, die bei der Schätzung der empirischen Autokovarianzfunktion $\tilde{\gamma}(\tau)$ entstehen,

Faktor (C) gibt die Verzerrungen an, die sich aus der Approximation des Whittleschätzers ergeben, bei der das Integral in (4.26) durch die Summe (4.37)

$$\sum_{u=1}^{T-1} \frac{2\pi}{T} \frac{1}{g(\omega_u;\theta)} e^{-i\tau\omega}$$

ersetzt wird.

In diesem Abschnitt wird nun versucht zu klären, welcher Anteil der beobachteten Verzerrungen bei der Schätzung des Intermediate/Long Memory-Parameters den einzelnen Faktoren (A) bis (C) zuzuordnen ist. Eine Analyse dieser Einflußfaktoren auf die Größe der mittleren quadratischen Abweichung kann dann auf den in diesem Abschnitt erzielten Ergebnissen aufbauen. Eine solche Untersuchung findet allerdings im Rahmen dieser Arbeit nicht statt.

Analysiert man als erstes die Verzerrungen durch die Approximation der exakten Likelihood (Faktor (A)), stellt man fest, daß diese klein sind. Zu diesem Ergebnis gelangt man, indem man den Whittleschätzer (4.26) direkt auf die theoretische Autokovarianzfunktion $\gamma(\tau)$ eines ARFIMA-Modells anwendet, d.h. $\tilde{\gamma}(\tau) = \gamma(\tau)$ voraussetzt. Die theoretische Autokovarianzfunktion $\gamma(\tau)$ läßt sich dabei mit einem der in Abschnitt 3.1 beschriebenen Verfahren berechnen. Bei der Analyse von Tabelle 5.5 im vorhergehenden Abschnitt wurde festgestellt, daß die Verzerrung der Parameterschätzung von d unabhängig vom verwendeten Schätzverfahren sehr durch die Short Memory-Komponente einer Zeitreihe beeinflußt wird. Um herauszufinden, inwieweit diese Tatsache durch die Approximation der Likelihoodfunktion verursacht wird, werden alle in Tabelle 5.5 analysierten ARFIMA(p,d,q)-Modelle nochmals unter der oben getroffenen Voraussetzung $\tilde{\gamma}(\tau) = \gamma(\tau)$ geschätzt. Die sich dabei ergebenden Verzerrungen sind in Tabelle 5.6 in der vierten Spalte enthalten. In der siebten Spalte dieser Tabelle sind zum Vergleich die Verzerrungen des Whittleschätzers (4.26) und dessen Approximation (4.32), die bei den Monte-Carlo-Studien beobachtet und bereits in Tabelle 5.5 dargestellt sind, angegeben. Vergleicht man beide Spalten, so zeigt sich, daß die Verzerrungen bei der Verwendung des Whittleschätzers nur zu einem geringen Teil aus der Approximation der Likelihoodfunktion resultieren können. Daraus folgt, daß der größte Anteil der Verzerrungen bei Verwendung des Whittleschätzers auf die verzerrte Schätzung der empirischen Autokovarianzfunktion $\tilde{\gamma}(\tau)$ (Faktor (B)) entfällt.

Im folgenden werden deshalb die Determinanten der Verzerrungen, die bei der Schätzung von $\tilde{\gamma}(\tau)$ entstehen, genauer untersucht. Dazu ist es hilfreich, den

Erwartungswert der empirischen Autokovarianzfunktion $\tilde{\gamma}(\tau)$ zu betrachten[15]

$$E[\tilde{\gamma}(\tau)] = (1 - \frac{|\tau|}{T})(\gamma(\tau) - Var[\bar{x}]). \tag{5.4}$$

Aus Gleichung (5.4) wird ersichtlich, daß der Erwartungswert für endliche T verzerrt ist. Drei Faktoren spielen hier eine Rolle:

Faktor (B.a): die Zahl der Beobachtungen T,

Faktor (B.b): die Größe des Lags τ,

Faktor (B.c): die Größe der Varianz der Schätzung des Mittelwertes der Zeitreihe $Var[\bar{x}]$.

Da, wie aus Gleichung (7.2) weiter unten zu sehen ist, $Var[\bar{x}]$ mit $T \to \infty$ gegen Null geht, wird die Verzerrung für ansteigendes T kleiner, so daß die Wirkung von Faktor (B.a) nicht weiter untersucht werden muß. Der letzte Faktor (B.c), d.h. die Varianz der Mittelwertschätzung $Var[\bar{x}]$, ist nur bei Verwendung der exakten Maximum-Likelihood-Methode relevant, da für sie eine Schätzung des Mittelwertes μ erforderlich ist. Die Berechnung des Whittleschätzer und dessen Approximation ist hingegen unabhängig von der Größe des Mittelwertes. Dies läßt sich sehen, wenn der Whittleschätzer auf Basis des Periodogramms (4.27) betrachtet wird, da für Frequenzen ungleich Null das Periodogramm unabhängig vom Mittelwert[16] und der Wert des Integrals in (4.27) unabhängig von $I_T(0)$ ist.

---

[15]Diese Beziehung ergibt sich, indem der Erwartungswert der unverzerrten Schätzung der Autokovarianzfunktion $\tilde{\gamma}^*(\tau) = \frac{1}{T-|\tau|}\sum_{t=1}^{T-|\tau|}(x_t - \bar{x})(x_{t+|\tau|} - \bar{x})$ (vgl. Priestley [165, 1981, S. 322, (5.3.12)])

$$E[\tilde{\gamma}^*(\tau)] = \gamma(\tau) - Var[\bar{x}] \tag{5.3}$$

und die Beziehung zwischen der verzerrten und unverzerrten Schätzung der Autokovarianzfunktion

$$T\tilde{\gamma}(\tau) = (T - |\tau|)\tilde{\gamma}^*(\tau)$$

bei der Bildung des Erwartungswertes von $\tilde{\gamma}(\tau)$ berücksichtigt werden.

[16]Dies läßt sich folgendermaßen zeigen. Wird in die Definition des Periodogramms (4.3) die empirische Autokovarianzfunktion (4.4) eingesetzt und werden die Indices substituiert und umgeformt, erhält man

$$\begin{aligned} I_T(\omega) &= \frac{1}{2\pi T}\Bigg[\sum_{s=1}^{T}\sum_{m=1}^{T} x(s)x(m)e^{-i(s-m)\omega} - \bar{x}\sum_{s=1}^{T} x(s)e^{-is\omega}\sum_{m=1}^{T} e^{im\omega} \\ &- \bar{x}\sum_{m=1}^{T} x(m)e^{im\omega}\sum_{s=1}^{T} e^{-is\omega} + \bar{x}^2\sum_{m=1}^{T} e^{im\omega}\sum_{s=1}^{T} e^{-is\omega}\Bigg]. \end{aligned} \tag{5.5}$$

Berücksichtigt man nun, daß $\sum_{m=1}^{T} e^{im\omega} = \sum_{s=1}^{T} e^{-is\omega} = 0$ für $\omega \neq 0$ gilt, fallen in (5.5) die Terme mit $\bar{x}$ heraus. Vgl. hierzu auch Brockwell und Davis [24, 1991, S. 334].

Tabelle 5.6: AUSMASS DER VERZERRUNGEN BEI ANWENDUNG DES WHITTLE-SCHÄTZERS UND DESSEN APPROXIMATION UNTER VERSCHIEDENEN INFORMATIONSANNAHMEN BEI VORLIEGEN VERSCHIEDENER ARFIMA(1,d,0)- UND ARFIMA(0,d,1)-PROZESSE

Parameter			Whittleschätzer			approximativer
α_1	d	β_1	$\gamma(\tau)$	$E[\tilde{\gamma}(\tau)]\|_\mu$	MC	MC
-0,8	0,3	0,0	0,0086	-0,0090	-0,0659	-0,0660
-0,3	0,3	0,0	0,0104	0,0150	-0,1116	-0,1047
0,3	0,3	0,0	0,0180	0,0191	-0,2572	-0,2964
0,8	0,3	0,0	0,0143	-0,0624	-0,0571	-0,0606
0,0	0,3	-0,8	0,0095	-0,0161	-0,2260	-0,2922
0,0	0,3	-0,3	0,0201	0,0185	-0,1437	-0,1456
0,0	0,3	0,3	0,0099	0,0149	-0,0769	-0,0765
0,0	0,3	0,8	0,0073	0,0129	-0,0556	-0,0505

Die Verzerrungen der Schätzung von d, die sich bei den Monte-Carlo-Simulationen ergaben, sind der vierten und achten Spalte der Tabelle 5.5 im vorhergehenden Abschnitt entnommen.

Damit bleibt ausschließlich die Wirkung von Faktor (B.b) zur Analyse übrig. Aus Gleichung (5.4) ergibt sich, daß für gegebenes T mit zunehmendem Lag τ die theoretischen Autokovarianzen stärker unterschätzt werden. Dies ist eine direkte Konsequenz aus der Tatsache, daß die Zahl der Beobachtungen für die Schätzung von $\tilde{\gamma}(\tau)$ für $\tau \rightarrow T-1$ gegen Eins geht, aber in der Gleichung der empirischen Autokovarianzfunktion (4.4) die daraus resultierende Summe trotzdem durch T dividiert wird. Um den Einfluß von Faktor (B.b) auf die Verzerrung der Parameterschätzung von d zu bestimmen, wird der Whittleschätzer auf den Erwartungswert der empirischen Autokovarianzen gemäß (5.4) angewandt, wobei jeglicher Einfluß durch die Schätzung des Mittelwertes (Faktor (B.c)) aufgrund obiger Argumentation ausgeschlossen werden kann, indem $Var[\bar{x}] = 0$ gesetzt wird. Die Ergebnisse sind in der fünften Spalte in Tabelle 5.6 enthalten. Wie sich auf der Basis dieser Analyse zeigt, sind die durch den Faktor (B.b) verursachten Verzerrungen ähnlich gering wie die Verzerrungen durch Faktor (A).

Es ist also weder die Approximation der Likelihoodfunktion, noch die Verwendung der verzerrten Autokovarianzfunktion, noch die Varianz der Mittelwertschätzung für die Erklärung des Verzerrungsverhaltens des Whittleschätzers entscheidend. Umgekehrt läßt sich daraus schließen, daß die Verwendung der exakten Maximum-Likelihood-Methode nur dann eine nennenswerte Reduzierung der Parameterverzerrungen impliziert, wenn der Mittelwert einer Zeitreihe bekannt ist.

Welche Größen sind dann für die beobachteten Parameterverzerrungen des Whittleschätzers in Spalte sechs in Tabelle 5.6 verantwortlich? Ein vielversprechender, wenngleich bisher nicht betrachteter Faktor ist die Parameterstruktur des wahren ARFIMA(p, d, q)-Prozesses. Bevor deshalb diese Größe in Unterabschnitt 5.2.2 analysiert wird, soll jedoch noch der Einfluß der Approximation (4.32) des Whittleschätzers auf die Größe der Verzerrungen (Faktor (C)) betrachtet werden. Vergleicht man in Tabelle 5.6 den empirisch bestimmten Erwartungswert der Verzerrung des Whittleschätzers (4.26) in Spalte sechs und das Analogon des approximativen Whittleschätzers (4.32) in Spalte sieben, wird deutlich, daß durch die Approximation des Whittle schätzers dann eine weitere Erhöhung der Verzerrungen verursacht wird, wenn die Verzerrungen bereits bei Verwendung des Whittleschätzers besonders groß sind. Im Fall des ARFIMA(0,d,1)-Prozesses mit $d = 0,3$ und $\beta_1 = 0,3$ steigt die Verzerrung der Schätzung von d um 13,2% an, im Fall des ARFIMA(0,d,1)-Prozesses mit $d = 0,3$ und $\beta_1 = -0,8$ um 29,3%. Dies ist nicht überraschend, da sich der Informationsverlust durch die Approximation gerade bei schwierig zu schätzenden Prozessen besonders bemerkbar macht. In solchen Fällen sollte also auf alle Fälle der Whittleschätzer verwendet und die höhere Rechenzeit in Kauf genommen werden.

Im Gegensatz zum Whittleschätzer ist für dessen Approximation es jedoch nicht sinnvoll, die Auswirkungen verschiedener Informationsannahmen zu untersuchen. So kann die Vorgabe der wahren Autokovarianzfunktion zu negativen Periodogrammwerten führen. Dies liegt daran, daß dann die Schätzung der Spektraldichte durch das Periodogramm insofern verzerrt ist, als daß zwar für die Zahl der Beobachtungen die Autokovarianzen genauer bekannt sind, aber weiterhin alle Autokovarianzen mit $\tau > T$ bei der Schätzung der Spektraldichte vernachlässigt werden. Eine Schätzung mittels des approximativen Whittleschätzers auf Basis des Periodogramms (4.32)

$$\hat{\sigma}_T(\theta) = \frac{2\pi}{T} \sum_{u=1}^{T-1} \frac{I_T(\omega_u)}{g(\omega_u;\theta)}$$

ist dann nicht durchführbar.

5.2.2 Einfluß der Parameterspezifikation auf das Ausmaß der Verzerrungen

Betrachtet man die Verzerrungen sowohl bei Verwendung des Whittleschätzers (4.26) als auch dessen Approximation (4.32) im einzelnen, stellt man fest, daß das Ausmaß der Verzerrungen in beiden Fällen sehr von der Art des Short Memory-

Prozesses abhängt. Dabei zeigt sich, daß die Verzerrungen keineswegs proportional zur Stärke des Short Memory des analysierten Prozesses sind, weil z.B. der ARFIMA(0,d,1)-Prozeß mit $d = 0,3$ und $\theta_1 = -0,8$, der unter den untersuchten Prozessen das kleinste Short Memory aufweist, mit die größte Verzerrung impliziert. Um für die empirische Arbeit eine zuverlässigere Beurteilung von potentiell verzerrten Schätzergebnissen zu ermöglichen, wird im folgenden auf einer intuitiven Ebene gezeigt, daß das Muster der beobachteten Verzerrungen durch folgende zwei Faktoren erklärt werden kann:

Faktor ($\mathcal{A}$): die Ähnlichkeit der Basisprozesse, aus denen der ARFIMA(p,d,q)-Prozeß zusammengesetzt ist.

Faktor ($\mathcal{B}$): die Gegensätzlichkeit der Basisprozesse, aus denen der ARFIMA (p,d,q)-Prozeß zusammengesetzt ist

Zunächst ist zu definieren, was unter einem Basisprozeß verstanden werden soll. Als Basisprozeß eines ARFIMA(p,d,q)-Prozesses werden im folgenden der AR(p)-, der ARFIMA(0,d,0)- und der MA(q)-Prozeß bezeichnet, aus denen sich der ARFIMA(p,d,q)-Prozeß zusammensetzt. Zwei Basisprozesse werden dabei als umso ähnlicher bezeichnet, je eher ein Basisprozeß den anderen Basisprozeß approximieren kann. Aus Abschnitt 3.1 ist nun bekannt, daß der ARFIMA(0,d,0)-Basisprozeß sowohl eine AR(∞)- (3.15) als auch eine MA(∞)-Repräsentation (3.8) besitzt und damit sowohl durch einen AR(p)- als auch durch einen MA(q)-Prozeß approximiert werden kann. Die Approximation ist dabei umso genauer, je eher die Parameter des AR(p)- oder des MA(q)-Prozesses den ersten p bzw. q Parametern der AR(∞)- bzw. MA(∞)-Repräsentation entsprechen. Im einfachsten Fall eines ARFIMA(1,d,0)-Prozesses heißt das dann, daß sich die Basisprozesse AR(1) und ARFIMA(0,d,0) am ähnlichsten sind, wenn $\alpha_1 = d$ ist[17].

Darüber hinaus gilt, daß ein AR(p)-Prozeß einen ARFIMA(0,d,0)-Prozeß immer besser approximieren kann als ein MA(q)-Prozeß gleicher Ordnung, d.h. $p = q$, da die Autokovarianzen des AR(p)-Prozesses auch für Lags größer p nicht Null sind und deshalb der AR(p)-Prozeß eher die Autokovarianzfunktion eines ARFIMA(0,d,0)-Prozesses annähern kann.

Es ist nun zu erwarten, daß die Verzerrungen der Parameterschätzungen umso größer sind, je ähnlicher die Basisprozesse eines ARFIMA(p,d,q)-Prozesses

[17]Der Grad an Ähnlichkeit könnte auch über die Autokovarianzfunktion der einzelnen Prozesse definiert werden. Allerdings ist dann nicht klar, wie die einzelnen Autokovarianzen für verschiedene Lags gewichtet werden sollten. Diese Definition wurde deshalb nicht gewählt. Das heißt allerdings nicht, daß die Autokovarianzfunktion als weitere Determinante zur Bestimmung des Ähnlichkeitsgrades nicht hilfreich wäre.

sind. Der Grund hierfür ist, daß die in einer Zeitreihe vorgefundene stochastische Struktur nicht eindeutig den einzelnen Basisprozessen zugewiesen werden kann. Die Folge ist, daß der eine Basisprozeß die tatsächlich vorliegende Struktur überschätzen kann, weil diese Überschätzung dann gleichzeitig durch die anderen Basisprozesse wieder ausgeglichen werden kann.

Analysiert man jetzt die Ähnlichkeit der Basisprozesse aller der in Tabelle 5.6 untersuchten ARFIMA(p,d,q)-Prozesse, folgt aus dieser Argumentation, daß sich die Basisprozesse des ARFIMA(1,d,0)-Modells mit $\alpha_1 = 0,3$ und $d = 0,3$ am ähnlichsten sind. Deshalb sollte dieser ARFIMA(1,d,0)-Prozeß gemäß obiger Argumentation die vergleichsweise größten Verzerrungen aufweisen. Neben dem ARFIMA(0,d,1)-Prozeß mit $d = 0,3$ und $\beta_1 = -0,8$ zeigt dieser Prozeß in der Tat die größten Verzerrungen.

Das Schätzverhalten bei Vorliegen des ARFIMA(0,d,1)-Prozesses mit $d = 0,3$ und $\beta_1 = -0,8$ kann allerdings nicht mit der Ähnlichkeit der Basisprozesse (Faktor ($\mathcal{A}$)) erklärt werden, denn dessen Basisprozesse weisen die geringste Ähnlichkeit aller analysierten ARFIMA(p,d,q)-Prozesse auf. In diesem Fall ist die starke Gegensätzlichkeit der Basisprozesse (Faktor ($\mathcal{B}$)) für das Auftreten der großen Verzerrungen verantwortlich. Zwei Basisprozesse werden als umso gegensätzlicher bezeichnet, je stärker ein Basisprozeß zu einer Auslöschung der Wirkung des anderen Basisprozesses führt. Betrachtet man einen ARFIMA(0,d,1)-Prozeß, so sind alle Autokovarianzen des MA(1)-Basisprozesses mit $\tau > 1$ gleich Null, die Autokovarianzfunktion des ARFIMA(0,d,0)-Prozesses klingt hingegen nach (3.13) hyperbolisch ab. Führt eine Mischung beider Basisprozesse nun dazu, daß die Autokovarianzfunktion des ARFIMA(0,d,1)-Prozesses nur sehr kleine Autokovarianzen für Lags größer Eins aufweist, so ist zu erwarten, daß die Schätzung des Intermediate/Long Memory-Parameters stark verzerrt sein wird.

Um den Grad der Auslöschung des ARFIMA(0,d,0)-Basisprozesses festzustellen, ist es hilfreich, zunächst von zwei stationären Prozessen $\{X_t\}$ und $\{Y_t\}$ auszugehen, für die gilt

$$X_t = \theta(B)Y_t,$$

wobei $\theta(B)$ einen linearen Filter bezeichnet. Zwischen den Autokovarianzfunktionen dieser Prozesse $\gamma_X(\tau)$ und $\gamma_Y(\tau)$ gilt dann die Beziehung[18]

$$\gamma_X(\tau) = \theta(B)\theta(B^{-1})\gamma_Y(\tau). \tag{5.6}$$

Da der stationäre ARFIMA(0,d,1)-Prozeß $\{X_t\}$ ($d < 0,5$)

$$(1-B)^d X_t = \beta(B)\varepsilon_t$$

als MA-Prozeß

$$X_t = \beta(B)Y_t \tag{5.7}$$

[18] Vgl. zur Ableitung dieser Beziehung beispielsweise Priestley [165, 1981, S. 280f., (4.12.58b)].

eines fraktional differenzierten Rauschens $Y_t = (1-B)^{-d}\varepsilon_t$ aufgefaßt werden kann, beschreibt die Beziehung (5.6) den Zusammenhang zwischen der Autokovarianzfunktion des ARFIMA(0,d,1)-Prozesses und des ARFIMA(0,d,0)-Basisprozesses

$$\gamma_X(\tau) = \beta_1\gamma_Y(\tau-1) + (1+\beta_1^2)\gamma_Y(\tau) + \beta_1\gamma_Y(\tau+1). \qquad (5.8)$$

Man sieht nun in (5.8), daß die Autokovarianzen des ARFIMA(0,d,1)-Prozesses umso kleiner werden, je kleiner β_1 wird. Setzt man für $d = 0,3$, für $\beta_1 = -0,8$ und für $\sigma_\varepsilon = 1$, so ist $\gamma_X(10) = 0,0081$ und damit im Vergleich zu $\gamma_Y(10) = 0,2274$ ca. 28-mal kleiner. Der stark negative MA(1)-Basisprozeß löscht also die Wirkung des ARFIMA(0,d,0)-Prozesses nahezu aus. Dies ist der Grund, weshalb die Verzerrungen bei der Schätzung des ARFIMA(0,d,1)-Prozesses mit diesen Parametern so groß sind.

Es bleibt nun nur noch zu klären, weshalb bei der Schätzung des ARFIMA (1,d,0)-Prozesses mit $\alpha = -0,8$ und $d = 0,3$ nicht Ähnliches passiert. Dies liegt daran, daß der AR(1)-Basisprozeß keine auslöschende Wirkung aufweist, da der AR(1)-Prozeß einen unendlichen MA-Prozeß repräsentiert, dessen Parameter mit Hilfe von (2.53) berechnet werden können. So entspricht die Autokovarianzfunktion des ARFIMA(1,d,0)-Prozesses nach (5.8) einer unendlichen Summe aus den Autokovarianzen des fraktional differenzierten Prozesses. Als Folge davon ist $\gamma_X(10)$ des ARFIMA(1,d,0)-Prozesses mit $\alpha_1 = -0,8$ gleich 0,2661, also 33-mal so groß wie die entsprechende Autokovarianz des ARFIMA(0,d,1)-Prozesses.

Für die empirische Arbeit ist nun entscheidend, daß die Ähnlichkeit der Basisprozesse umso größer ist, je weniger gegensätzlich die Basisprozesse sind und umgekehrt. Das bedeutet, daß bei der Schätzung des Intermediate/Long Memory-Parameters d die Verzerrungen umso größer werden, je stärker sich das Verhältnis der Basisprozesse einem der beiden Extreme nähert, d.h. die Basisprozesse entweder besonders ähnlich oder besonders gegensätzlich werden. Dabei sei noch einmal in Erinnerung gerufen, daß dies nur für den Fall gilt, daß der Mittelwert einer Zeitreihe geschätzt werden muß.

Faßt man die Analyse der Schätzeigenschaften der verschiedenen Maximum-Likelihood-Methoden in kürzeren Zeitreihen zusammen, ergibt sich folgendes Bild. Ist der Mittelwert der Zeitreihe bekannt, sollte unbedingt die exakte Maximum-Likelihood-Methode verwendet werden. Ist der Mittelwert nicht gegeben, kann durch Verwendung des Whitleschätzers die Invertierung der Kovarianzmatrix vermieden werden, ohne daß es zu nennenswerten Einbußen in der Schätzqualität kommt. Sind darüber hinaus die Basisprozesse weder sehr ähnlich, noch sehr gegensätzlich, kann durch Inkaufnahme einer marginalen Erhöhung von Verzerrung und mittlerer quadratischer Abweichung sogar die Approximation des Whittleschätzers verwendet werden. Bei großer Gegensätzlichkeit oder Ähnlichkeit der Basisprozesse erzielt man hingegen mit dem Whittleschätzer die relativ besten Ergebnisse, wenngleich dann unabhängig von der Wahl des Schätzverfahrens die Schätzung des Intermediate/Long Memory-Parameters wie auch der Short Memory-Parameter grundsätzlich stärker verzerrt sind.

5.3 Identifikation von fraktional differenziertem Rauschen

In den bisherigen Analysen über die Zuverlässigkeit der Schätzung von Long Memory wird immer vorausgesetzt, daß die zugrundeliegende stochastische Struktur korrekt spezifiziert ist. Gerade diese Voraussetzung ist aber in der empirischen Arbeit selten erfüllt. In diesem Abschnitt wird deshalb diese Annahme aufgehoben. Dabei zeigt sich, daß die Schätzung des Intermediate/Long Memory-Parameters d sehr empfindlich auf die vorgegebene Ordnung der AR- und MA-Polynome, d.h. die Spezifikation des ARFIMA(p,d,q)-Modells reagiert. Zur Illustration dieser Tatsache sind in Tabelle 5.7 die Mittelwerte der Parameterschätzungen eines ARFIMA(0,d,0)-Prozesses mit $d = 0,1$ und $T = 200$ mittels des approximativen Whittleschätzers (4.32) für 17 verschiedene ARFIMA(p,d,q)-Spezifikationen angegeben. Dabei werden alle AR- und MA-Polynome der Ordnung zwei oder kleiner berücksichtigt. In der letzten Spalte von Tabelle 5.7 ist die Zahl der tatsächlich konvergenten Replikationen $\tilde{N}$ angegeben. Dabei wird deutlich, daß mit steigender Überparametrisierung die Konvergenzhäufigkeit $\tilde{N}$ zurückgeht. Dies gilt insbesonders für ARFIMA-Spezifikationen mit gleicher AR- und MA-Ordnung. Die Ursache hierfür ist das gegenseitige Aufschaukeln der Parameterschätzungen, das anhand von Abbildung 5.1 in Unterabschnitt 5.1.3 beschrieben wurde. Wie aus Tabelle 5.7 ersichtlich wird, ist die Häufigkeit des gegenseitigen Aufschaukelns besonders dann hoch, wenn die ARFIMA-Spezifikation die Möglichkeit gemeinsamer Wurzeln von AR- und MA-Polynom zuläßt. Betrachtet man nun in Tabelle 5.7 die Mittelwerte der Schätzungen des Intermediate/Long Memory-Parameters d, zeigt sich, daß die Mittelwerte innerhalb eines großen Bereichs von (-0,347;0,074) liegen, wobei das Ergebnis von 0,074 für die korrekte Spezifikation dem wahren Wert $d = 0,1$ am nächsten kommt. Vor allem Spezifikationen mit mehreren ARMA-Parametern führen dabei im Durchschnitt zur Schätzung von negativen Mittelwerten. Die Wahl einer derartigen Spezifikation würde also irrtümlicherweise die Existenz von Intermediate Memory mit einer Spektraldichte am Ursprung von Null suggerieren, obwohl tatsächlich Long Memory mit einer am Ursprung gegen Unendlich gehenden Spektraldichte vorliegt.

Bei der Schätzung von ARFIMA(p,d,q)-Modellen ist es darüber hinaus im Gegensatz zu einigen ARMA-Modellen nicht möglich, daß ein gegebener Prozeß durch verschiedene Spezifikationen mit einer ähnlichen Anzahl von Parametern,

Tabelle 5.7: MITTELWERTE DER PARAMETERSCHÄTZUNGEN EINES ARFIMA(0,d,0)-PROZESSES MIT $d = 0,1$ UND $T = 200$ FÜR 17 VERSCHIEDENE ARFIMA(p,d,q)-SPEZIFIKATIONEN

	Parameterschätzungen					
Modellspezif.	α_1	α_2	d	β_1	β_2	$\tilde{N}$
A(0,0,1)				0,092		500
A(0,0,2)				0,095	0,043	500
A(0,d,0)			0,073			500
A(0,d,1)			0,040	0,051		500
A(0,d,2)			0,011	0,079	0,041	500
A(1,0,0)	0,098					500
A(1,0,1)	0,192			-0,098		408
A(1,0,2)	0,134			-0,040	0,049	384
A(1,d,0)	0,097		-0,007			496
A(1,d,1)	0,159		-0,140	0,065		413
A(1,d,2)	0,206		-0,223	0,100	0,038	397
A(2,0,0)	0,095	0,033				500
A(2,0,1)	0,130	0,039		-0,037		385
A(2,0,2)	0,143	-0,019		-0,036	0,019	222
A(2,d,0)	0,234	0,006	-0,150			491
A(2,d,1)	0,179	0,058	-0,217	0,117		365
A(2,d,2)	0,264	-0,044	-0,396	0,214	0,161	223

Allen Ergebnissen liegen 500 durchgeführte Replikationen zugrunde. In der letzten Spalte ist die Zahl der konvergenten Schätzungen $\tilde{N}$ angegeben, aus denen die Mittelwerte berechnet wurden. Zur Generierung der Daten wurde Methode 2 verwendet. Die Schätzung erfolgt mit dem approximativen Whittleschätzer (4.32).

aber unterschiedlichen Parameterwerten erfaßt werden kann, denn wie mit Gleichung (3.13) in Abschnitt 3.1 gezeigt wurde, wird der Intermediate oder Long Memory-Charakter eines stochastischen Prozesses ausschließlich durch den Parameter d bestimmt – außer die Ordnung des AR- oder MA-Teils wäre sehr groß, so daß eine Approximation der AR(∞)-Repräsentation (3.15) des ARFIMA(p,d,q)-Modells geschätzt werden würde. Damit ist die Möglichkeit ähnlicher Spezifikationen ausgeschlossen, sobald der einer Zeitreihe zugrundeliegende Prozeß zusätzlich durch eine Long Memory-Struktur gekennzeichnet ist. Dies gilt natürlich auch für reine Long Memory-Prozesse.

Einer korrekten Modellselektion kommt deshalb bei Vorliegen von Long Memory eine entscheidende Bedeutung zu. Im Rahmen der traditionellen ARMA-Modelle erfolgt die Modellselektion, indem verschiedene ARMA(p,q)-Modelle mit unterschiedlichen Kombinationen von p und q geschätzt werden und diese Modelle dann mit Hilfe geeigneter Auswahl- oder Selektionskriterien bewertet werden. Das Modell mit den besten Bewertungen wird dann gewählt. Zur Selektion von Short Memory-Prozessen sind verschiedene Selektionskriterien in der Literatur vorgeschlagen und theoretisch begründet worden. Zwei dieser Kriterien, das AIC und das Schwarz-Kriterium wurden auch zur Selektion der besten ARFIMA-Alternative herangezogen[19]. Ihre Anwendung wurde bisher jedoch weder durch theoretische Überlegungen noch durch Monte-Carlo-Simulationen gerechtfertigt. In diesem Abschnitt wird deshalb versucht, die möglichen Effekte verschiedener Selektionskriterien im Rahmen einer Monte-Carlo-Studie zu untersuchen[20]. In dem Bestreben, in einem ersten Schritt unnötige Komplikationen durch die Mischung von Short und Long Memory zu vermeiden, wird der Schwerpunkt dabei auf die Selektion von fraktional differenziertem Rauschen gelegt. Um potentiell falsche Schlußfolgerungen aufgrund dieser Beschränkung zu vermeiden, werden außerdem zwei ausgewählte ARFIMA(1,d,1)-Prozesse analysiert. Dabei wird sich zeigen, daß das Schwarz-Kriterium am besten geeignet ist, reine ARFIMA(0,d,0)-Prozesse zu identifizieren, hingegen bei gemischten Short- und Long Memory-Prozessen offensichtlich leicht versagen kann. In diesem Fall ist das AIC-Kriterium das geeignetere Kriterium. Ist Long Memory nur schwach ausgeprägt, ist die Selektion des korrekten Modells möglicherweise problematisch.

5.3.1 Selektionskriterien

Die Notwendigkeit für die Verwendung von Selektionskriterien ergibt sich aus der Tatsache, daß das Maximum der Likelihoodfunktion (4.11), das sich bei der Schätzung einer Modellspezifikation ergibt, grundsätzlich mit der Zahl der zu schätzenden Modellparameter zunimmt und so die Kenntnis der maximalen Likelihood alleine nicht ausreichend für eine korrekte Modellselektion ist. Eine Überparametrisierung eines stochastischen Prozesses erhöht somit zwar den Wert der Likelihoodfunktion, verbessert aber nicht die Modellierung des wahren Prozesses. Deshalb bewerten alle Selektionskriterien den Nutzen einer zunehmenden Likelihood im Verhältnis zu den Kosten einer wachsenden Parameterzahl. Die Unterschiede zwischen den Selektionskriterien finden sich dabei gerade in der Gewich-

[19] Sowell [179, 1992] verwendet sowohl das AIC als auch das Schwarz-Kriterium. Cheung [29, 1990] zieht ausschließlich ersteres heran.

[20] Für ARMA-Modelle hat Sneek [176, 1984] eine ausführliche Monte-Carlo-Studie über die Selektionseigenschaften verschiedener Selektionskriterien durchgeführt. Ein wesentlicher Bestandteil seiner Arbeit ist dabei, ein eindimensionales Distanzmaß einzuführen, gemäß dessen die verschiedenen Modellspezifikationen beurteilt und miteinander verglichen werden können. Auf die Einführung eines solchen Maßstabs kann in der vorliegenden Arbeit verzichtet werden, da, wie bereits ausgeführt, für die Darstellung des Intermediate/Long Memory-Parts keine alternative ARMA-Darstellung mit endlichem p und q existiert.

tung von Kosten und Nutzen[21]. In dieser Studie werden fünf Selektionskriterien verwendet. Da bei Verwendung des Whittleschätzer (4.26) oder dessen Approximation (4.32) die Maximierung der Likelihoodfunktion (4.11) der Minimierung der Varianz des Weißen Rauschens σ_ε^2 entspricht[22], sind alle Selektionskriterien in Abhängigkeit von der geschätzten Varianz des Weißen Rauschens $\hat{\sigma}_\varepsilon^2$ angegeben. Dies impliziert, daß die gewichtete Zahl der Parameter addiert und diejenige Modellspezifikation gewählt wird, deren Selektionskriterium den kleinsten Wert annimmt.

Bezeichnet man die Anzahl der Parameter im ARFIMA(p,0,q)-Fall mit $k = p+q$ und im ARFIMA(p,d,q)-Fall mit $k = p+1+q$, so lassen sich die verwendeten Selektionskriterien als Funktion der geschätzten Varianz des Weißen Rauschens $\hat{\sigma}_\varepsilon^2$, der Anzahl der Beobachtungen T, der Anzahl der Parameter k und der geschätzten Varianz des Prozesses $\hat{\gamma}_0$ ausdrücken. Die Selektionskriterien sind im einzelnen:

AIC (vgl. Schlittgen und Streitberg [172, 1989, S. 248])[23]:

$$AIC = T\ln(\hat{\sigma}_\varepsilon^2) + 2k \tag{5.9}$$

AICc (vgl. Hurvich, Shumway, Tsai [117, 1990, S.709])[24]:

$$AIC_C = T\ln(\hat{\sigma}_\varepsilon^2) + T\frac{1+k/T}{1-(k+2)/T} \tag{5.10}$$

(modified) BIC (vgl. Akaike [4, 1978]):

$$BIC = (T-k)\ln\frac{T\hat{\sigma}_\varepsilon^2}{T-k} + a\ln(T\hat{\gamma}_0 - T\hat{\sigma}_\varepsilon^2) - a\ln a \tag{5.11}$$

mit $\hat{\gamma}_0 = \sum_{t=1}^T (X_t - \frac{\sum_{t=1}^T X_t}{T})^2/T$ und $a = k$ in der Originalversion. In dieser Studie gilt jedoch $a = 1$, da der vorgeschlagene Wert $a = k$ in den durchgeführten Monte-Carlo-Studien sehr unbefriedigende Ergebnisse lieferte.

[21]Nicht alle Verfahren zur Modellselektion folgen diesem Prinzip. Beispiele hierfür sind Hannan und Rissanen [94, 1982], Tuan [184, 1988] oder das Likelihood-Dominanz-Kriterium von Pollak und Wales [162, 1991]. Einen umfassenden Überblicksaufsatz über verschiedene Verfahren, die Ordnung eines ARMA(p,q)-Prozesses zu bestimmen, haben Gooijer, Abraham, Gould und Robinson [82, 1985] geschrieben.

[22]Vgl. dazu Abschnitt 4.2.2.

[23]Das Akaike Information Criterion (AIC) hat Akaike in mehreren Aufsätzen in die Literatur eingeführt (z.B. [5, 1974] oder [6, 1981]).

[24]Diese Modifikation des AIC ist keineswegs die einzige. Hurvich, Shumway und Tsai [117, 1990] führen ein weitere AIC Modifikation ein, die allerdings komplizierter in der Anwendung ist. Pötscher [161, 1990] schlägt eine weitere Modifikation vor.

Schwarz-Kriterium (vgl. Schlittgen und Streitberg [172, 1989, S. 248])[25]:

$$SC = T\ln(\hat{\sigma}_\varepsilon^2) + k\ln T \tag{5.12}$$

Hannan-Quinn-Kriterium :

$$HQ = T\ln(\hat{\sigma}_\varepsilon^2) + 2kc\ln(\ln(T)), \qquad c > 1 \tag{5.13}$$

wobei Schlittgen und Streitberg [172, 1989, p. 248] $c = 1,0001$ vorschlagen[26].

5.3.2 Aufbau der Monte-Carlo-Studie

Die Monte-Carlo-Studie ist wie folgt aufgebaut. Für verschiedene Werte von d werden Zeitreihen unterschiedlicher Länge generiert. Zur Erzeugung der Zeitreihen wird die in Abschnitt 3.3 dargestellte Methode von McLeod und Hipel (Methode 2) verwendet, da sie zusammen mit der äquivalenten Methode von Hosking (Methode 3) theoretisch die besten Eigenschaften besitzt. Obwohl wie im vorhergehenden Abschnitt 5.1festgestellt, der Whittleschätzer (4.26) in den betrachteten Beispielen im allgemeinen den geringsten Bias und die geringste mittlere quadratische Abweichung auch im Vergleich zu den Schätzungen der exakten Likelihoodfunktion aufweist, sofern der Mittelwert der Zeitreihe geschätzt werden muß, ist er trotzdem für die hier durchgeführte Studie nicht geeignet, da seine Berechnung sehr rechenintensiv sein kann. Deshalb wird hier der approximative Whittleschätzer (4.32) verwendet. Da aus den im vorangegangenen Abschnitt zitierten Monte-Carlo-Studien bekannt ist, daß ein Datentaper nur bei großen, positiven d-Werten bessere Schätzeigenschaften aufweist, ansonsten aber durchaus schlechtere Resultate liefern kann, werden lediglich Long Memory-Prozesse mit verschiedenen Datentaper geschätzt.

Im einzelnen werden sechs Experimente durchgeführt. Für die ersten beiden Experimente werden jeweils neun ARFIMA(0,d,0)-Prozesse mit 100 bzw. 200 Beobachtungen erzeugt, wobei d von -0,4 bis 0,4 in Schritten von 0,1 variiert wird. Der Unterschied zwischen beiden Experimenten liegt in der Anzahl der alternativen Spezifikationen, die jeweils berücksichtigt werden. Im ersten Experiment werden insgesamt sieben Modelle geschätzt: ARFIMA(0,0,1), ARFIMA(0,d,0),

[25]Dieses Kriterium geht auf Schwarz [173, 1978] zurück. Ein Vergleich des AIC und des Schwarz-Kriteriums auf der Basis statistischer Theorie findet sich in Chow [35, 1981] oder Stone [180, 1979]. Die asymptotischen Eigenschaften dieser Kriterien bei Vorliegen eines ARMA-Modells analysiert Hannan [91, 1980]. Koehler und Murphree [122, 1988] vergleichen die Selektionseigenschaften beider Kriterien hinsichtlich der Prognoseeigenschaften der selektierten Prozesse.

[26]Dieses Kriterium wurde ursprünglich von Hannan und Quinn [93, 1979] vorgeschlagen.

..., ARFIMA(1,d,1). Das zweite Experiment umfaßt insgesamt siebzehn verschiedene Modellspezifikationen, wobei alle ARMA(p,q)- und ARFIMA(p,d,q)-Modelle berücksichtigt werden, deren AR- oder MA-Polynome maximal zweiter Ordnung sind. Um die Auswirkung längerer Zeitreihen abschätzen zu können, wurde außerdem ein ARFIMA(0,d,0)-Prozeß mit $d = 0,2$ der Länge 300 generiert und mit siebzehn Modellalternativen geschätzt.

Die Wirkung verschiedener Datentaper wird anhand von vier Long Memory-Prozessen der Länge 100 mit Werten für d von 0,1, 0,2, 0,3, 0,4 untersucht. Das fünfte Experiment umfaßt die Generierung zweier AR(1)-Prozesse mit $\alpha_1 = 0,1$ und $\alpha_1 = 0,9$. Schließlich werden zwei

ARFIMA(1,d,1)-Prozesse der Länge 100 mit den Parametern $\alpha_1 = 0,3, d = 0,15, \beta_1 = 0,3$ und $\alpha_1 = -0,3$, $d = 0,15$ und $\beta_1 = -0,3$ analysiert. Bei allen Experimenten werden $N = 500$ Replikationen durchgeführt.

5.3.3 Ergebnisse der einzelnen Monte-Carlo-Experimente

Wie groß sind die relativen Häufigkeiten, mit denen die fünf verschiedenen Selektionskriterien in den jeweiligen Experimenten den wahren Prozeß auswählen? In den Tabellen 5.8 und 5.9 finden sich die relativen Selektionshäufigkeiten für die beiden ersten Experimente. Dabei sind jedem Selektionskriterium jeweils zwei Spalten zugeordnet. In der jeweils ersten Spalte sind die relativen Häufigkeiten auf der Grundlage der sieben Modellalternativen ARFIMA(0, 0, 1) ARFIMA(1, 0, 0), ARFIMA(0,d, 0),..., ARFIMA(1, 1, 1) des ersten Experiments enthalten. Die Ergebnisse des zweiten Experiments, bei dem das wahre Modell aus ingesamt siebzehn verschiedenen Modellalternativen auszuwählen ist, sind in der jeweils zweiten Spalte angegeben. Dabei werden alle ARFIMA(p,d,q)-Modelle berücksichtigt, deren AR- und/oder MA-Polynome maximal zweiter Ordnung sind. Alle relativen Selektionshäufigkeiten wurden so ermittelt, daß bei einer nichtkonvergenten Schätzung den dazugehörigen Selektionskriterien der Wert $1e^{100}$ zugeordnet wurde. Der Fall einer nichtkonvergierenden Likelihoodfunktion ist dann aufgetreten, wenn eine höherparametrisierte ARFIMA(p,d,q)-Spezifikation geschätzt wurde, der wahre Prozeß jedoch nur schwaches Long Memory aufwies.

Ein häufiges Problem in der praktischen Arbeit mit ökonomischen Zeitreihen ist die geringe Zahl an Beobachtungen. Wie allerdings die Analyse der Schätzeigenschaften verschiedener ARFIMA-Schätzverfahren im vorhergehenden Abschnitt gezeigt hat, stellen 100 Beobachtungen die Untergrenze für eine zuverlässige Schätzung von Long Memory-Prozessen dar. Inwieweit gilt dies auch für die Selektion des wahren Modells? Betrachtet man in Tabelle 5.8 die relativen Selektionshäufigkeiten von einfachem fraktionalem Rauschen bei insgesamt sieben Modellalternativen und 100 Beobachtungen, zeigt sich, daß Intermediate Prozesse generell eine größere relative Selektionshäufigkeit aufweisen als Long Memory-Prozesse und zwar unabhängig von der Wahl des Selektionskriteriums. Weiterhin gilt, daß sich die relativen Selektionshäufigkeiten von Intermediate

Tabelle 5.8: SELEKTIONSHÄUFIGKEITEN VON SELEKTIONSKRITERIEN FÜR $T = 100$

	Selektionskriterien									
	AIC		*AICC*		*BIC*		*SC*		*HQ*	
d	7	17	7	17	7	17	7	17	7	17
-0,4	58,0	44,6	60,4	48,8	45,4	22,6	74,2	73,6	67,6	64,6
-0,3	55,8	41,8	57,4	46,6	43,8	21,6	70,0	68,8	64,2	60,2
-0,2	50,2	38,8	52,4	43,2	35,6	19,4	66,8	65,6	60,4	56,6
-0,1	40,8	31,6	43,0	34,8	29,6	18,4	55,2	54,0	49,8	46,6
0,1	32,4	22,0	16,4	24,4	28,4	22,2	38,6	36,8	36,8	33,2
0,2	34,0	25,8	35,0	27,2	24,6	16,6	43,0	40,6	40,4	37,0
0,3	33,4	25,2	34,0	27,4	17,8	12,2	48,2	46,2	43,0	39,0
0,4	29,4	24,2	32,2	27,4	12,6	9,2	51,6	49,4	43,2	39,6

Die Bewertung eines jeden Selektionskriteriums erfolgt jeweils in zwei Spalten, indem die Häufigkeit angegeben wird, mit der unter einer jeweils gegebenen Anzahl von alternativen Spezifikationen die vorgegebene Spezifikation eines ARFIMA(0,d,0)-Modells gewählt wird. Die jeweils erste Spalte enthält die Ergebnisse bei einer Anzahl von sieben Spezifikationen: ARFIMA(0, 0, 1) ARFIMA(1, 0, 0), ARFIMA(0,d, 0),..., ARFIMA(1,d, 1). Die Ergebnisse des zweiten Experiments, bei dem das wahre Modell aus ingesamt siebzehn verschiedenen Modellalternativen auszuwählen ist, sind in der jeweils zweiten Spalte angegeben. Dabei werden alle ARFIMA(p,d,q)-Modelle berücksichtigt, deren AR- und/oder MA-Polynome maximal zweiter Ordnung sind. In beiden Experimenten beträgt die Zahl der durchgeführten Replikationen $N = 500$. Alle Selektionshäufigkeiten sind in Prozent angegeben und werden so ermittelt, daß bei einer nichtkonvergenten Schätzung den dazugehörigen Selektionskriterien der Wert $1e^{100}$ zugeordnet wird. Alle Zeitreihen werden mit Methode 2 aus Abschnitt 3.3 erzeugt.

Memory-Prozessen verringern, je schwächer die Memory-Struktur des generierten Prozesses ist. Bei Long Memory-Prozessen ist der Rückgang der relativen Selektionshäufigkeit mit schwächer werdender Memory-Struktur hingegen nur für das Schwarz- und das Hannan-Quinn-Kriterium zu beobachten. Bei den beiden AIC Kriterien hingegen ist die relative Selektionshäufigkeit vom Ausmaß des Long Memory nahezu unabhängig.

Vergleicht man die relativen Selektionshäufigkeiten der fünf Selektionskriterien, stellt man fest, daß das Schwarz-Kriterium, gefolgt vom Hannan-Quinn-Kriterium, die besten Resultate erzielt. Die weitere Reihenfolge ist: modifiziertes AIC, AIC, BIC. Dabei ist anzumerken, daß alle drei verbleibenden Kriterien merklich schlechter abschneiden, wobei insbesondere das BIC Kriterium offensichtlich für die Identifikation von Intermediate oder Long Memory-Prozessen nicht geeignet ist. Es wird deshalb im folgenden nicht mehr explizit angesprochen.

Diese Aussagen bleiben qualitativ erhalten, wenn die Zahl der Modellalternativen auf siebzehn erhöht wird. Dabei ist bemerkenswert, daß die relativen Selektionshäufigkeiten sowohl bei Verwendung des Schwarz- als auch bei Verwendung des Hannan-Quinn-Kriteriums nicht wesentlich abnehmen, wie aus der jeweils zweiten Spalte in Tabelle 5.8 zu ersehen ist. So beträgt die relative Selektionshäufigkeit des Schwarz-Kriteriums immerhin noch 38,6%, wenn $d = 0,1$ gilt.

Tabelle 5.9: SELEKTIONSHÄUFIGKEITEN VON SELEKTIONSKRITERIEN FÜR $T = 200$

	Selektionskriterien									
	AIC		*AICC*		*BIC*		*SC*		*HQ*	
d	7	17	7	17	7	17	7	17	7	17
-0,4	67,0	53,8	67,6	54,6	52,6	29,8	91,0	89,8	81,2	74,2
-0,3	64,6	50,4	65,0	51,8	50,6	30,2	88,4	86,8	79,8	72,0
-0,2	61,4	47,2	62,2	49,2	47,2	28,6	86,0	84,8	76,2	69,4
-0,1	52,6	39,4	53,4	42,0	39,8	26,0	75,2	75,0	65,4	61,2
0,1	38,6	29,4	39,2	30,2	31,0	22,4	47,2	45,8	44,2	40,8
0,2	43,2	34,8	45,2	36,8	27,8	18,4	62,2	60,2	58,0	52,8
0,3	44,0	38,4	45,2	39,8	26,6	17,8	70,0	68,2	61,6	58,2
0,4	43,4	37,2	44,2	38,8	25,2	14,8	76,0	74,2	61,8	59,0

Für diese Tabelle gelten die bereits auf Seite 121 zu Tabelle 5.8 gemachten Bemerkungen.

Welchen Effekt auf die relativen Selektionshäufigkeiten hat nun die Verdoppelung der Zahl der Beobachtungen? Wie die Ergebnisse in Tabelle 5.9 deutlich machen, bleiben die bereits getroffenen Aussagen in qualitativer Hinsicht gültig. Beachtlich ist allerdings der Anstieg der relativen Selektionshäufigkeiten unabhängig von der Art des Selektionskriteriums. Die Identifikation von starken Intermediate Memory-Prozessen ist bei 200 Beobachtungen und der Verwendung des Schwarz-Kriteriums eine verläßliche Angelegenheit. Doch auch starke Long Memory-Prozesse werden bei siebzehn Alternativen in knapp drei Viertel aller Fälle korrekt identifiziert, wenn das Schwarz-Kriterium Anwendung findet. Selbst fraktional differenziertes Rauschen mit $d = 0,1$ wird in fast der Hälfte aller Fälle vom Schwarz-Kriterium korrekt gewählt. Auffallend ist, daß bei den beiden AIC Kriterien der Anstieg der relativen Häufigkeiten aufgrund der Verdoppelung der Beobachtungszahl wesentlich geringer ausfällt.

Dreihundert Beobachtungen eines ARFIMA(0,d,0)-Prozesses mit $d = 0,2$ liegen dem dritten Experiment zugrunde. Um einen besseren Vergleich der Auswirkungen unterschiedlicher Zeitreihenlängen zu ermöglichen, sind in Tabelle 5.10 die Selektionshäufigkeiten für diesen Prozeß für $T = 100, 200, 300$ zusammengefaßt. Dabei wird deutlich, daß bei einer Erhöhung der Beobachtungszahl von 200 auf 300 zwar der Anstieg der Selektionshäufigkeiten prozentual insgesamt geringer ausfällt, aber die Identifikation bei Verwendung des Schwarz-Kriteriums in mehr als 70% aller Fälle korrekt ist. Das legt den Schluß nahe, daß man bei einer weiter ansteigenden Zeitreihenlänge von einer recht zuverlässigen Selektion des wahren Prozesses ausgehen kann, sofern dieser fraktional differenziertem Rauschen entspricht.

Tabelle 5.10: SELEKTIONSHÄUFIGKEITEN EINES ARFIMA(0,d,0)-MODELLS MIT $d = 0,2$ FÜR ANSTEIGENDE T

	Selektionskriterien									
	AIC		*AICC*		*BIC*		*SC*		*HQ*	
T	7	17	7	17	7	17	7	17	7	17
100	34,0	25,8	35,0	27,2	24,6	16,6	43,0	40,6	40,4	37,0
200	43,2	34,8	45,2	36,8	27,8	18,4	62,2	60,2	58,0	52,8
300	46,4	40,0	47,2	41,4	31,6	21,0	70,2	69,6	63,6	60,0

Für diese Tabelle gelten die bereits auf Seite 121 zu Tabelle 5.8 gemachten Bemerkungen.

Tabelle 5.11: SELEKTIONSHÄUFIGKEITEN VERSCHIEDENER ARFIMA(0,d,0)-MODELLE BEI VERWENDUNG VERSCHIEDENER DATENTAPER MIT VERSCHIEDENEN a'S MITTELS DES SCHWARZ-KRITERIUMS FÜR $T = 100$ UND 17 ALTERNATIVEN SPEZIFIKATIONEN

	Datentaper			
	ohne	*Trapez*	*Kosinus*	
d\ a	0	0,1	0,1	0,25
d =0,1	36,8	37,2	36,8	32,2
0,2	40,6	39,8	39,4	38,4
0,3	46,2	45,4	45,6	46,4
0,4	49,4	49,8	49,2	51,4

Für diese Tabelle gelten die bereits auf Seite 121 zu Tabelle 5.8 gemachten Bemerkungen. Die Verwendung der Datentaper basiert auf den Gleichungen (4.30) und (4.31), die in Abschnitt 4.2.2 diskutiert werden.

Wie in Abschnitt 5.1 angesprochen, verbessern sich durch Anwendung eines Datentapers die Schätzeigenschaften bei Vorliegen von starkem Long Memory.

Die Frage ist nun, inwieweit sich diese Eigenschaft auch auf die relativen Selektionshäufigkeiten auswirkt. In diesem Experiment werden zum einen der Trapez-Datentaper (4.30) mit $a = 0,1$ und zum anderen der Kosinus-Datentaper (4.31) mit $a = 0,1$ und $a = 0,25$ berücksichtigt. Beide Datentaper wurden in Abschnitt 4.2.2 eingeführt. Betrachtet man Tabelle 5.11, in der die Selektionshäufigkeiten der vier Long Memory-Prozesse mit $T = 100$ bei Verwendung der verschiedenen Datentaper und des Schwarz-Kriteriums angegeben sind, zeigt sich, daß durch Anwendung eines Datentapers die Selektionshäufigkeiten im allgemeinen nicht erhöht werden können. Eine Ausnahme hierzu bildet lediglich der Kosinus-Datentaper mit $a = 0,25$, der für starkes Long Memory die Selektionshäufigkeit leicht erhöht.

Auch wenn die relativen Selektionshäufigkeien bei Zeitreihen mit 200 und mehr Beobachtungen vor allem bei Intermediate und starken Long Memory-Prozessen durchaus akzeptable Werte aufweisen, so ist es doch notwendig zu wissen, welche Fehlspezifikationen am häufigsten auftreten und wie gravierend der dadurch entstandene Identifikationsfehler ist. In den Spalten zwei bis neun in Tabelle 5.12 sind deshalb die relativen Selektionshäufigkeiten der vier generierten Long Memory-Prozesse aller siebzehn Spezifikationen des zweiten Experiments bei Anwendung des Schwarz-Kriteriums angegeben. Die Spalten zehn und elf dieser Tabelle enthalten Ergebnisse des fünften Experiments, das weiter unten besprochen wird. Die Wahl des Schwarz-Kriteriums begründet sich in dessen relativ bestem Abschneiden verglichen mit den vier weiteren Selektionskriterien. Stehen nur 100 Beobachtungen eines schwachen Long Memory-Prozesses zur Verfügung, ist den Spalten zwei und drei zu entnehmen, daß fälschlicherweise am häufigsten AR(1)- und MA(1)-Prozesse selektiert werden. Die ARFIMA(1,d,0)-, ARFIMA(2,d,0)- und AR(2)-Spezifikationen spielen lediglich bei 100 Beobachtungen eine nennenswerte Rolle. Wird das Long Memory stärker, konzentriert sich die Fehlselektion immer mehr auf den AR(1)-Prozeß. Da das Schwarz-Kriterium im Vergleich zum AIC niedrig parametrisierte Modelle bevorzugt, ist bei der Interpretation von Tabelle 5.12 zu beachten, daß die Fehlselektion bei Verwendung des AIC häufiger auch höherparametrisierte Spezifikationen enthalten würde. Ist beispielsweise ein ARFIMA(0,d,0)-Prozeß mit $d = 0,1$ und 100 Beobachtungen gegeben, wird vom AIC die ARFIMA(2,d,0)-Spezifikation in 16,4%, vom Schwarz-Kriterium hingegen in nur 4,6% aller Fälle selektiert, wobei das zweite Ergebnis aus Tabelle 5.12 entnommen ist.

Die Ergebnisse der Fehlselektion des Schwarz-Kriteriums sind plausibel. Das Schwarz-Kriterium ist dafür bekannt, daß es im Vergleich zum AIC eher Spezifikationen mit einer geringen Parameterzahl selektiert. Da der wahre Prozeß nur einen Parameter hat, vermeidet man bei Verwendung des Schwarz-Kriteriums in der Tat zuverlässig die irrtümliche Selektion höherparametrisierter Prozesse, sieht man von $d = 0{,}1$ bei $T = 100$ ab. Die mit steigendem d abnehmende Bedeutung des MA(1)-Prozesses ist ein Zeichen dafür, daß im Fall einer Fehlselektion ein Modell gewählt wird, daß dem wahren Prozeß möglichst ähnlich ist. Bereits im vor-

Tabelle 5.12: SELEKTIONSHÄUFIGKEITEN VERSCHIEDENER ARFIMA(0,d,0)- UND AR(1)-PROZESSE MITTELS DES SCHWARZ-KRITERIUMS

gesch.Mod.	generierte Modelle									
	ARFIMA(0,d,0)								*AR(1)*	
	$T = 100$				$T = 200$				$T = 100$	
	0.1	0.2	0.3	0.4	0.1	0.2	0.3	0.4	0.1	0.9
A(0,0,1)	22,6	16,8	10,6	3,8	21,2	7,2	2,2	0,6	24,6	0,0
A(0,0,2)	1,8	1,4	1,0	0,4	0,6	1,2	0,6	0,4	1,8	0,0
A(0,d,0)	36,8	40,6	46,2	49,4	45,8	60,2	68,2	74,2	28,2	2,6
A(0,d,1)	0,6	0,4	0,0	0,2	0,4	0,2	0,0	0,0	2,6	0,4
A(0,d,2)	0,0	0,0	0,0	0,0	0,0	0,0	0,2	0,2	0,0	0,0
A(1,0,0)	22,2	28,2	33,0	36,2	26,8	26,2	22,4	17,4	21,6	90,2
A(1,0,1)	0,0	0,2	0,4	1,6	0,0	0,4	1,6	2,6	0,0	0,0
A(1,0,2)	0,0	0,2	0,2	0,2	0,0	0,0	0,0	0,0	0,0	0,2
A(1,d,0)	9,6	6,2	2,4	2,6	3,4	2,8	1,8	1,0	13,0	0,2
A(1,d,1)	0,0	0,0	0,0	0,0	0,0	0,0	0,0	0,0	0,2	0,0
A(1,d,2)	0,0	0,0	0,0	0,0	0,0	0,0	0,0	0,0	0,0	0,0
A(2,0,0)	1,2	1,4	1,8	2,6	1,0	1,6	2,8	3,6	1,0	2,6
A(2,0,1)	0,0	0,0	0,0	0,0	0,2	0,0	0,0	0,0	0,0	0,0
A(2,0,2)	0,0	0,0	0,0	0,2	0,0	0,0	0,0	0,0	0,0	0,0
A(2,d,0)	4,6	4,0	3,8	2,6	0,6	0,2	0,2	0,0	6,2	3,2
A(2,d,1)	0,4	0,4	0,2	0,0	0,0	0,0	0,0	0,0	0,4	0,4
A(2,d,2)	0,2	0,2	0,4	0,2	0,0	0,0	0,0	0,0	0,4	0,2

Diese Tabelle gibt an, wie häufig – gegeben verschiedene ARFIMA(0,d,0)- und AR(1)-Prozesse unterschiedlicher Länge – die jeweiligen Spezifikationen der siebzehn Alternativen gewählt werden. Dabei werden alle ARFIMA(p,d,q)-Modelle berücksichtigt, deren AR- und/oder MA-Polynome maximal zweiter Ordnung sind. Die Zahl der Replikationen beträgt 500. Alle Selektionshäufigkeiten sind in Prozent angegeben und werden so ermittelt, daß bei einer nichtkonvergenten Schätzung den dazugehörigen Selektionskriterien der Wert $1e^{100}$ zugeordnet wird. Alle Zeitreihen werden mit Methode 2 aus Abschnitt 3.3 erzeugt.

hergehenden Abschnitt wurde argumentiert, daß bei gleicher Parametergröße ein AR(1)-Prozeß einem ARFIMA(0,d,0)-Prozeß ähnlicher ist als ein MA(1)-Prozeß, da der AR(1)-Prozeß eine unendliche Autokovarianzfunktion hat, der MA(1)-Prozeß dagegen nicht. Dies erklärt, weshalb für große d die MA(1)-Spezifikation kaum eine Rolle spielt. Ist d hingegen nahe dem Ursprung, so wirkt sich die unendliche Autokovarianzfunktion praktisch nicht aus und die AR(1)- bzw. MA(1)-Prozesse sind nahezu identisch, so daß ein Teil der Fehlselektion, die sonst das AR(1)-Modell betrifft, auch das MA(1)-Modell umfaßt. Zur Verdeutlichung der starken Ähnlichkeit von AR(1)- und MA(1)-Modell bei Parametern nahe dem Ursprung sind in Tabelle 5.13 einige Autokovarianzen eines ARFIMA(0,d,0)-Modells mit $d = 0{,}1$, eines AR(1)-Modells mit $\alpha_1 = 0{,}1$ und eines MA(1)-Modells mit $\beta_1 = 0{,}1$ angegeben. Es zeigt sich, daß bei dieser Parameterkonstellation der AR(1)- und der MA(1)-Prozeß nahezu identische Autokovarianzfunktionen besitzen. Die Autokovarianzfunktion des ARFIMA(0,d,0)-Prozesses weicht dagegen deutlich ab.

Tabelle 5.13: AUTOKOVARIANZEN VERSCHIEDENER ARFIMA(p,d,q)-MODELLE MIT $\alpha_1 = d = \beta_1 = 0{,}1$

	Autokovarianzen				
Prozeß	$\gamma(1)$	$\gamma(2)$	$\gamma(3)$	$\gamma(4)$	$\gamma(100)$
ARFIMA(0,d,0)	$0{,}1133\sigma_\varepsilon^2$	$0{,}0656\sigma_\varepsilon^2$	$0{,}0475\sigma_\varepsilon^2$	$0{,}0378\sigma_\varepsilon^2$	$0{,}0029\sigma_\varepsilon^2$
AR(1)	$0{,}1010\sigma_\varepsilon^2$	$0{,}0101\sigma_\varepsilon^2$	$0{,}0010\sigma_\varepsilon^2$	$0{,}0001\sigma_\varepsilon^2$	0
MA(1)	$0{,}1\sigma_\varepsilon^2$	0	0	0	0

Die Berechnung der Autokovarianzen erfolgt mit den Gleichungen (3.12) für den ARFIMA(0,d,0)-Prozeß, (2.54), (2.55) für den AR(1)-Prozeß und (2.47) für den MA(1)-Prozeß.

Eine hohe relative Selektionshäufigkeit des wahren fraktionalen differenzierten Rauschens ist nicht das einzige Kriterium, nach dem die Qualität eines Selektionskriteriums beurteilt werden sollte. Wesentlich ist auch die Wahrscheinlichkeit, gemäß der ein Intermediate/Long Memory-Modell selektiert wird, obwohl nur ein Short Memory-Prozeß vorliegt. Um auch derartige Wahrscheinlichkeiten durch relative Häufigkeiten zu bestimmen, werden im fünften Experiment zwei AR(1)-Prozesse mit $\alpha_1 = 0{,}1$ bzw. $\alpha_1 = 0{,}9$ generiert. Der erste Prozeß wird gewählt, weil sich die Autokovarianzfunktion des AR(1)-Prozesses dann von der Autokovarianzfunktion eines ARFIMA(0,d,0)-Prozesses, wie sich aus Tabelle 5.13 ersehen läßt, relativ wenig unterscheidet und so zu erwarten ist, daß häufig irrtümlich ein ARFIMA(0,d,0)-Modell selektiert wird. Bei $\alpha_1 = 0,9$ sollte dies jedoch nicht der Fall sein.

Betrachtet man die Spalten zehn und elf in Tabelle 5.12, werden diese Vermutungen bestätigt. Die relative Häufigkeit von 28,2%, mit der dem AR(1)-Prozeß mit $\alpha_1 = 0{,}1$ ein ARFIMA(0,d,0)-Prozeß zugeordnet wird, ist größer als die relative Häufigkeit von 21,6%, mit der der wahre Prozeß selektiert wird, sofern man nicht die relative Selektionshäufigkeit des MA(1)-Prozesses von 24,6% zu der relativen Selektionshäufigkeit des AR(1)-Prozesses hinzuaddiert. Letzteres ist aufgrund der großen Ähnlichkeit beider Prozesse, die auf der Basis von Tabelle 5.13 begründet wurde, durchaus gerechtfertigt. Steigt α_1 auf 0,9, beträgt die Selektion des wahren AR(1)-Modells dagegen 90%.

Vergleicht man in den Spalten zehn und zwei in Tabelle 5.12 die relativen Häufigkeiten, mit denen ein AR(1)-Prozeß mit $\alpha_1 = 0{,}1$ bzw. ein ARFIMA(0,d,0)-Prozeß mit $d = 0{,}1$ von den verschiedenen ARFIMA(p,d,q)-Alternativen selektiert wird, wird deutlich, daß die Selektion eines ARFIMA(0,d,0)-Modells bei 100 Beobachtungen mit einer hohen Wahrscheinlichkeit aus der Fehlidentifikation eines AR(1)-Prozesses resultieren kann, da letztere 28,2% beträgt. Die Schlußfolgerung hieraus ist, daß weder die korrekte Selektion eines AR(1)-Modells noch die eines ARFIMA(0,d,0)-Modells eine zuverlässige Angelegenheit darstellt, wenn die Parameter nahe Null sind und "nur" 100 Beobachtungen vorliegen.

Einen Vergleich der Selektionshäufigkeiten der wahren AR(1)-Prozesse bei Verwendung des Schwarz-Kriteriums mit den relativen Selektionshäufigkeiten, die aus der Benutzung der vier anderen Kriterien resultieren, enthält Tabelle 5.14. Auch hier gilt, daß das Schwarz-Kriterium die besten Selektionsergebnisse erzielt.

Tabelle 5.14: SELEKTIONSHÄUFIGKEITEN VON AR(1)-PROZESSEN DER LÄNGE $T = 100$ BEI 17 MODELLALTERNATIVEN

	Selektionskriterien				
α_1	*AIC*	*AICC*	*BIC*	*SC*	*HQ*
0,1	9,2	10,8	8,6	21,6	15,6
0,9	61,6	65,4	34,2	90,2	76,2

Siehe die Bemerkungen zu Tabelle 5.8 auf Seite 121.

Dies deckt sich mit den Ergebnissen aus den ersten beiden Experimenten[27].

Das sechste und letzte Experiment umfaßt die Analyse der relativen Selektionshäufigkeiten von zwei ARFIMA(1,d,1)-Prozessen mit jeweils 100 Beobachtungen. Die Parameterwahl erfolgt mit der Absicht, eine korrekte Modellselektion unter schwierigen Bedingungen zu untersuchen. Deshalb wird für beide Modelle

[27] Eine quantitative Beurteilung der Selektionshäufigkeiten des AR(1)-Prozesses mit $\alpha_1 = 0,1$ ist allerdings ohne die Betrachtung der Häufigkeiten, mit der der MA(1)-Prozeß gewählt wird, in gewissem Sinne unvollständig.

der Long Memory-Parameter $d = 0{,}15$ gesetzt, da für positive d nahe Null die Selektion am unsichersten ist[28]. Die Parameter des AR- und des MA-Basisprozesses werden so gewählt, daß die Short Memory-Komponente im ersten Fall die niedrigen Frequenzen und im zweiten Fall die hohen Frequenzen betont. Im ersten Fall wird $\alpha_1 = \beta_1 = 0{,}3$ gesetzt, da, wie im vorhergehenden Abschnitt 5.2 gezeigt wurde, die Verzerrung der Schätzung von d dann besonders groß ist, wenn α_1 nahe d ist. Dann ist zu erwarten, daß auch die Selektion des wahren Modells problematisch sein könnte. Weiter ist zu erwarten, daß eine korrekte Selektion durch die Gleichsetzung des AR- und des MA-Parameters zusätzlich erschwert wird, weil sich dann die zwei Short Memory-Basisprozesse am ähnlichsten sind[29].

Wie in Abschnitt 5.2 anhand des ARFIMA(0,d,1)-Prozesses mit $d = 0{,}3$ und β_1 = -0,8 gezeigt wird, reduzieren negative ARMA-Parameter die Wirkung des Long Memory-Parameters. Durch die Wahl von $\alpha_1 = \beta_1 = -0{,}3$ im zweiten Fall wird also das bereits schwache Long Memory weiter reduziert, so daß wiederum zu erwarten ist, daß die Identifikation einer Long Memory-Komponente problematisch ist.

Tabelle 5.15: SELEKTIONSHÄUFIGKEITEN VON ARFIMA(1,d,1)-PROZESSEN MIT $d = 0,15$ DER LÄNGE $T = 100$ BEI 17 MODELLALTERNATIVEN

	Selektionskriterien				
	AIC	*AICC*	*BIC*	*SC*	*HQ*
$\alpha_1 = \beta_1 = 0,3$	12,2	12,2	9,8	2,0	8,8
$\alpha_1 = \beta_1 = -0,3$	2,8	2,6	5,8	0,2	0,8

Siehe die Bemerkungen zu Tabelle 5.8 auf Seite 121.

Die Ergebnisse in Tabelle 5.15 bestätigen diese Erwartungen. Bei Verwendung des AIC wird der erste ARFIMA(1,d,1)-Prozeß mit $d = 0{,}15$ und $\alpha_1 = \beta_1 = 0{,}3$ lediglich in 12,2% aller Fälle, der zweite ARFIMA(1,d,1)-Prozeß mit gleichem d und $\alpha_1 = \beta_1 = -0{,}3$ nur in 2,8% aller Fälle korrekt selektiert. Mit der Ausnahme des BIC im zweiten Fall schneiden alle anderen Selektionskriterien schlechter ab. Daraus folgt einerseits, daß die korrekte Selektion komplizierter ARFIMA(p,d,q)-Prozesse bei einer geringen Anzahl von Beobachtungen äußerst problematisch sein kann, andererseits, daß das Schwarz-Kriterium zur Selektion komplizierter mehrparametriger Prozesse nicht geeignet ist, da es zur Unterparametrisierung neigt. Allerdings sei an dieser Stelle noch einmal darauf hingewiesen, daß die Auswahl der ARFIMA(1,d,1)-Prozesse mit dem Ziel erfolgte, diese möglichst schwer identifizierbar zu machen, so daß die Ergebnisse des sechsten Experiments den schwie-

[28] Vgl. dazu die Ergebnisse der Experimente Eins und Zwei.

[29] Man vergleiche hierzu die Argumentation in Abschnitt 5.2.

rigsten Fall dokumentieren, im allgemeinen aber eine größere Selektionshäufigkeit zu erwarten ist. Das Auftreten von Selektionsproblemen ist jedoch keine Besonderheit von fraktional integrierten ARMA-Modellen. So schreibt Sneek [176, 1984, S. 257], der eine ausführliche Monte-Carlo-Studie über die Selektion von ARMA-Modellen durchgeführt hat:

> "From our simulation results it follows that in empirical work one will seldomly be able to detect the correct model for the given process, even for $T = 100$. (...) Obviously this finding casts some doubt on the validity of the order of a selected model if both the AR and the MA part have order two or more, unless perhaps the roots on one side are very much apart from the roots on the other side or unless the number of observations is very large (several hundreds)."

Welche Spezifikationen werden dann stattdessen gewählt? Tabelle 5.16, die entsprechend Tabelle 5.12 aufgebaut ist, gibt hierüber Auskunft. Im ARFIMA (1,d,1)-Prozeß mit positiven Short Memory-Parametern wird anstelle des wahren Modells vom AIC das ARMA(1,1)-Modell und vom Schwarz-Kriterium das AR(1)-Modell am häufigsten gewählt. Sind die Short Memory-Parameter hingegen negativ, wählen beide Kriterien das AR(1)-Modell am häufigsten. Es zeigt sich also, daß beide Kriterien zu einer Unterparametrisierung neigen, die allerdings beim Schwarz-Kriterium stärker ausgeprägt ist[30]. Außerdem enthält keine der häufiger gewählten Fehlspezifikationen Long Memory. Dies ist ein deutliches Indiz dafür, daß schwaches Long Memory in "kurzen" Zeitreihen bei gleichzeitiger Präsenz von Short Memory äußerst schwer zu identifizieren ist.

Damit ist die Analyse der Ergebnisse der sechs Monte-Carlo-Experimente abgeschlossen. Die Ergebnisse der ersten fünf Experimente über die Identifikation von fraktional differenziertem Rauschen lassen sich folgendermaßen zusammenfassen: Insgesamt schneidet von den analysierten Selektionskriterien das Schwarz-Kriterium am besten ab. Die Selektion von Long Memory-Prozessen erfolgt damit bei Vorliegen von "kurzen" Zeitreihen mit 100 Beobachtungen in höchstens der Hälfte aller Fälle korrekt. Für die Selektion von Intermediate Memory gilt dies ausschließlich für d's nahe Null. Mit größer werdendem Long Memory steigt die relative Selektionshäufigkeit an. Bei einem entsprechenden Anstieg von Intermediate Memory kommt es sogar zu einem drastischen Anstieg der Selektionshäufigkeit. Ein größere Anzahl an Beobachtungen führt ebenfalls zu einer beträchtlichen Erhöhung der Selektionshäufigkeiten. Die Wahrscheinlichkeit einer irrtümlichen

[30] Dies deckt sich mit den Ergebnissen aus der Analyse der Selektionseigenschaften dieser Kriterien im Rahmen der ARMA-Modelle, denen zufolge bei Verwendung des Schwarz-Kriteriums eine größere Wahrscheinlichkeit besteht, ein unterparametrisiertes Modell zu selektieren. Vgl. hierzu Sneek [176, 1984, S. 271-2].

Tabelle 5.16: SELEKTIONSHÄUFIGKEITEN VON ZWEI ARFIMA(1,d,1)-PROZESSEN

gesch.Mod.	$d = 0,15$			
	$\alpha_1 = \beta_1 = 0,3$		$\alpha_1 = \beta_1 = -0,3$	
	AIC	Schwarz	AIC	Schwarz
A(0,0,1)	0,4	2,0	6,8	16,6
A(0,0,2)	4,4	5,2	11,6	4,2
A(0,d,0)	0,0	0,0	0,2	0,4
A(0,d,1)	5,8	6,8	1,8	0,0
A(0,d,2)	1,0	0,2	4,4	0,8
A(1,0,0)	9,0	43,5	41,7	75,8
A(1,0,1)	17,6	19,4	1,2	0,4
A(1,0,2)	10,8	1,8	3,4	0,8
A(1,d,0)	0,0	0,0	5,0	0,6
A(1,d,1)	12,2	2,0	2,8	0,2
A(1,d,2)	4,2	0,0	8,6	0,0
A(2,0,0)	14,8	17,8	3,4	0,2
A(2,0,1)	1,8	0,0	1,2	0,0
A(2,0,2)	1,4	0,0	1,0	0,0
A(2,d,0)	6,8	1,0	3,2	0,0
A(2,d,1)	8,4	0,2	2,6	0,0
A(2,d,2)	1,2	0,0	1,0	0,0

Diese Tabelle gibt an, wie häufig, gegeben zwei verschiedene ARFIMA(1,d,1)-Prozesse, die jeweiligen Spezifikationen der siebzehn Alternativen gewählt werden. Dabei werden alle ARFIMA(p,d,q)-Modelle berücksichtigt, deren AR- und/oder MA-Polynome maximal zweiter Ordnung sind. Die Zahl der Replikationen beträgt 500. Alle Selektionshäufigkeiten sind in Prozent angegeben und werden so ermittelt, daß bei einer nichtkonvergenten Schätzung den dazugehörigen Selektionskriterien der Wert $1e^{100}$ zugeordnet wird. Alle Zeitreihen werden mit Methode 2 aus Abschnitt 3.3 erzeugt.

Selektion von ARFIMA(p, d, q)-Prozessen ist bei schwachen AR(1)-Prozessen nennenswert. Die Benutzung von Datentapern führt nur bei starkem Long Memory zu einem Anstieg der Selektionshäufigkeiten.

Geht es jedoch um die Selektion von gemischten Short und Long Memory-Prozessen, zeigen die Ergebnisse des sechsten Experiments bei Vorliegen "kurzer" Zeitreihen deutlich die Grenzen einer zuverlässigen Selektion von ARFIMA(p,d,q)-Prozessen auf, wenn die Basisprozesse des ARFIMA(1,d,1)-Prozesses sehr ähnlich sind oder die Long Memory-Struktur durch die Short Memory-Komponenten nahezu ausgelöscht wird. Dies gilt insbesondere für den Fall eines schwach ausgeprägten Long Memory-Prozesses, denn dann bestünde kaum eine Chance auf eine korrekte Modellidentifikation. Selbst die Identifikation von Long Memory mit einer falsch spezifizierten Ordnung des AR- oder des MA-Polynoms gestaltet sich in dieser Situation als äußerst unzuverlässig. Schließlich werden frühere Ergebnisse aus der Analyse der Selektionskriterien im Rahmen der ARMA-Modelle bestätigt, gemäß denen das Schwarz-Kriterium zu einer Unterparametrisierung neigt. Für die empirische Arbeit mit ARFIMA(p,d,q)-Modellen empfiehlt es sich daher, sowohl das AIC als auch das Schwarz-Kriterium zu verwenden. Ersteres ist das beste Kriterium für höherparametrisierte Prozesse mit schwachem Long Memory, letzteres zeigt seine Stärke in der Identifikation einparametriger Prozesse. Würde man sich in der empirischen Arbeit auf das Schwarz-Kriterium beschränken, besteht eine relativ große Wahrscheinlichkeit, daß ein unterparametrisiertes Modell selektiert wird. Wird zusätzlich das AIC verwendet und stimmen das AIC und das Schwarz-Kriterium in der Modellselektion überein, ist diese Wahrscheinlichkeit beträchtlich geringer, da das AIC selbst zu der Wahl von höherparametrisierten Modellen neigt. Unterscheiden sich beide Kriterien hinsichtlich ihrer Modellselektion, so ist alleine auf Basis der Selektionskriterien keine zuverlässige Modellidentifikation möglich. Weitere Kriterien wie das Signifikanzniveau der Parameterschätzungen oder das Prognoseverhalten der selektierten Modelle sind dann für die Auswahl der Modellspezifikation heranzuziehen.

Damit sind die Eigenschaften von Schätzverfahren zur Schätzung von ARFIMA(p,d,q)-Modellen hinreichend analysiert, um im Kapitel 7 verschiedene Zeitreihen von Wechselkursen auf die Existenz von Long und auch Short Memory zuverlässig zu untersuchen.

Kapitel 6

Wechselkurstheorie und Long Memory

In diesem Kapitel steht die Frage im Mittelpunkt, ob und wie im Rahmen der Wechselkurstheorie die Existenz von Long Memory in Wechselkursänderungen erklärt werden kann. Dabei wird auch untersucht, inwieweit die einzelnen Erklärungsansätze mit effizienten Devisenmärkten vereinbar sind. Ein weiteres Anliegen dieses Kapitels ist eine knappe Einordnung der im folgenden Kapitel 7 durchgeführten empirischen Analysen in die theoretische und empirische Wechselkursliteratur. Dies schließt die Zusammenfassung bereits in der Literatur vorhandener Evidenz über die Existenz von Long Memory in den Wechselkursen mit ein.

Im einzelnen werden zwei unterschiedliche Erklärungshypothesen diskutiert. Zum einen wird untersucht, wie das Prognoseverhalten irrationaler Wirtschaftssubjekte zu Wechselkursen mit Long Memory führen kann. Dabei wird darauf hingewiesen, daß dieser Erklärungsansatz Marktineffizienz impliziert. Zum anderen wird analysiert, unter welchen Bedingungen sich Long Memory in den Wechselkursen durch Übertragung aus anderen Märkten ergeben kann. Dabei wird in diesem Kapitel versucht, dieser Erklärungshypothese von Cheung [29, 1990] eine formale Gestalt zu geben, indem zwei verschiedene, in der Literatur weit verbreitete, theoretische Wechselkursmodelle dargestellt und adäquat erweitert werden. Auf diese Weise soll eine Brücke zwischen der Wechselkurstheorie und der bisher in der Literatur vorhandenen Evidenz von Long Memory auf dem Devisenmarkt geschlagen werden.

Den Beginn dieses Kapitels bildet Abschnitt 6.1 mit einem kurzen Überblick über theoretische Wechselkursmodelle. Anschließend wird in Abschnitt 6.2 die Bedeutung von empirischen Wechselkursmodellen für die Weiterentwicklung der Wechselkurstheorie erörtert und in diesem Zusammenhang die Rolle des fraktional integrierten ARMA-Modells diskutiert. Abschnitt 6.3 untersucht die Bedeutung von irrationalen Spekulanten als Ursache für die Existenz von Long Memory auf dem Devisenmarkt. Im vorletzten Abschnitt 6.4 wird auf Basis eines modifizierten allgemeinen Gleichgewichtsmodells von Lucas [138, 1982] gezeigt, daß in einer Welt von risikoaversen Wirtschaftssubjekten mit rationalen Erwartungen Long Memory die Entwicklung der Kassakurse dann kennzeichnet, wenn andere Märkte durch Long Memory charakterisiert sind. Eine besondere Rolle kommt dabei dem Geldmarkt zu. Dieses Ergebnis bleibt auch gültig, wenn stattdessen ein modifiziertes Finanzmarktmodell zugrunde gelegt wird. Dessen Darstellung und Ableitung in Abschnitt 6.5 bilden den Abschluß dieses Kapitels.

6.1 Theoretische Wechselkursmodelle

Die ökonomische Analyse der Wechselkursbildung und -entwicklung hat sich in den letzten Jahren zu einem sehr intensiv analysierten Bereich der Volkswirtschaftslehre entwickelt. Dafür gibt es sowohl volkswirtschaftliche als auch betriebswirtschaftliche Gründe. Aus betriebswirtschaftlicher Sicht ist einerseits die Prognostizierbarkeit, andererseits die Volatilität der Wechselkursentwicklung von Bedeutung, da dies entscheidende Determinanten für die Rentabilität und das Risiko von Investitionen in Finanz- oder Sachanlagen sind. Die Entwicklung der Wechselkurse beeinflußt einerseits die Absatzmöglichkeiten auf ausländischen Gütermärkten und die Konkurrenzfähigkeit von Importgütern auf den Inlandsmärkten, andererseits die Repatriierungsmöglichkeiten von Gewinnen aus ausländischen Investitionen.

Die effiziente Allokation von Ressourcen steht im Vordergrund der Volkswirtschaftslehre. In Marktwirtschaften übernehmen dabei die Preise die entscheidende Allokationsfunktion. Eine effiziente Allokation von Gütern und Dienstleistungen erfordert deshalb die Existenz eines effizienten Preismechanismus. Der Definition von Fama [58, 1970] folgend, werden im allgemeinen Marktpreise dann als effizient bezeichnet, wenn sie die verfügbare Information "vollständig" repräsentieren, da sie dann die Aufgabe der Aggregation der im Markt vorhandenen Information vollständig übernehmen. Froot und Thaler [73, 1990, S. 181] schreiben:

> "The debate about whether exchange rates are "correctly priced" is particularly important (in comparison to similar debates about the

pricing of other assets) since the exchange rate simultaneously affects the prices of all foreign assets, goods, and factors of production."

Wären Devisenmärkte ineffizient, könnte es demnach zu sehr großen Fehlallokationen kommen, da dann Entscheidungen im gesamten internationalen Handel sowohl von Gütern und Dienstleistungen als auch von Finanzanlagen die vorhandenen Informationen unvollständig berücksichtigen würden. Wohlfahrtsverluste in großer Höhe wären unvermeidlich, bzw. könnten nur reduziert werden, wenn geeignete internationale wirtschaftspolitische Maßnahmen getroffen werden würden. Damit ist eine Analyse der Effizienz von Devisenmärkten von zentraler Bedeutung. Die Frage der Effizienz von Devisenmärkten ist dabei nicht eingeschränkt auf ein System flexibler Wechselkurse, sondern auch im Rahmen eines Systems fester Wechselkurse gültig. Sie hat sich aber in den beiden letzten Jahrzehnten aufgrund der großen Schwankungen der flexiblen Dollarwechselkurse verstärkt gestellt[1].

Doch bereits bevor das Interesse an der Effizienz des Devisenmarktes derartig anwuchs, war die Volkswirtschaftslehre daran interessiert, die Wechselkursbildung theoretisch zu erklären und die dabei relevanten Determinanten zu bestimmen. Während der Zeit fester Wechselkurse konzentrierte sich dabei das Interesse auf

[1]Ein sehr ausführlicher Überblick über Markteffizienz in Wechselkursen findet sich in Hodrick [107, 1987]. Kürzer ist der Überblicksartikel von Boothe und Longworth [20, 1986]. Man beachte, daß in der Literatur Markteffizienz nicht immer einheitlich definiert wird. Vgl. dazu LeRoy [128, 1989]. In einem großen Teil der Literatur über die Effizienz des Devisenmarktes wird die Frage untersucht, inwieweit Terminkurse eine optimale Prognose des zukünftigen Kassakurses darstellen. Diese, im allgemeinen als "Unbiasedness Hypothesis" bezeichnete Hypothese wird in den meisten Studien verworfen. Dazu zählen u.a. Bilson [13, 1981], Boothe und Longworth [20, 1986], Fama [59, 1984], Gaab [76, 1983], Hansen und Hodrick [95, 1980], [96, 1983], Hodrick und Srivastava [108, 1986] und Mark [146, 1985]. Aus der Ablehnung der "Unbiasedness Hypothesis" folgt allerdings nur dann Marktineffizienz, wenn keine Risikoprämie existiert. Die Existenz einer Risikoprämie ist in der Literatur nicht unumstritten. Evidenz für eine zeitvariable Risikoprämie liefern Bomhoff und Koedijk [18, 1988], Canova und Ito [27, 1991], Giovannini und Jorion [79, 1987], [80, 1988], Korajczyk [124, 1985] und Mark [146, 1985].

Gegen die Existenz einer Risikoprämie argumentiert Frankel [64, 1986] auf der Basis eines statischen "Mean-Variance" Ansatzes, daß die Risikoprämie viel zu klein ist, um die Verzerrung des Terminkurses erklären zu können. Bezüglich eines Gegenarguments siehe Pagan [159, 1988]. Domowitz und Hakkio [49, 1985] lehnen die Hypothese einer variablen Risikoprämie auf der Grundlage eines ARCH-Models ab.

Alternative Erklärungen der Verzerrung der Terminkurse auf der Basis rationaler Erwartungen umfassen u.a. Lernen (z.B. Lewis [132, 1989], Stulz [181, 1987]), das "Peso" Problem (Krasker [126, 1980]) oder die Antizipierung der Entwicklung des realen Wechselkurses (Levine [131, 1989]).

Hinweise auf das Vorliegen irrationaler Erwartungen und damit implizit auf Marktineffizienz geben auf der Grundlage von Survey Daten Frankel und Froot [66, 1987] und MacDonald und Torrance [139, 1990] oder auf der Basis von Filterregeln Naggl [157, 1990]. Als eine Erklärung für Marktineffizienz schlagen Frankel und Froot [65, 1987] die simultane Existenz von Chartisten und Fundamentalisten vor, die zum Entstehen von spekulativen Blasen führen kann. Froot und Thaler [73, 1990] sehen in der langsamen Reaktion von Zentralbanken eine potentielle Ursache für Marktineffizienz.

die Bedeutung der Gütermärkte. Das Mundell-Fleming Modell[2] ist der berühmteste Vertreter dieser Gattung. Der Einfluß der nationalen Geldmärkte steht im Zentrum der monetären Modelle, die den Wechselkurs als Ergebnis der Determinanten der nationalen Geldnachfragen und der Geldangebotspolitik der nationalen Zentralbanken interpretieren[3].

Mit dem Vorherrschen flexibler Dollarwechselkurse seit dem Zusammenbruch von Bretton Woods setzte sich mehr und mehr die Einsicht durch, daß der Wechselkurs hauptsächlich ein Finanzmarktpreis ist und deshalb wesentlich durch die Abläufe auf den internationalen Finanzmärkten und nicht nur durch die Ereignisse auf den nationalen Geldmärkten bestimmt wird. Diese Tatsache wird beeindruckend untermauert von dem durchschnittlichen Handelsvolumen (korrigiert um Doppelbuchungen) des US-Dollars von ca. $ 430 Milliarden Mitte 1989 im Vergleich zu dem durchschnittlichen täglichen Handel von Gütern und Dienstleistungen in Höhe von $ 11 Milliarden Dollar (Froot und Thaler [73, 1990, S. 180]). Das Grundmodell dieser Art geht dabei auf Mussa [155, 1976] zurück. Er setzt dabei voraus, daß der gegenwärtige Kassakurs zusätzlich zu gegenwärtigen exogenen Faktoren durch den erwarteten zukünftigen Kassakurs beeinflußt wird. Durch Eliminierung der endogenen Wechselkurserwartungen kann Mussa [155, 1976] zeigen[4], daß der gegenwärtige Kassakurs von Erwartungen hinsichtlich der Entwicklung der exogenen Faktoren über die gesamte Zukunft hinweg determiniert wird. Modelle, die den Wechselkurs als Finanzmarktpreis auffassen, basieren auf der Erweiterung der monetären Modelle um Erwartungskomponenten in der Geldnachfrage[5], umfassen aber auch die Modellierung von Leistungsbilanzbewegungen oder auch des realen Wechselkurses[6].

Nicht alle Modelle, die Erwartungen über die Wechselkursentwicklung berücksichtigen, folgen dem Ansatz Mussas [155, 1976]. Dazu zählen die portfoliotheoretischen Ansätze[7] oder die allgemeinen Gleichgewichtsmodelle mit zwei Ländern[8].

---

[2]Vgl. hierzu den Überblicksaufsatz von Frenkel und Razin [72, 1987].

[3]Einen Überblick über monetäre Wechselkursmodelle bieten Frenkel und Mussa [71, 1985]. Wegweisend für die Entwicklung des monetären Ansatzes waren u.a. Bilson [14, 1978], Dornbusch [50, 1976], Frankel [63, 1979], Frenkel [69, 1976] und Hooper und Morton [109, 1982].

[4]Siehe Abschnitt 6.5 bezüglich einer formalen Ableitung. Weitere grundlegende Arbeiten zum Finanzmarktansatz umfassen u.a. Frenkel [70, 1981], Frenkel und Mussa [68, 1980] oder Mussa [156, 1982].

[5]Vgl. dazu z.B. Frenkel [67, 1986, S. S26].

[6]Vgl. hierzu z.B. den Überblicksaufsatz von Frenkel und Mussa [71, 1985].

[7]Einen ausführlichen Überblick über portfoliotheoretische Ansätze bieten Branson und Henderson [22, 1985] oder Adler und Dumas [2, 1983]. Details finden sich u.a. bei Dornbusch [51, 1982], Fama und Farber [61, 1979] oder Kouri [125, 1976]. Ein Mehrgüter-Mehrländer Modell im Rahmen des Sharpe-Lintner Ansatzes entwickelt Black [15, 1990].

[8]Das Grundmodell dieser Modellklasse hat Lucas [138, 1982] in die Literatur eingeführt. Aufgrund spezieller Annahmen bezüglich des zeitlichen Ablaufs in der Modellökonomie wirken sich die Unsicherheit bezüglich des zukünftigen Güter- und Geldangebots nur auf Preise für Aktien und Bonds aus, nicht jedoch auf den Kassakurs. Vgl. dazu Abschnitt 6.4. Svensson [182, 1985]

Grundlegend für alle diese Ansätze ist, daß Wechselkurse in hohem Maße durch Erwartungen und damit durch die diese Erwartungen beeinflussenden Neuigkeiten bestimmt werden. Es wäre deshalb eine Illusion zu erwarten, daß Wechselkursmodelle einen großen Teil der beobachteten Wechselkursentwicklung erklären könnten, solange nicht die dahinter verborgenen Erwartungsbildungsprozesse genauer spezifiziert werden.

6.2 Empirische Wechselkursmodelle

Parallel zu der theoretisch orientierten Forschung, die die Suche nach überzeugenden theoretisch fundierten Modellen der Wechselkursbildung zum Ziel hat, hat sich die empirisch orientierte Forschung entwickelt, deren Hauptziel es ist, möglichst gute Modelle zur Beschreibung und vor allem zur Prognose von Wechselkursen zu ermitteln, ohne notwendigerweise auf theoretisch gerechtfertigte Zusammenhänge zurückgreifen zu müssen. Eine Beschränkung auf theoretisch fundierte Modelle würde eine erfolgreiche Modellierung der Wechselkurse aus zwei Gründen unnötig einschränken. Erstens erfordern einige theoretische Modelle Daten, die entweder überhaupt nicht vorhanden oder von geringer Qualität sind. Ein Beispiel dafür sind die Portfolioansätze, die z.B. in einigen Versionen die Kenntnis des Weltvermögens voraussetzen. Diese Größe kann nur grob abgeschätzt werden und stellt damit jede empirische Arbeit von vornherein auf eine unsichere Datenbasis. Devisenmarktmodelle, die auf dem allgemeinen Gleichgewichtsansatz aufbauen, sind darüber hinaus so abstrakt, daß sie sich einer direkten empirischen Umsetzung offenbar entziehen.

Zweitens wäre es durch eine Beschränkung auf theoretisch fundierte Modelle unmöglich, stochastische Strukturen zu modellieren und zu entdecken, für die es gegenwärtig noch keine zufriedenstellende theoretische Erklärung gibt, die aber für die zukünftige theoretische Forschung entscheidende Anstöße geben könnten. Ein Beispiel hierfür sind die Ergebnisse der ARCH- und GARCH-Modelle, univariater Zeitreihenmodelle mit bedingten variablen Varianzen, die die Existenz einer zeitvariablen Risikoprämie auf dem Devisenmarkt vorschlagen[9] und zu ei-

hat diese Restriktion aufgehoben, so daß auch der Wechselkurs direkt von Erwartungen bestimmt wird. Weiterentwicklungen und Anwendungen des Lucas-Modells finden sich außerdem u.a. in Backus, Gregory und Telmer [8, 1990], Canova und Marrinan [28, 1990], Cox, Ingersoll und Ross [37, 1981], Domowitz und Hakkio [49, 1985] und Hodrick und Srivastava [106, 1984], [108, 1986]. Eine Einführung in das Lucas-Modell gibt Hodrick [107, 1987]. Siehe Abschnitt 6.4 für eine ausgewählte Darstellung.

[9] Diebold [45, 1988] findet bei seiner Untersuchung von monatlichen und wöchentlichen Veränderungen von Wechselkursen insbesondere in Wochendaten ARCH-Effekte. Dieses Ergebnis wird bestätigt mit verschiedenen ARCH- und GARCH-Modellen von u.a. Bollerslev [17,

ner Vielzahl von Versuchen geführt haben, theoretische Modelle zu entwickeln, die zeitvariable Risikoprämien erklären können[10].

Auch das fraktional integrierte ARMA-Modell fällt in diese Kategorie, denn wären 1966 die Spektraleigenschaften von Long Memory-Modellen bereits bekannt gewesen[11], wäre die von Granger [84, 1966] als typische Form der Spektraldichte von ökonomischen Zeitreihen bezeichnete Spektraldichte sicherlich als Evidenz für Long Memory in ökonomischen Zeitreihen interpretiert worden. Die typische Form der Spektraldichte ist dadurch gekennzeichnet, daß, auch nach einer Trendbereinigung von Preisreihen, die Spektraldichte solcher Variablen viel Masse nahe dem Ursprung aufweist. Aufgrund ähnlicher Beobachtungen erörtert Mandelbrot [140, 1971] als erster (den von ihm entwickelten) fraktionalen Gaussprozeß als statistisches Modell zur Erfassung von Finanzmarktpreisen[12].

Doch aufgrund des Mangels an geeigneten statistischen Test- und Schätzverfahren — die traditionellen ARMA-Modelle sind, wie in den vorhergehenden Kapiteln ausführlich dargelegt wurde, nicht in der Lage, Long Memory-Prozesse adäquat zu erfassen — werden diese Hinweise auf Long Memory in Finanzmarktpreisen in der Literatur zunächst nicht weiter untersucht. Erst Booth, Kaen und Koveos [19, 1982] greifen 1982 die R/S-Statistik wieder auf und untersuchen die täglichen prozentualen Wechselkursänderungen der Dollarnotierungen des Britischen Pfund, des Französischen Franc und der Deutschen Mark für den Zeitraum vom 1. Juli 1965 bis 30. Juni 1971 und vom 1. Juli 1973 bis 30. Juni 1979. Sie finden für die erste Periode Intermediate Memory und für die zweite Periode Long Memory. Damit liefern sie für die Periode flexibler Wechselkurse die ersten Hinweise auf Long Memory. Cheung [29, 1990] bestätigt unter Verwendung des ARFIMA-Modells die Ergebnisse der früheren Studie für einige wöchentliche Dollarwechselkursnotierungen und einen wesentlich längeren Zeitraum vom 1. Januar 1974 bis 31. Dezember 1987.

Auch Liu und He [135, 1991] lehnen die Nullhypothese eines Random Walks für wöchentliche Änderungen des DM/US-Dollar, des Yen/US-Dollar und des

1990], Higgins und Bera [105, 1990] und Kugler und Lenz [?, 1993]. Hsieh [113, 1989] findet starke Evidenz für ARCH- und GARCH-Effekte in den täglichen Veränderungen von Wechselkursen. Kähler [119, 1990] bestätigt diese Ergebnisse für Wochen- und Tagesdaten. Höherfrequente Daten zeigen ebenfalls starke variable bedingte Varianzen (Baillie und Bollerslev [9, 1990]).

[10]Giovannini und Jorion [81, 1989] weisen nach, daß mittels einer Version des Capital Asset Pricing Modells die beobachtete bedingte Kovarianzstruktur nicht erklärt werden kann. Lewis [133, 1988] zeigt, inwieweit Erwartungen bezüglich einer Politikänderung ex post zu einer variablen bedingten Varianz führen können, die die Varianz in den Fundamentals übertrifft. Manuelli und Peck [145, 1990] leiten die Existenz von Volatilität in einem allgemeinen Gleichgewichtsmodell mit überlappenden Generationen ab.

[11]Vgl. dazu in Unterabschnitt 3.1.2 Gleichung (3.23).

[12]Vgl. dazu Unterabschnitt 3.1.3.

BP/US-Dollar Kassakurses vom 7. August 1974 bis 29. März 1989 auf Basis des Variance-Ratios Tests von Lo und MacKinlay [137, 1988] ab. Bemerkenswert am Variance-Ratio Test ist, daß er auch bei Vorliegen von bedingter Heteroskedastie anwendbar ist, so daß die Ablehnung der Nullhypothese nicht auf ARCH- oder GARCH-Effekte zurückgeführt werden kann. Eine Aufteilung der Gesamtperiode in eine Periode vom 7. August 1974 bis 10. Oktober 1979 und eine Periode vom 11. Oktober 1979 bis 29. März 1989 ändert an der Ablehnung der Nullhypothese eines Random Walks im großen und ganzen nichts.

Gegen das Vorliegen von Autokorrelation in den wöchentlichen Wechselkursänderungen sprechen allerdings die Ergebnisse der normalen und der modifizierten Box-Pierce-Statistik, die Liu und He [135, 1991] ebenfalls auf den Gesamtzeitraum anwenden. Für tägliche Änderungen des BP/US-Dollar Wechselkurses können Gallant, Hsieh und Tauchen [77, 1991] keine Hinweise auf dessen Prognostizierbarkeit finden. Dies gilt sowohl für lineare wie nichtlineare Zeitreihenmodelle. Die Autoren verwenden in ihrer Untersuchung semi-nonparametrische Methoden, die ARCH- und GARCH-Spezifikationen als Spezialfall miteinschließen. Gaab [76, 1983] wendet die Box-Pierce-Statistik auf die täglichen Wechselkursänderungen des DM/US-Dollar, DM/BP, DM/Holl.Gulden und DM/SFr Kassakurses für den Zeitraum vom 2. Januar 1974 bis 13. Februar 1979 an. Zusätzlich untersucht er verschiedene Teilperioden und Laglängen. Dabei ergibt sich jedoch in einigen Fällen eine signifikante Ablehnung der Random Walk-Hypothese.

Wie lassen sich nun die Hinweise von Cheung [29, 1990] auf Long Memory in den Devisenmärkten auf ihre Robustheit hin überprüfen? Drei Maßnahmen sind hierfür geeignet. Erstens muß untersucht werden, wie robust die Ergebnisse im Hinblick auf verschiedene Perioden und Wechselkurse sind. Dies ist ein zentrales Anliegen des anschließenden Kapitels 7. Zweitens muß getestet werden, inwieweit die Ergebnisse robust bezüglich der Annahmen sind, die bezüglich des stochastischen Prozesses vorausgesetzt wurden. So erfordert gegenwärtig jede Maximum-Likelihood-Schätzung des ARFIMA-Modells konstante bedingte Varianzen. Für hochfrequente Raten der Wechselkursveränderungen deutet die empirische Evidenz darauf hin, daß diese Annahme nicht erfüllt ist[13]. Inwieweit diese Verletzung der Annahmen zu einer Verzerrung der Schätzergebnisse führt, kann im Augenblick noch nicht beurteilt werden, da es gegenwärtig kein Schätzverfahren gibt, das die Schätzung von Long Memory kombiniert mit variablen bedingten Varianzen bei Vorliegen von einigen Tausend Beobachtungen erlaubt[14].

Drittens sind sogenannte Out-of-Sample-Prognosen von Wechselkursen vorz-

---

[13]Vgl. dazu die in Fußnote 9 zitierte Literatur.

[14]Robinson [169, 1991] entwickelt Testverfahren, um auf simultanes Vorliegen von Long Memory und bedingter Heteroskedastie zu testen. Whistler [186, 1990] hat dieses Verfahren auf hochfrequente Wechselkurse angewendet (zitiert nach Robinson [169, 1991]). Allerdings ist damit noch keine simultane Schätzung von spezifischen Formen beider Eigenschaften möglich.

unehmen. Dies sind Prognosen von außerhalb des Schätzzeitraums liegenden Werten. Sie bilden den zweiten zentralen Bestandteil des anschließenden Kapitels 7. Die Überprüfung der Out-of-sample-Prognoseeigenschaften stellt dabei den härtesten Test von empirischen Wechselkursmodellen dar. In zwei aufsehenerregenden Studien haben 1983 Meese und Rogoff [149, 1983], [151, 1983] festgestellt, daß bei einem Vergleich von theoretisch fundierten Wechselkursmodellen und reinen Zeitreihenmodellen das Random Walk-Modell ohne Drift die besten Prognoseeigenschaften aufweist. Dieses Ergebnis erscheint robust im Hinblick auf die Berücksichtigung verschiedener Modellspezifikationen und Perioden[15]. So schrieb Mussa bereits 1979 [154, S. 50] (zitiert nach Kähler [119, 1990, S. 1])

> "A model that was able to explain more than 50 percent of quarter-to-quarter changes in exchange rates should either be rejected on the grounds that it is too good or should be reported to the Vatican as a miracle justifying the canonization of a new saint."

Einige Autoren konnten jedoch teilweise bessere Prognoseergebnisse erzielen. Z.B. übertrafen Engel und Hamilton [54, 1990] für Quartalsdaten mit ihren Prognosen auf der Basis eines Markov-Switching-Modells die Prognosequalität des Random Walks mit Drift. Dieses Modell zeichnet sich dadurch aus, daß es "Mean Reversion" zuläßt, ein Phänomen, das im Rahmen der Literatur über Aktienrenditen diskutiert wird[16]. Das Markov-Switching-Modell erlaubt die simultane Schätzung von zwei autoregressiven Prozessen, die unterschiedliche Regime erfassen, wobei zwischen den Regimen eine endogen bestimmte Übergangswahrscheinlichkeit besteht. Bei Engel und Hamilton [54, 1990] unterscheiden sich die Mittelwerte der beiden stochastischen Prozesse zur Erfassung der prozentualen Wechselkursänderungen im Vorzeichen. Es stellt sich hier die Frage, ob die Ergebnisse von Engel und Hamilton in der Tat die Wechselkursentwicklung sinnvoll beschreiben, oder eher die Folge irregulärer Zyklen darstellen, einem charakteristischen Phänomen von Long Memory Prozessen. Es ist also interessant, herauszufinden, wie sich das ARFIMA-Modell auch für Vierteljahresdaten zur Prognose eignet. Damit ist zunächst eine eingehendere Studie der Long Memory-Eigenschaften der Raten der Wechselkursveränderungen aus rein statistischer Sicht begründet. Sie erfolgt in Kapitel 7. Dabei wird die bereits vorhandene Evidenz von Long Memory in Wechselkursen qualifiziert und ergänzt.

[15] Vgl. dazu Meese [150, 1990, S. 124-26] und die darin angegebene Literatur oder Meese und Rogoff [152, 1988]. Fuhrer und Weiller [74, 1991] zeigen allerdings, daß die Schlußfolgerung von Meese und Rogoff nicht länger gültig bleibt, wenn im Rahmen eines Bayesschen Ansatzes mehrere Modelle gleichzeitig zur Prognose herangezogen werden und die Kovarianzstruktur der jeweiligen Modellprognosen ausgenutzt wird.

[16] Vgl. zu dieser Diskussion Fama und French [57, 1988], Kim, Nelson und Startz [121, 1991], McQueen und Thorley [148, 1991], Poterba und Summers [164, 1988]. Ein Überblick über die Mean-Reversion Diskussion findet sich in LeRoy [128, 1989], der eine übersichtliche Zusammenfassung über das Thema effizienter Kapitalmärkte geschrieben hat.

6.3 Effizienz, Spekulation und Long Memory

Die bisherigen Hinweise auf das Vorliegen von Long Memory in den Veränderungen von Wechselkursen rechtfertigen nicht nur eine eingehendere statistische Untersuchung, sondern sie verlangen auch nach einer ökonomischen Erklärung von Long Memory in den Wechselkursen wie auch eine Erörterung, welche Schlußfolgerungen man aus der Evidenz von Long Memory auf den Devisenmärkten für die ökonomische Theorie ziehen kann. Von besonderem Interesse wären bezüglich des letzten Punktes Aussagen über das Vorliegen von Markteffizienz oder -ineffizienz auf dem Devisenmarkt. Das allerdings ist mit reinen Zeitreihenmodellen wie z.B. mit ARFIMA-Modellen nicht möglich. Der Grund hierfür ist, daß die Hypothese von Markteffizienz nur gemeinsam mit einem ökonomischen Gleichgewichtsmodell, also z.B. einem Finanzmarktpreismodell getestet werden kann (Fama [60, 1991]). Ein derartiges Modell muß u.a. festlegen, welche Informationen die einzelnen Marktteilnehmer zur Prognose von Preisen und Erträgen haben, wie sie diese Information zur Festlegung ihrer Kauf- und Verkaufswünsche verwenden und wie sich letztlich ein markträumender (Gleichgewichts-)preisvektor ergibt. Erst dann läßt sich testen, inwieweit die Gleichgewichtspreise die individuelle Information "vollständig" wiederspiegeln (Fama [58, 1970]). All dies kann jedoch ein reines Zeitreihenmodell, wie z.B. auch das ARFIMA-Modell, nicht leisten. Deshalb können auch damit keine Aussagen hinsichtlich Markteffizienz getroffen werden.

Im Gegensatz dazu lassen sich jedoch die alternativen ökonomischen Erklärungsansätze auf die Vereinbarkeit mit Markteffizienz hin überprüfen. Welche Erklärungen gibt es nun für das Vorliegen von Long Memory in Wechselkursen? Im wesentlichen sind bisher in der Literatur zwei Ursachen diskutiert worden. Sie gehen beide auf Cheung [29, 1990, S. 45] zurück. Die erste Erklärung basiert auf dem Prognoseverhalten der Marktteilnehmer und wird im folgenden kritisch beleuchtet. In den anschließenden Abschnitten 6.4 und 6.5 wird dann ein alternativer Ansatz diskutiert, gemäß dessen sich Long Memory in den Wechselkursen aus der Übertragung von anderen Märkten ergibt, die ihrerseits Long Memory aufweisen.

Bezüglich des erstgenannten Erklärungsansatz postuliert Cheung [29, 1990, S. 45], ohne dies jedoch im Detail auszuführen, daß sich Long Memory in der Zeitreihe der Wechselkursänderungen ergibt, wenn ein repräsentativer Spekulant seine Anlageentscheidung auf einen einfachen ARMA-Prozess stützt. Unter dieser Annahme, so Cheung läßt sich das Aggregationstheorem von Granger [85, 1980] anwenden, das zusammen mit den Markträumungsbedingungen fraktional integrierte Wechselkursänderungen produzieren kann. Granger zeigt in diesem Aufsatz, daß viele Einzelentscheidungen, die auf AR(1)-Prozessen basieren, in der aggregierten Zeitreihe einem fraktional integrierten Prozeß folgen, wenn die α_1

Parameter der Wirtschaftssubjekte einer Betaverteilung unterliegen[17].

Diese Erklärung impliziert jedoch automatisch Marktineffizienz. Darauf wurde bisher in der Literatur nicht hingewiesen. Der Grund für Marktineffizienz ist die unvollständige Informationsverarbeitung auf seiten der Spekulanten, da diese, obwohl bekannt ist, daß die Zeitreihe der Wechselkursänderungen fraktional integriert ist, ihre eigenen Prognosen mit einem einfachen ARMA-Modell ausführen. Das heißt, daß die Spekulanten lediglich die Information von $\max(p, q)$ vergangenen Perioden in ihren Prognosen berücksichtigen und damit die Information von weiter zurückliegenden Perioden ignorieren. Da jedoch die Wechselkursänderungen tatsächlich fraktional integriert sind, führt die Vernachlässigung der Information von weiter zurückliegenden Perioden zu systematisch verzerrten Prognosen. Es wäre damit für einen risikoneutralen Spekulanten, der die gesamte Vergangenheit in seinen Prognosen berücksichtigt, möglich, im Durchschnitt Gewinne zu erzielen. Dies ist aber mit Markteffizienz nicht vereinbar. Zwei Modelle, die hingegen mit Markteffizienz vereinbar sind, werden in den beiden folgenden Abschnitten abgeleitet.

6.4 Übertragung von Long Memory aus dem Geldmarkt in einer Lucas-Welt

Dieser Abschnitt dient der Analyse der zweiten Hypothese Cheungs [29, 1990, S. 45], gemäß der sich Long Memory auf dem Devisenmarkt durch Übertragung aus anderen Märkten ergibt, die ihererseits Long Memory aufweisen. Aufbauend auf neueren Studien von Diebold und Rudebusch ([46, 1989], [47, 1990]) sowie Haubrich [101, 1989] bezeichnet es Cheung als wahrscheinlich, daß die makroökonomischen Zeitreihen Produktion und Konsum Long Memory aufweisen, d.h. die Gütermärkte durch Long Memory gekennzeichnet sind. In diesem Fall würde sich Long Memory im Devisenmarkt auf Long Memory in den "Fundamentals" zurückführen lassen.

Allerdings findet sich in Literatur bisher keine formalen Darstellung dieses Erklärungsansatzes. In den folgenden zwei Abschnitten werden deshalb zwei For-

[17] Granger [85, 1980] verwendet eine Modifikation der Betaverteilung. Die einfache Betaverteilung mit den Parametern α und β (DeGroot [41, 1989, S. 294]) lautet:

$$f(x) = \begin{cases} \frac{\Gamma(\alpha+\beta)}{\Gamma(\alpha)\Gamma(\beta)} x^{\alpha-1}(1-x)^{\beta-1}, & \text{falls } 0 < x < 1, \\ 0 & \text{sonst.} \end{cases}$$

malisierungen dieser Hypothese unter jeweils unterschiedlichen Annahmen abgeleitet. In diesem Abschnitt geschieht dies im Rahmen einer Modellökonomie, die eine Modifikation des Lucas-Modells [138, 1982] darstellt. Um das Modell nicht zu komplex werden zu lassen, erfordert die explizite Berücksichtigung der Erwartungsnutzenmaximierung im Lucas-Modell allerdings eine Einschränkung. Der Wechselkurs selbst ist im Gegensatz zu den Aktien- und Wertpapierpreisen unabhängig von erwarteten zukünftigen Größen. Inwieweit auch bei direkter Berücksichtigung von Erwartungskomponenten im Wechselkurs Long Memory aus anderen Märkten auf den Devisenmarkt übertragen werden kann, wird im Rahmen des "Asset Market Approach" im anschließenden Abschnitt 6.5 formal untersucht.

Das Lucas-Modell ist ein stark abstrahiertes dynamisches allgemeines Gleichgewichtsmodell für zwei Länder 1 und 2 und zwei Güter X und Y. Es wird häufig auch als Cash-in-advance Modell bezeichnet. Die Güter sind nicht lagerbar. Die risikoaversen Wirtschaftssubjekte in beiden Ländern haben identische Präferenzen, die durch eine in der Zeit additive Nutzenfunktion beschrieben werden[18]

$$E_0 \left[\sum_{t=0}^{\infty} \beta^t U(X_{it}, Y_{it}) \right], \tag{6.1}$$

wobei X_{it} und Y_{it} den Konsum von Gut X und Y des repräsentativen Konsumenten im Land i in Periode t angeben. Die Funktion U ist beschränkt, stetig differenzierbar, in beiden Argumenten streng monoton steigend und streng konkav. In jeder Periode erhalten dabei die Konsumenten aus Land Eins $2X_t$ Einheiten von Gut X und die Konsumenten von Land Zwei $2Y_t$ Einheiten von Gut Y. Das Gut des Auslandes kann dabei nur in der jeweiligen Landeswährung gekauft werden.

Die Stochastik führt Lucas auf zwei Ebenen ein. Zum einen nimmt Lucas an, daß das gegenwärtige Güterangebot einem bivariaten stochastischen Prozeß $\{X_t, Y_t\}$ folgt, und zum anderen postuliert er ein stochastisches Geldangebot. Eine vollständige Diversifizierung der damit verbundenen Konsumrisiken ist auf den Wertpapiermärkten dieser Modellökonomie möglich, die im Sinne von Arrow [7, 1964] und Debreu [40, 1959] vollständig sind. Der Besitz eines Wertpapiers sichert dessen Eigentümer eine unendlich lange Versorgung mit einem Gut (in einer Ökonomie ohne Geld) oder dem daraus resultierenden Einnahmenstrom (in einer Ökonomie mit Geld).

Lucas' Ziel ist die Ableitung der Preise dieser Wertpapiere unter den Annahmen der rationalen Erwartungsbildung bei Kenntnis der stochastischen Eigenschaften des Güter- und Geldangebots. In diesem Abschnitt hingegen steht die Ableitung des stochastischen Prozesses des Kassakurses im Vordergrund für den Fall, daß Güter- und Geldangebot einem fraktional integrierten Prozeß folgen.

[18]Die Darstellung des Lucas-Modells ohne die hier vorgenommenen spezifischen Erweiterungen lehnt sich an Hodrick [107, 1987, S. 7] an.

Deshalb ist es nicht sinnvoll, Lucas [138, 1982] zu folgen und sowohl gegenwärtiges Güter- als auch gegenwärtiges Geldangebot als (eindeutige) stationäre Markovprozesse zu modellieren[19]. Hier hingegen wird angenommen, daß die vier stochastischen Prozesse für $\{X_t\}$, $\{Y_t\}$, $\{M_{1t}\}$ und $\{M_{2t}\}$ unabhängig und jeweils bedingt lognormalverteilt sind[20], um negative Güterausstattungen auszuschließen. Die logarithmierten Größen, die in Kleinbuchstaben notiert sind, sind dabei jeweils fraktional integriert vom Grad $I(d_i)$, wobei d_i nicht auf den Stationaritätsbereich $d < 0,5$ beschränkt sein muß

$$x_t \sim N(E_{t-1}[x_t], Var_{xt}) \quad \text{und} \quad x_t \sim I(d_x) \tag{6.2}$$
$$y_t \sim N(E_{t-1}[y_t], Var_{yt}) \quad \text{und} \quad y_t \sim I(d_y) \tag{6.3}$$
$$m_{1t} \sim N(E_{t-1}[m_{1t}], Var_{m1t}) \quad \text{und} \quad m_{1t} \sim I(d_{m1}) \tag{6.4}$$
$$m_{2t} \sim N(E_{t-1}[m_{2t}], Var_{m2t}) \quad \text{und} \quad m_{2t} \sim I(d_{m2}). \tag{6.5}$$

Um diese Darstellung nicht unübersichtlich werden zu lassen, werden hier die Annahmen von Lucas bezüglich des zeitlichen Ablaufs des Handels in dieser Ökonomie übernommen. Zu Beginn der Periode t erfahren die Wirtschaftssubjekte in beiden Ländern zunächst die Realisation ihrer jeweiligen Güterausstattung X_t bzw. Y_t und das Volumen des Geldangebots beider Währungen M_{1t} und M_{2t}. Daraufhin eröffnet der Geld- und Wertpapiermarkt. Nach dessen Schließung findet dann der Handel mit Gütern statt. Aus diesen Annahmen folgt, daß die Wirtschaftssubjekte gerade soviel Geld nachfragen, wie sie zur Ausführung ihrer Transaktionen auf dem Gütermarkt benötigen, da sowohl der Bestand an Gütern wie an Geld bekannt ist.

Damit wird deutlich, daß auf diese Weise ausschließlich die Rechnungsmittel- und Transaktionsfunktion des Geldes modelliert, die Wertaufbewahrungsfunktion dagegen vernachlässigt wird. Die Vernachlässigung der Wertaufbewahrungsfunktion impliziert, daß die Bildung des nominalen gegenwärtigen Wechselkurses in dieser Modellökonomie ohne eine in die Zukunft schauende Komponente erfolgt. In die Bildung des gegenwärtigen Kassakurses gehen damit keine Erwartungen ein. Es ist klar, daß in diesem Modell deshalb der Wechselkurs nicht den Charakter eines Vermögenswertes hat und damit eine wesentliche Erkenntnis der neueren

[19] Lucas setzt für den Gütermarkt voraus, daß das gegenwärtige Güterangebot der Verteilungsfunktion $F(X_t, Y_t|X_{t-1}, Y_{t-1})$ folgt. Auf der nominalen Ebene postuliert Lucas, daß die beiden nationalen Währungen ebenfalls einem stationären Markovprozeß $K[w_{t+1}|w_t, F(X_{t+1}, Y_{t+1}|X_t, X_t)]$ folgen, wobei der Vektor $w_t = (w_{0t}, w_{1t})$ die Wachstumsraten der nationalen Geldmengen zwischen Periode $t-1$ und t bezeichnet.

[20] Diese Annahme wird bereits von Hodrick und Srivastava [108, 1986] in einer "Beispielökonomie" verwendet. Canova und Marrinan [28, 1990] verwenden autoregressive Prozesse erster Ordnung mit bedingter Heteroskedastie, um einen stochastischen Prozeß des Kassakurses zu erzeugen, der die beobachteten Wechselkurse adäquat beschreibt. Sie berücksichtigen in ihrem Modell außerdem staatliche Sektoren, die jeweils in der Landeswährung festverzinsliche Wertpapiere anbieten.

Wechselkurstheorie nicht beachtet wird. Für die folgende Argumentation ist diese Vereinfachung jedoch tolerierbar und wird bei der Interpretation der Ergebnisse berücksichtigt. Ein komplizierteres Modell mit der Wertaufbewahrungsfunktion des Geldes hat z.B. Svensson [182, 1985] entwickelt.

Wie lautet nun der gegenwärtige und erwartete zukünftige Kassakurs? Die Risikoaversion der Wirtschaftssubjekte führt aufgrund der vollständigen Wertpapiermärkte zu einem vollständigen Risikopooling, so daß die Wirtschaftssubjekte in beiden Ländern jeweils die Hälfte der jeweiligen Güterausstattung konsumieren. Deshalb ergibt sich der relative Güterpreis P_t^Y von Gut Y in Einheiten des Gutes X durch

$$P_t^Y = U_{Yt}/U_{Xt}, \tag{6.6}$$

wobei $U_{Yt} = \partial U(X_{it}, Y_{it})/\partial Y_{it}$ und $U_{Xt} = \partial U(X_{it}, Y_{it})/\partial X_{it}$ die Grenznutzen bezüglich des jeweiligen Gutes bezeichnen. Die jeweilige Kaufkraft π_{1t} und π_{2t} der nationalen Währungen ist festgelegt durch

$$\pi_{1t} = 2X_t/M_{1t} \qquad \pi_{2t} = 2Y_t/M_{2t}. \tag{6.7}$$

Da in diesem einfachen Modell Arbitrage die Kaufkraftparität des Wechselkurses garantiert, gilt für den gegenwärtigen Kassakurs

$$S_t = P_t^Y \frac{\pi_{2t}}{\pi_{1t}} = \frac{U_{Yt} M_{1t} Y_t}{U_{Xt} M_{2t} X_t}, \tag{6.8}$$

der, wie bereits angesprochen, keine Erwartungskomponenten enthält. Der erwartete Kassakurs für k Perioden in der Zukunft bestimmt sich dann durch

$$E_t[S_{t+k}] = E_t\left[P_{t+k}^Y \frac{\pi_{2,t+k}}{\pi_{1,t+k}}\right] = E_t\left[\frac{U_{Y,t+k} M_{1,t+k} Y_{t+k}}{U_{X,t+k} M_{2,t+k} X_{t+k}}\right]. \tag{6.9}$$

Um in dem von Lucas [138, 1982] entwickelten Modellrahmen die Übertragung der stochastischen Eigenschaften der Güter- und Geldmärkte auf den Devisenmarkt studieren zu können, ist es hilfreich, die Nutzenfunktion zu konkretisieren, um so in der Terminologie von Hodrick und Srivastava [108, 1986] eine "Beispielökonomie" zu erhalten. Es sei also angenommen, daß die Individuen sich gemäß einer CES-Nutzenfunktion mit den Parametern α, β und ρ

$$U(X_{it}, Y_{it}) = [\alpha X_{it}^{\rho} + \beta Y_{it}^{\rho}]^{\frac{1}{\rho}} \tag{6.10}$$

verhalten. Dies vereinfacht Gleichung (6.8) zu

$$S_t = \frac{\beta M_{1t}}{\alpha M_{2t}} \left(\frac{Y_t}{X_t}\right)^{\rho}. \tag{6.11}$$

Man beachte, daß für $\rho = 0$ die Güterausstattungen überhaupt keinen Einfluß auf den Wechselkurs haben und somit der Wechselkurs ausschließlich auf dem

Geldmarkt bestimmt wird[21]. Dies ist der Cobb-Douglas Fall mit einer Substitutionselastizität zwischen beiden Gütern von -1.

Wird weiter berücksichtigt, daß alle Zufallsvariablen lognormalverteilt ((6.2) bis (6.5)) sind, läßt sich Gleichung (6.11) mit $s_t = \ln S_t$ weiter zu

$$s_t = \ln\beta - \ln\alpha + m_{1t} - m_{2t} + \rho y_t - \rho x_t \tag{6.12}$$

vereinfachen.

Unter Anwendung der Algebra des Integrationsgrads[22] erhält man für den Integrationsgrad $I(d_s)$ von s_t

$$I(d_s) = I(\max(d_{m1}, d_{m2}, d_y, d_x)) \tag{6.14}$$

Aus Gleichung (6.14) wird ersichtlich, daß $I(d_s)$ dem Integrationsgrad entspricht, der von den vier Prozessen, die die einzelnen Güter- und Geldmärkte charakterisieren, am größten ist. Daraus folgt, daß der stochastische Prozeß des Kassakurses fraktional integriert ist, wenn dies auch für den stochastischen Prozeß mit dem größten Integrationsgrad $\max(d_{m1}, d_{m2}, d_y, d_x)$ gilt. Liegt darüber hinaus der Cobb-Douglas-Fall mit $\rho = 0$ vor, wird der Integrationsgrad des Wechselkurses nach (6.12) und (6.14) ausschließlich auf den beiden Geldmärkten bestimmt.

Gleichung (6.14) gilt allerdings nur, wenn die vier stochastischen Prozesse bezüglich des Geld- und Güterangebots in den jeweiligen Ländern stochstisch unabhängig sind. Gibt man diese Annahme auf, so ist fraktionale Kointegration möglich[23]. Für Gleichung (6.14) ergibt sich dann

$$I(d_s) \leq I(\max(d_{m1}, d_{m2}, d_y, d_x)), \tag{6.16}$$

---

[21]Dieser Spezialfall wird von Hodrick und Srivastava [108, 1986] verwendet, um die negative Korrelation zwischen der Risikoprämie und der erwarteten Wechselkursänderung zu erklären, die erstmals von Fama [59, 1984] ökonometrisch festgestellt wurde.

[22]Nach Granger [85, 1980] gilt für zwei stochastisch unabhängige Prozesse $x_1 \sim I(d_1)$ und $x_2 \sim I(d_2)$, daß deren Summe $\bar{x} = x_1 + x_2$ einen Integrationsgrad $I(\max(d_1, d_2))$ besitzt. Wird eine der beiden stochastischen Prozesse x_1 oder x_2 mit -1 multipliziert und wiederum die Summe gebildet, bleibt der Integrationsgrad von $\bar{x}$ unverändert, so daß auch für

$$\tilde{x} = x_1 - x_2 \tag{6.13}$$

gilt: $I(d_{\tilde{x}}) = I(\max(d_1, d_2))$.

[23]Man sagt, daß zwei stochastische Prozesse x_1 und x_2 mit Integrationsgraden $I(d_1)$ und $I(d_2)$ fraktional kointegriert sind, wenn eine Linearkombination $\bar{x} = x_1 + bx_2$ existiert, welche einen (fraktionalen) Integrationsgrad aufweist, der kleiner ist als die Integrationsgrade von x_1 und x_2, d.h.

$$I(d_{\bar{x}}) < \max(I(d_1), I(d_2)) \tag{6.15}$$

gilt.

wobei im Falle fraktionaler Kointegration das strenge Ungleichheitszeichen "<" gilt.

Damit ist gezeigt, daß unter den getroffenen Annahmen eine Übertragung von Long Memory aus anderen Märkten auf den Devisenmarkt möglich ist, wobei aufgrund der Modellkonstruktion auch alle Märkte effizient sind. Ist dieses Modell auch empirisch relevant? Aus Ungleichung (6.16) folgt, daß dieses Modell verworfen werden muß, wenn in empirischen Untersuchungen $I(d_s) > I(\max(d_{m1}, d_{m2}, d_y, d_x))$ beobachtet wird. Für Wochendaten verschiedener Dollarwechselkurse erhält Cheung [29, 1990, S. 52-54, Table 3.5] für den Zeitraum 1. Januar 1974 bis 31. Dezember 1987 Maximum-Likelihood-Schätzungen des Long Memory-Parameters für die Deutsche Mark, den Japanischen Yen und das Britische Pfund im Bereich von 1,03 bis 1,13. Lediglich der Französische Franc fällt mit Schätzungen je nach Methode zwischen 1,31 bis 1,47 aus dem Rahmen. Erste Untersuchungen der amerikanischen Geldmenge M1, M2 und M3 deuten an, daß der Integrationsgrad für den amerikanischen Geldmarkt größer ist als der Integrationsgrad dieser Dollarwechselkurse mit Ausnahme des Dollarkurses für den Französischen Franc. So erhält Porter-Hudak [163, 1990] mit einem für saisonales fraktionales Rauschen erweiterten Geweke/Porter-Hudak-Verfahren[24] für monatliche Daten des Zeitraums 1959 bis 1986 Schätzungen für den Integrationsgrad d im Bereich von 1,4 bis 1,6. Dies kann als vorläufige Evidenz für diesen Erklärungsansatz interpretiert werden. Eine fundierte Überprüfung des vorgeschlagenen Erklärungsansatzes steht jedoch noch aus. Dafür ist es unter anderem notwendig, das Verhalten von Long Memory-Prozessen bei temporaler Aggregation zu analysieren, da die einzelnen Zeitreihen in unterschiedlichen Beobachtungsfrequenzen vorliegen. Dies ist jedoch in der Literatur bisher noch nicht geschehen und übersteigt den Rahmen dieser Arbeit.

Akzeptiert man zunächst einmal die vorliegende Evidenz, so ergibt sich aus den bisher erfolgten Untersuchungen des Integrationsgrades auf dem amerikanischen Gütermarkt im Zusammenhang mit diesem Modell eine weitere Schlußfolgerung. Je nach Periodizität der Daten (vgl. Cheung und Lai [32, 1992], Sowell [179, 1992] und Diebold und Rudebusch [46, 1989]) schwanken die Schätzungen für den Integrationsgrad des amerikanischen Bruttosozialprodukts zwischen 0,45 und

[24]Porter-Hudak [163, 1990] modelliert saisonales fraktionales Rauschen, indem sie eine unendliche Spektraldichte nicht nur an der Frequenz Null, sondern auch an positiven Frequenzen erlaubt. Sie leitet dabei die Geweke/Porter-Hudak-Periodogrammregression an den Fourierfrequenzen ω_t aus folgender Spektraldichte

$$f(\omega_t) = f_{ARMA}(\omega_t)(4\sin^2(s\omega_t/2))^{-d} \tag{6.17}$$

ab. Bei Wahl einer ganzzahligen Zahl s größer Eins ist die Spektraldichte (6.17) nicht nur an der Frequenz Null, sondern auch an allen saisonalen Frequenzen $\omega_t = \frac{2\pi}{s}$ fraktional integriert vom Grade d. Für $s = 1$ erhält man gerade wieder das in Abschnitt 4.1 dargestellte Geweke/Porter-Hudak-Verfahren.

0,8. Für die Bundesrepublik Deutschland können Cheung und Lai [32, 1992] die Hypothese eines Random Walks nicht ablehnen. Daraus läßt sich die Schlußfolgerung ziehen, daß Long Memory auf dem Devisenmarkt nur aus den Geldmärkten, nicht jedoch aus den Gütermärkten übertragen wird. Diese Schlußfolgerung qualifiziert die Vermutung Cheungs [29, 1990, S. 45], wonach Long Memory in den Devisenmärkten die Existenz von Long Memory in den Gütermärkten reflektiert.

Damit ist anhand einer sehr abstrakten Modellökonomie auf Basis des Lucas-Modells [138, 1982] gezeigt worden, daß stochastische Eigenschaften, die die Geld- oder Gütermärkte charakterisieren, auf den Devisenmarkt übertragen werden können. Dabei blieben jedoch die Erwartungen bezüglich der Wertaufbewahrungsfunktion von Geld unberücksichtigt. Inwieweit diese eine Rolle spielen, kann im Rahmen dieses Modells nicht geklärt werden, da diese Geldfunktion nicht modelliert wurde und somit der Wechselkurs selbst kein Finanzmarktpreis mit den entsprechenden Eigenschaften ist. Die Bildung des Wechselkurses im Lucas-Modell ähnelt in diesem Sinne eher den rein monetären Modellen, unterscheidet sich aber von diesen durch die explizite Modellierung eines allgemeinen Gleichgewichts unter Unsicherheit[25]. Aufgrund der spezifischen Modellannahmen wirkt sich die Unsicherheit jedoch ausschließlich auf die Preissetzung der Aktien aus, da Geld aufgrund der nicht modellierten Wertaufbewahrungsfunktion kein adäquates Substitut im Portfolio der Wirtschaftssubjekte darstellt.

6.5 Long Memory und der Finanzmarktansatz

Eine Übertragung von Long Memory aus anderen Märkten ergibt sich auch, wenn im Rahmen des Finanzmarktansatzes der Wechselkurs entscheidend durch Erwartungen hinsichtlich zukünftiger Einflußfaktoren geprägt wird[26]. Ein geeignetes Modell, um dies zu zeigen, stellt Levich [130, 1985] in seinem Überblick über empirische Wechselkursmodelle dar. Durch Berücksichtigung der ungedeckten Zinsparität führt Levich [130, 1985] in ein einfaches monetäres Modell Erwartungskomponenten ein. Bezüglich der ökonomischen Variablen, die das Geschehen auf den anderen Märkten determinieren, wird in Anlehnung an die Modifikation des Lucas-Modells angenommen, daß diese fraktional differenziertem Rauschen entsprechen.

Die Komponenten des monetären Modells sind im einzelnen zwei identisch pa-

[25]Vgl. dazu jedoch Frenkel [67, 1986], in dessen Definition von monetären Modellen auch Modelle mit Erwartungskomponenten in der Geldnachfrage eingehen.

[26]Bezüglich der grundlegenden Literatur über den Finanzmarktansatz zur Modellierung von Wechselkursen siehe Abschnitt 6.1, insbesondere Fußnote 4.

rametrisierte Geldnachfragefunktionen und die Annahme der Kaufkraftparität[27]. Die Darstellung des Modells erfolgt dabei direkt in logarithmierten Größen, die wiederum in Kleinbuchstaben angegeben sind. Die realen Geldnachfragefunktionen in Land 1 und 2 sind durch

$$m_{1t} - p_{1t} = k_{1t} + \eta y_{1t} - \kappa i_{1t} \tag{6.18}$$
$$m_{2t} - p_{2t} = k_{2t} + \eta y_{2t} - \kappa i_{2t} \tag{6.19}$$

gegeben, wobei η die Einkommenselastizität der realen Geldnachfrage und κ die Zinssemielastizität der realen Geldnachfrage bezeichnen[28]. Weiter bezeichnet jeweils zum Zeitpunkt t im i-ten Land m_{it} die jeweilige logarithmierte Geldmenge, p_{it} das logarithmierte Preisniveau, y_{it} das logarithmierte Realeinkommen und i_{it} den jeweiligen Nominalzinssatz. k_{it} faßt alle weiteren Faktoren zusammen. Die Kaufkraftparität ist durch

$$s_t = p_{1t} - p_{2t} \tag{6.20}$$

definiert. Damit ergibt sich für den Wechselkurs im Rahmen des monetären Modells

$$s_t = (m_{1t} - m_{2t}) + \eta(y_{2t} - y_{1t}) + (k_{2t} - k_{1t}) + \kappa(i_{1t} - i_{2t}). \tag{6.21}$$

Wird nun die ungedeckte Zinsparität

$$i_{1t} - i_{2t} = E_t[s_{t+1}] - s_t \tag{6.22}$$

eingeführt und zur Vereinfachung der Schreibweise

$$z_t = (m_{1t} - m_{2t}) + \eta(y_{2t} - y_{1t}) + (k_{2t} - k_{1t}) \tag{6.23}$$

definiert, gilt für den Wechselkurs nunmehr

$$s_t = z_t + \kappa(E_t[s_{t+1}] - s_t), \tag{6.24}$$

bzw. indem nach dem gegenwärtigen logarithmierten Wechselkurs aufgelöst wird

$$s_t = \frac{1}{1+\kappa} z_t + \frac{\kappa}{1+\kappa} E_t[s_{t+1}]. \tag{6.25}$$

Nach Gleichung (6.25), die das zentrale Element des Finanzmarktansatzes zur Bestimmung der Wechselkurse darstellt, wird der gegenwärtige logarithmierte Wechselkurs durch die gegenwärtigen ökonomischen Faktoren z_t aus (6.23) und dem erwarteten logarithmierten Wechselkurs der nächsten Periode bestimmt. Gleichung (6.24) zeigt außerdem, daß der erwartete Wechselkurs für die Periode $t+k$ immer vom erwarteten Wechselkurs für den Zeitpunkt $t+k+1$ abhängt. Dies gilt für

[27] Die Struktur des monetären Modells entspricht völlig Levich [130, 1985, S. 1008-9].

[28] κ wird als Zinssemielastizität bezeichnet, da die Zinssäatze $i_{it}, i = 1, 2$ in den Gleichungen nicht logarithmiert sind und deshalb die herkömmliche Definition des Elastizitätsbegriffs nicht anwendbar ist.

alle k, so daß durch wiederholte Vorwärtsiterationen die Höhe des gegenwärtigen Wechselkurses

$$s_t = \frac{1}{1+\kappa} \sum_{k=0}^{\infty} \left(\frac{\kappa}{1+\kappa} \right)^k E_t[z_{t+k}] \tag{6.26}$$

durch die für die gesamte Zukunft erwarteten ökonomischen Größen $E_t[z_{t+k}], k = 1, 2, \ldots$ bestimmt wird[29].

Es wird schließlich angenommen, daß die Veränderung der exogenen ökonomischen Faktoren Δz_t, die gemäß (6.23) die anderen Märkte charakterisiert, fraktional differenziertem Rauschen[30]

$$(1-B)^d \Delta z_t = \varepsilon_t \qquad -0,5 < d < 0,5 \tag{6.27}$$

entspricht. Das heißt, daß die Linearkombination (6.23) der einzelnen stochastischen Prozesse auf den Geld- und Gütermärkten selbst fraktional integriert ist und aufgrund Beziehung (6.16) auf mindestens einem Markt derselbe oder ein höherer Integrationsgrad vorliegen muß

$$I(d_z) \leq I(\max(d_{m1}, d_{m2}, d_{y1}, d_{y2})).$$

Das Ungleichheitszeichen ermöglicht dabei die im vorhergehenden Abschnitt angesprochene fraktionale Kointegration. Gemäß Unterabschnitt 3.1.1 besitzt (6.27) eine unendliche MA-Darstellung (3.8)

$$\Delta z_t = \theta(B)\varepsilon_t, \tag{6.28}$$

wobei die Parameter des MA-Polynoms $\theta(B)$ durch Gleichung (3.1) berechnet werden können. Mit dieser Annahme ergibt sich für den Integrationsgrad des stochastischen Prozesses des logarithmierten Wechselkurses $\{s_t\}$:

Theorem 3 *Das Finanzmarktmodell des Devisenmarktes sei durch die Gleichungen (6.18), (6.19), (6.20), (6.22) und (6.27) spezifiziert. Dann gilt für den Integrationsgrad des logarithmierten Wechselkurses* $\{s_t\}$

$$I(d_s) = I(d_z). \tag{6.29}$$

Zum Beweis von Theorem 3 werden folgende Hilfssätze verwendet.

Lemma 1 *Das Finanzmarktmodell des Devisenmarktes sei durch die Gleichungen (6.18), (6.19), (6.20), (6.22) und (6.27) spezifiziert. Dann setzt sich der*

[29] Gleichung (6.26) wurde von Mussa [155, 1976] abgeleitet.

[30] Vgl. hierzu Unterabschnitt 3.1.1.

stochastische Prozeß des gegenwärtigen logarithmierten Wechselkurses $\{s_t\}$ *aus dem stochastischen Prozeß der exogenen ökonomischen Faktoren* $\{z_t\}$ *und einem unendlichen MA-Prozeß der Residuen* $\{\varepsilon_t\}$ *der Veränderungen der exogenen ökonomischen Faktoren*

$$s_t = z_t + y_t \tag{6.30}$$

zusammen, wobei für y_t *gilt*

$$y_t = \sum_{m=0}^{\infty} \breve{\theta}_m \varepsilon_{t-m}. \tag{6.31}$$

und die MA-Parameter durch

$$\breve{\theta}_m = \sum_{j=1}^{\infty} A^j \theta_{m+j} \tag{6.32}$$

mit $A = \frac{\kappa}{1+\kappa}$ *bestimmt sind. Die Parameter* θ_j *ergeben sich dabei aus der unendlichen MA-Darstellung (3.8) von (6.28).*

Beweis: Ausgangspunkt der Ableitung von Gleichung (6.30), (6.31) und (6.32) ist Gleichung (6.26)

$$s_t = \frac{1}{1+\kappa} \sum_{k=0}^{\infty} A^k E_t[z_{t+k}].$$

Unter Berücksichtigung der allgemeinen Prognosegleichung (3.47)

$$E_t[\Delta z_{t+k}] = \sum_{m=k}^{\infty} \theta_m \varepsilon_{t+k-m}$$

aus Unterabschnitt 3.2.2 läßt sich die k-Periodenprognose der ökonomischen Faktoren z_t

$$E_t[z_{t+k}] = z_t + \sum_{j=1}^{k} E_t[\Delta z_{t+j}] \tag{6.33}$$

wie folgt schreiben

$$E_t[z_{t+k}] = z_t + \sum_{j=1}^{k} \sum_{m=j}^{\infty} \theta_m \varepsilon_{t+j-m}. \tag{6.34}$$

Wird (6.34) in (6.26) eingesetzt, erhält man

$$\begin{aligned} s_t &= \frac{1}{1+\kappa} \sum_{k=0}^{\infty} A^k \left[z_t + \sum_{j=1}^{k} \sum_{m=j}^{\infty} \theta_m \varepsilon_{t+j-m} \right] \\ &= z_t + \frac{1}{1+\kappa} \sum_{k=1}^{\infty} A^k \sum_{j=1}^{k} \sum_{m=j}^{\infty} \theta_m \varepsilon_{t+j-m} \end{aligned}$$

$$= z_t + \frac{1}{1+\kappa}\sum_{k=1}^{\infty} A^k \sum_{j=1}^{k}\sum_{u=0}^{\infty} \theta_{u+j}\varepsilon_{t-u}$$

$$= z_t + \frac{1}{1+\kappa}\sum_{u=0}^{\infty} \varepsilon_{t-u} \sum_{k=1}^{\infty} A^k \sum_{j=1}^{k} \theta_{u+j}.$$

Berücksichtigt man in den weiteren Umformungen, daß

$$\begin{aligned}
\sum_{k=1}^{\infty} A^k \sum_{j=1}^{k} \theta_{u+j} &= A\theta_{u+1} + A^2\theta_{u+2} + A^3\theta_{u+3} + \dots \\
&+ A^2\theta_{u+1} + A^3\theta_{u+2} + A^4\theta_{u+3} + \dots \\
&+ \dots \\
&= \sum_{k=1}^{\infty} A^{k-1} \sum_{j=1}^{\infty} A^j \theta_{u+j}
\end{aligned}$$

gilt, ergeben sich zusammen mit $\sum_{k=1}^{\infty} A^{k-1} = 1 + \kappa$ für s_t gerade Gleichungen (6.30) und (6.31)

$$s_t = z_t + \sum_{u=0}^{\infty} \varepsilon_{t-u} \sum_{j=1}^{\infty} A^j \theta_{u+j} = z_t + \sum_{u=0}^{\infty} \check{\theta}_u \varepsilon_{t-u},$$

wobei die MA-Parameter $\check{\theta}_u$ durch (6.32) gegeben sind. □

Lemma 2 *Für die MA-Parameter $\check{\theta}_m$ des stochastischen Prozesses $\{y_t\}$ gilt unter den Voraussetzungen von Lemma 1*

$$\check{\theta}_m = A\theta_{m+1}(1 + Ab_{m+2} + A^2 b_{m+2} b_{m+3} + \cdots) < \kappa\theta_{m+1}, \tag{6.35}$$

wobei $A = \frac{\kappa}{1+\kappa}$ und $b_u = \frac{d+u-1}{u}$ bezeichnen.

Beweis: Ersetzt man in der Definitionsgleichung der MA-Parameter $\check{\theta}_m$ (6.32)

$$\check{\theta}_m = \sum_{j=1}^{\infty} A^j \theta_{m+j}$$

die MA-Parameter θ_{m+j} der unendlichen MA-Darstellung des Long Memory-Prozesses der ökonomischen Veränderungen Δz_t durch (3.1)

$$\theta_{m+j} = \frac{d(d+1)\cdots(d+m+j-1)}{(m+j)!} = \prod_{u=1}^{m+j} b_u,$$

wobei $b_u = \frac{d+u-1}{u}$ bezeichnet, ergibt sich für

$$\begin{aligned}\breve{\theta}_m &= \sum_{j=1}^{\infty} A^j \prod_{u=1}^{m+j} b_u \\ &= A\theta_{m+1} \\ &+ A^2\theta_{m+1} b_{m+2} \\ &+ \ldots \\ &+ A^j\theta_{m+1} \prod_{l=m+2}^{m+j} b_l \\ &+ \ldots \\ &= A\theta_{m+1} \sum_{j=1}^{\infty} A^{j-1} \prod_{l=m+2}^{m+j} b_l.\end{aligned}$$

Nun ist $b_l \leq 1$, da $d < 1$, so daß $\prod_{l=m+2}^{m+j} b_l \leq 1$ für alle $m, j = 1, 2, \ldots$ erfülllt ist. Damit existiert für die unendlichen MA-Parameter $\breve{\theta}_m$ eine Obergrenze

$$\breve{\theta}_m < A\theta_{m+1} \sum_{j=0}^{\infty} A^j = \frac{A}{1-A}\theta_{m+1} = \kappa\theta_{m+1}. \quad \square$$

Beweis von Theorem 3: Unter den Voraussetzungen des Theorems folgt aus Lemma 1 für den stochastischen Prozeß des logarithmierten Wechselkurses

$$s_t = z_t + \sum_{m=0}^{\infty} \breve{\theta}_m \varepsilon_{t-m}.$$

Nun existiert aufgrund von Lemma 2 eine Folge von MA-Parametern $h_{m+1} = \kappa\theta_{m+1}$, die die Folge der MA-Parameter $\breve{\theta}_m$ des $\{y_t\}$ Prozesses von oben her beschränkt. Die Folge h_{m+1} ist aber gerade proportional zu der Folge der MA-Parameter der unendlichen MA-Darstellung der Δz_t, so daß die h_{m+1} wiederum den MA-Parametern eines Long Memory-Parameters mit Integrationsgrad d entsprechen. Damit kann der Prozeß $\{y_t\}$ mit den MA-Parametern $\breve{\theta}_m$ maximal einen Integrationsgrad von d aufweisen. Aufgrund der Algebra für Integrationsgrade (vgl. dazu Fußnote 22) und wegen $I(d_z) = d + 1$ folgt damit gerade (6.29)

$$I(d_s) = I(d_z) = \max(I(d_z), I(d_y)). \quad \square$$

Aus Theorem 3 folgt, daß im Rahmen dieses Modells die Berücksichtigung der Wertaufbewahrungsfunktion des Geldes und damit verbundener Erwartungskomponenten keinen Einfluß auf den Integrationsgrad des stochastischen Prozesses der Wechselkurse hat. Wie bereits unter den Annahmen einer Lucas-Welt im vorhergehenden Abschnitt zeigt sich auch unter den hier getroffenen Annahmen, daß sich Long Memory aus anderen Märkten auf den Devisenmarkt überträgt. Dabei liegt auch in diesem Modell Markteffizienz vor.

Bezüglich des stochastischen Prozesses des Wechselkurses (6.30) ist anzumerken, daß der zweite stochastische Prozeß $\{y_t\}$ ausschließlich das Ergebnis der Berücksichtigung der bis in alle Zukunft gerichteten Erwartungen ist, denn wäre die Zinssemielastizität der realen Geldnachfrage κ gleich Null, so daß die reale Geldnachfrage überhaupt nicht auf Zinsänderungen reagieren würde, würden die Wechselkurserwartungen über die ungedeckte Zinsparität aufgrund von (6.24) keine Rolle spielen. Im Gegensatz zum Lucas-Modell wird also der nichtstationäre stochastische Prozeß der exogenen Faktoren $\{z_t\}$ bei einer expliziten Berücksichtigung von Erwartungen von einem stationären Intermediate/Long Memory-Prozeß $\{y_t\}$ überlagert.

Das bisherige Ergebnis der beiden letzten Abschnitte ist somit, daß eine Übertragung von Long Memory aus anderen Märkten auf den Devisenmarkt selbst unter sehr restriktiven Annahmen stattfindet. Im allgemeinen Gleichgewichtsmodell des Lucas-Typs gehören dazu insbesondere die Annahmen rationaler Agenten und vollständiger Märkte. Im partiellen Gleichgewichtsmodell, das aufbauend auf einem monetären Modell den Kern des Finanzmarktansatzes erfaßt, ist dies die Kaufkraftparität und die Risikoneutralität der Wirtschaftssubjekte. Letztere garantiert die Gültigkeit der ungedeckten Zinsparität.

Auch wenn für die Existenz einer Risikoprämie nur gemischte Evidenz vorliegt[31], so ist kaum zu erwarten, daß die Annahme der Risikoneutralität in der Realität erfüllt ist, denn jeder Teilnehmer am Devisenmarkt ist Liquiditätsbeschränkungen unterworfen, wenn auch in unterschiedlicher Höhe. Auch äußert sich Risikoaversion möglicherweise nicht nur in der Berücksichtigung der Kovarianz einer Anlageform mit einer alternativen Anlage, bzw. in der gemeinsamen Wahrscheinlichkeitsverteilung der Renditen der betrachteten Anlageformen, sondern auch einfach darin, daß die Entwicklung zukünftiger Perioden ab einem bestimmten Prognosehorizont nicht weiter in den Kauf- und Verkaufsentscheidungen berücksichtigt wird. Sowohl die Portfoliomodelle als auch die allgemeinen Gleichgewichtsmodelle des Lucas-Typs bauen auf der ersten Definition auf, da sie ein zentraler Bestandteil der Theorie unter Unsicherheit ist.

Die zweite Form der Modellierung von Risikoaversion durch Begrenzung des Planungs- und Entscheidungshorizonts geht auf Mandelbrot [141, 1972] zurück. Im Rahmen des dargestellten Finanzmarktmodells führt sie dazu, daß die Wirtschaftssubjekte bei der Bestimmung des Wechselkurses Erwartungen bezüglich der Entwicklung der exogenen ökonomischen Faktoren nur für die Perioden $k = 1, 2, \ldots, K, K < \infty$, nicht aber für die gesamte Zukunft berücksichtigen. Die Folge

[31] Vgl. dazu Abschnitt 6.2.

davon wäre, daß nicht die gesamte Struktur des stochastischen Prozesses, der den exogenen ökonomischen Faktoren unterliegt, zur Preisbildung ausgenutzt wird, so daß der stochastische Prozeß des Wechselkurses selbst eine kompliziertere Struktur aufweisen sollte als dies bei Risikoneutralität der Fall ist. Mandelbrot [141, 1972] weist darauf hin, daß damit Gewinnmöglichkeiten für Marktteilnehmer mit einem Handlungshorizont von $k > K$ existieren und in seinen Worten deshalb "unvollständige Arbitrage" vorliegt[32].

Faßt man die Ergebnisse dieses Kapitels zusammen, bleibt als erstes festzuhalten, daß aus der Existenz von Long Memory in Wechselkursen keine Schlußfolgerungen hinsichtlich der Effizienz des Devisenmarktes gezogen werden können, ohne daß eine formalisierte ökonomische Erklärung der Wechselkursbildung mit zugrundegelegt wird. Da sich darüber hinaus die Frage stellt, wie es überhaupt aus ökonomischer Sicht zu Long Memory in den Wechselkursen kommen kann, wurden insgesamt drei verschiedene Erklärungsansätze analysiert. Während der erste Ansatz irrationale Spekulanten voraussetzt und damit automatisch Marktineffizienz impliziert, gehen die beiden anderen Ansätze von Wirtschaftssubjekten mit rationalen Erwartungen aus und stellen damit hohe Anforderungen an den Informationsstand und die Informationsverarbeitungskapazität der Marktteilnehmer. Sie unterscheiden sich jedoch in der Berücksichtigung von Erwartungen und der Annahme der Risikobereitschaft. Bei den zwei Modellen handelt sich um ein adäquat modifiziertes Lucas-Modell [138, 1982] sowie um ein entsprechend erweitertes Finanzmarktmodell in der Tradition Mussas [155, 1976]. In beiden Fällen kann es zu Long Memory auf dem Devisenmarkt kommen, wenn dies auch für denjenigen stochastischen Prozeß gilt, der unter den stochastischen Prozessen, die die Entwicklung auf den nationalen Geld- und Gütermärkten prägen, den größten Integrationsgrad aufweist. Dabei deuten erste empirische Untersuchungen darauf hin, daß im allgemeinen der fraktionale Integrationsgrad des Geldangebotsprozesses den fraktionalen Integrationsgrad des Prozesses der Änderungen von Wechselkursen übersteigt. Auf Basis dieser Modelle und der damit verbundenen empirischen Ergebnisse erscheint damit Long Memory in den Wechselkursen als ein Phänomen, das seine Ursache in den Entwicklungen auf dem Geldmarkt hat. Eine weitere Eigenschaft beider Modelle ist Markteffizienz.

Im folgenden Kapitel 7 werden nun die in diesem Kapitel erörterten statistischen wie auch ökonomischen Hinweise auf das Vorliegen von Long Memory in den Wechselkursen auf ihre empirische Robustheit überprüft. Dabei werden verschiedene Periodizitäten und Perioden der prozentualen Änderungen von drei verschiedenen Kassakursen untersucht.

---

[32]Diese Bezeichung ist allerdings mit der gängigen Definition von Arbitrage als einer ökonomischen Aktion, die einen sicheren Gewinn impliziert, nicht kompatibel. Vgl. dazu z.B. Varian [185, 1987].

Kapitel 7

Wechselkurse und Long Memory — Empirische Ergebnisse

Dieses Kapitel untersucht Wechselkursänderungen auf das Auftreten von Long Memory. Dabei werden mit Hilfe des fraktional integrierten ARMA-Modells, das in den vorangegangenen Kapiteln ausführlich besprochen wurde, die prozentualen Änderungen des DM/US-Dollar, des SFr/US-Dollar und des DM/SFr Kassakurses für unterschiedliche Perioden und Periodizitäten analysiert. Die Ergebnisse zeigen, daß das ARFIMA-Modell für ausgewählte Wechselkurse, Zeiträume und Beobachtungsfrequenzen eine sinnvolle stochastische Beschreibung von Wechselkurszeitreihen darstellt. Damit werden jüngste Resultate aus der empirischen Analyse von Wechselkurse prinzipiell bestätigt. Eine Konsequenz der Ergebnisse dieses Kapitels ist auch, daß die im vorhergehenden Kapitel diskutierten Ursachen für Long Memory in Wechselkursen empirisch genauer untersucht werden sollten.

Die hier vorgenommenen empirischen Analysen sind notwendig, da die bisher in der Literatur vorhandene Evidenz für das Vorliegen von Long Memory in Wechselkursen im Rahmen des ARFIMA-Modells sich auf wöchentliche Dollarwechselkurse im Zeitraum vom 1. Januar 1974 bis 31. Dezember 1987 beschränkt und es versäumt wird, einerseits die Ergebnisse auf ihre Robustheit bezüglich etwaiger Strukturbrüche hin zu untersuchen und andererseits die Allgemeingültigkeit für Wechselkurse zu testen, die nicht auf den US-Dollar bezogen sind. Im Detail analysiert Cheung [29, 1990] die prozentualen wöchentlichen Veränderungen der Kassakurse der US-Dollarnotierungen des Britischen Pfund, des Schweizer Franken, des Französischen Franc, des Japanischen Yen und der Deutschen Mark für den Zeitraum vom 1. Januar 1974 bis 31. Dezember 1987.

Hinweise auf Long Memory in den täglichen prozentualen Wechselkursänderungen datieren bereits zurück auf Booth, Kaen und Koveos [19, 1982], die mit Hilfe der in Kapitel 4 erwähnten R/S-Statistik die Dollarnotierungen des Britischen Pfunds, des Französischen Francs und der Deutschen Mark für die Zeiträume vom 1. Juli 1965 bis 30. Juni 1971 und vom 1. Juli 1973 bis 30. Juni 1979 untersucht haben. Sie finden für die erste Periode Intermediate Memory und für die zweite Periode Long Memory.

Die Zeitreihenanalysen dieses Kapitels umfassen hingegen vierteljährliche, monatliche, wöchentliche und tägliche prozentuale Wechselkursänderungen des DM/US-Dollar, des SFr/US-Dollar und des DM/SFr-Kassakurses für die Periode vom 1. Januar 1973 bis 30. April 1990. Abgesehen von den vierteljährlichen Veränderungen werden für alle drei Zeitreihen auch Teilperioden untersucht. Ebenso werden mit Ausnahme der Tagesdaten Out-of Sample-Prognosen durchgeführt und mit den Prognosen des Random Walk-Modells mit Drift verglichen.

Eine detaillierte Beschreibung des Aufbaus dieser Studie, der dabei verwendeten Schätz-, Selektions- und Prognoseverfahren wie auch der zugrundeliegenden Daten findet sich in Abschnitt 7.1 dieses Kapitels. Die anschließenden vier Kapitel 7.2 bis 7.5 präsentieren die Ergebnisse für die vier verschiedenen Beobachtungsfrequenzen der Daten. Eine Zusammenfassung der Ergebnisse auch im Hinblick auf ihre theoretische Bedeutung findet sich im letzten Abschnitt 7.6.

7.1 Verwendete Methoden und Daten

Einer gängigen Praxis in der Literatur folgend, werden auch in dieser Studie die approximativen prozentualen Änderungen der Kassakurse analysiert. Dabei wird die prozentuale Änderung des Kassakurses zwischen zwei Zeitpunkten t und $t+1$ durch die Differenz der logarithmierten Kassakurse

$$\frac{S_{t+1} - S_t}{S_t} \approx \ln S_{t+1} - \ln S_t = s_{t+1} - s_t \tag{7.1}$$

approximiert, wobei S_t den Kassakurs zum Zeitpunkt t bezeichnet und logarithmierte Werte in Kleinbuchstaben angegeben werden.

Drei Schätzverfahren liegen dieser Untersuchung zugrunde. Jede Zeitreihe wird erstens mit dem Geweke/Porter-Hudak-Verfahren geschätzt, um grobe Hinweise auf die Existenz von Intermediate oder Long Memory zu erhalten. Eine eingehendere Darstellung dieses Regressionsverfahrens enthält Abschnitt 4.1. Um die Abhängigkeit der Schätzergebnisse von der Zahl der verwendeten Periodogrammwerte zu überprüfen, wird die Geweke/Porter-Hudak-Regression für drei verschiedene α durchgeführt, wobei für α die Werte 0,45, 0,5, 0,55 gewählt werden. Weichen die Schätzergebnisse auffällig voneinander ab, so werden auch die Werte für $\alpha = 0,45$ oder $\alpha = 0,55$ angegeben, ansonsten nur die Schätzung für $\alpha = 0,5$. An dieser Stelle sei noch einmal daran erinnert, daß Hassler [98, 1993] gezeigt hat, daß die asymptotischen Schätzeigenschaften des Geweke/Porter-Hudak-Verfahrens nur für Gauss'sche Prozesse gelten. Die in der Literatur (Cheung [29, 1990, S. 44]) verbreitete Ansicht der Unabhängigkeit des Geweke/Porter-Hudak-Verfahrens von der Normalverteilungsannahme ist damit nicht richtig.

Zweitens erfolgt die simultane Schätzung von Short und Long Memory-Eigenschaften im Rahmen des ARFIMA(p,d,q)-Modells mit Hilfe von zwei approximativen Maximum-Likelihood-Methoden im Frequenzbereich. Die exakte Maximum-Likelihood-Methode wird nicht verwendet, da, wie in Unterabschnitt 5.2.1 argumentiert wurde, deren Schätzeigenschaften gegenüber den Schätzeigenschaften der approximativen Maximum-Likelihood-Verfahren nur dann überlegen sind, wenn der Mittelwert der zu schätzenden Zeitreihe bekannt ist. Die Ursache für den großen Einfluß einer Mittelwertschätzung auf die exakte Maximum-Likelihood-Methode ist die große Varianz der Mittelwertschätzung bei Vorliegen von Long Memory[1].

Darüber hinaus erfordert die Berechnung der exakten Likelihoodfunktion bei Vorliegen langer Zeitreihen sehr viel Computerzeit. Es werden deshalb ausschließlich approximative Maximum-Likelihood-Methoden im Frequenzbereich verwendet. Dazu gehören der Whittleschätzer (4.26) und dessen Approximation (4.32). Beide Verfahren sind einschließlich ihrer asymptotischen Schätzeigenschaften in den Abschnitten 4.2.2 und 4.3 eingehend dargestellt und diskutiert worden. Um eine verläßliche Interpretation der Schätzergebnisse bei Vorliegen von Zeitreihen mit einer geringen Zahl von Beobachtungen zu ermöglichen, wurden in Abschnitt 5.1 die Schätzeigenschaften der approximativen Maximum-Likelihood-Verfahren anhand der verfügbaren Literatur und eigener Monte-Carlo-Simulationen untersucht. Dabei wurde unter anderem festgestellt, daß alle Maximum-Likelihood-Schätzer bei kurzen Zeitreihen zu einer Unterschätzung des Long Memory-Parameters d neigen. Aufbauend auf den Ergebnissen von Abschnitt 5.1 wurde in Abschnitt 5.2.2 gezeigt, daß die Verzerrung der approximativen Maximum-

[1]Der starke Anstieg der Varianz der Mittelwertschätzung $\bar{x} = T^{-1} \sum_{t=1}^{T} x_t$ für $d \neq 0$ ergibt sich aus der von Samarov und Taqqu [171, 1988, S. 192, Gleichung (2.2) und S. 194] abgeleiteten Beziehung

$$Var[\bar{x}] = \frac{\frac{1}{\pi}\Gamma(1-2d)\sin(\pi d)}{d(1+2d)} g_{ARMA}(0) \frac{1}{T^{1-2d}}, \qquad d \neq 0, \tag{7.2}$$

da für $d \to 0,5$ $\Gamma(1-2d)$ gegen unendlich geht, wobei $g_{ARMA}(\omega)$ die mit dem Faktor $2\pi/\sigma_\varepsilon^2$ "normierte" Spektraldichte (4.20) eines ARMA-Modells bezeichnet.

Likelihood-Schätzer dann besonders groß ist, wenn die Basisprozesse, aus denen sich der ARFIMA(p,d,q)-Prozeß zusammensetzt, entweder sehr gegensätzlich oder sehr ähnlich sind[2]. Unter diesen Bedingungen zeichnet sich der Whittleschätzer bei Vorliegen kurzer Zeitreihen im Vergleich zu dessen Approximation durch eine wesentlich geringere Verzerrung und mittlere quadratische Abweichung aus. Deshalb wurde bei einer Beobachtungszahl von 100 oder weniger der Whittleschätzer (4.26) und ansonsten dessen Approximation (4.32) verwendet. Auf die Verwendung eines Datentapers wurde verzichtet, da die erwarteten Verzerrungen durch einen Datentaper nur dann verringert werden, wenn d nahe 0,5 ist[3]. Dies ist aber bei keiner der analysierten Zeitreihen der Fall. Die numerische Minimierung wurde jeweils mit dem Broyden/Fletcher/Goldfarb/Shanno Algorithmus durchgeführt[4].

In Abschnitt 5.3 wurde gezeigt, daß eine korrekte Identifikation von ARFIMA(p,d,q)-Prozessen im Gegensatz zu traditionellen ARMA-Modellen von zentraler Bedeutung ist, da bei einer Fehlidentifikation die Parameterschätzung des Intermediate/Long Memory-Parameters stark verzerrt sein kann. In dem genannten Abschnitt wurden Monte-Carlo-Simulationen durchgeführt, die die Analyse der Selektionshäufigkeit des wahren ARFIMA(p,d,q)-Prozesses bei Verwendung verschiedener Selektionskriterien zum Ziel hatten. Dabei ergab sich, daß im Rahmen der ARFIMA(p,d,q)-Modelle sowohl das AIC Kriterium (5.9) als auch das Schwarz-Kriterium (5.12) verwendet werden sollte.

Im Detail hat sich dabei gezeigt, daß bei Vorliegen von fraktional differenziertem Rauschen sich das Schwarz-Kriterium durch die höchste Selektionswahrscheinlichkeit des korrekten Prozesses auszeichnet. Weist die zu schätzende Zeitreihe jedoch gleichzeitig Short und Long Memory auf, so machen die durchgeführten Monte-Carlo-Simulationen deutlich, daß nicht nur die Selektion des wahren Prozesses, sondern auch die Selektion eines ARFIMA(p,d,q)-Prozesses mit $d \neq 0$ sehr problematisch sein kann, wenn wenig Beobachtungen einer Zeitreihe vorliegen und die Long Memory-Struktur durch die Short Memory-Komponente entweder stark approximiert oder nahezu ausgelöscht wird. Darüber hinaus zeigt sich, daß das Schwarz-Kriterium zu einer Unteridentifikation des wahren Prozesses neigt und die Auswahl auf Basis des AIC Kriteriums zuverlässiger ist. Deshalb wird das AIC als zweites Selektionskriterium mit in die Bewertung einbezogen. Auf diese Weise läßt sich die Gefahr der Selektion eines unterparametrisierten Modells verringern. Entsprechend der in Abschnitt 5.1 verwendeten Definitionen des AIC (5.9) und des Schwarz-Kriteriums (5.12) ist diejenige Modellspezifikation

[2]Eine Definition dieser Begriffe findet sich in Abschnitt 5.2.

[3]Vgl. dazu Abschnitt 5.1. Siehe Unterabschnitt 4.2.2 bezüglich der Definition eines Datentapers.

[4]Die Schätzprogramme wurden ausschließlich in GAUSS geschrieben, wobei zur numerischen Optimierung die OPTMUM Library aufgerufen wurde. Dabei wurden in das OPTMUM Programm weitere Abbruchkriterien eingebaut, um einen Programmabsturz bei nichtkonvergierenden Schätzungen zu vermeiden.

auszuwählen, für die diese Kriterien minimal sind.

Um nicht a priori zu viele Modellspezifikationen auszuschließen, werden bei der Schätzung jeder Zeitreihe insgesamt 17 verschiedene ARFIMA(p,d,q)-Spezifikationen berücksichtigt. Diese ergeben sich, indem alle ARMA(p,q)- und ARFIMA(p,d,q)-Modelle bis zu einem AR- bzw. MA-Polynom zweiter Ordnung berücksichtigt werden, so wie dies auch in den Monte-Carlo-Studien zur Identifikation von Long Memory-Prozessen im Abschnitt 5.3 der Fall war.

Da, wie bereits ausgeführt, AIC und Schwarz-Kriterium häufig unterschiedliche Spezifikationen selektieren, werden zu jeder geschätzten Zeitreihe maximal drei geschätzte Spezifikationen angegeben: die ARFIMA(p,d,q)-Spezifikation, die den geringsten Wert für das AIC aufweist, die ARFIMA(p,d,q)-Spezifikation, für die das Schwarz-Kriterium minimal ist, sofern diese sich von der ersten Spezifikation unterscheidet, sowie eine weitere Spezifikation, wenn sie nach beiden Kriterien unter den drei "besten" Spezifikationen ist.

Die wesentliche Funktion von Selektionskriterien ist, eine Überparametrisierung eines stochastischen Prozesses zu vermeiden, denn übersteigt die Parameterzahl des spezifizierten Modells diejenige des wahren Modells, kann es zu Verzerrungen der Parameterschätzungen kommen. Ein Beispiel mit fraktional differenziertem Rauschen als wahrem Modell ist in Abschnitt 5.3 enthalten. Eine derartige Modellspezifikation ist dann zur Prognose ungeeignet. Um zu überprüfen, ob mit Hilfe der Selektionskriterien ein adäquates ARFIMA-Modell gewählt wurde, ist es sinnvoll, dessen Prognoseeigenschaften zu untersuchen. Werden für den Gesamtzeitraum vom AIC und vom Schwarz-Kriterium unterschiedliche Spezifikationen selektiert, werden für beide Modelle Prognosen durchgeführt. Existiert darüber hinaus für die Teilperiode vom 1. Januar 1976 bis 30. April 1990 eine Spezifikation mit signifikanten Parametern, die sich von dem Modell oder den Modellen des Gesamtzeitraumes unterscheidet, wird sie ebenfalls beim Prognosevergleich berücksichtigt. Grundsätzlich werden Out-of-Sample-Prognosen durchgeführt, d.h. der Prognosezeitpunkt liegt außerhalb des Schätzzeitraums. Dabei muß die Anzahl der Perioden h spezifiziert werden, für die prognostiziert werden soll, sowie der erste Prognosezeitpunkt $T + h$ und der letzte Prognosezeitpunkt $\bar{T}$. Nun wird der Schätzzeitraum, der einer Prognose zugrundeliegt, iterierend für jede weitere h-Perioden-Prognose solange um eine weitere Periode verlängert bis der letzte Prognosezeitpunkt $\bar{T}$ erreicht ist. Die Qualität der Prognose wird dann mit Hilfe des mittleren quadratischen Prognosefehlers

$$MSE = \sum_{t=T}^{\bar{T}-h} \frac{(\hat{s}_{t+h} - s_{t+h})^2}{\bar{T} - T - h} \tag{7.3}$$

der Prognosen $\hat{s}_{t+h}$ von den tatsächlichen Werten s_{t+h} berechnet[5]. Stehen weniger

[5] Die Berechnung des MSE erfolgt in logarithmierten Werten, da ansonsten die Prognosewerte

als 170 Beobachtungen zur Verfügung, werden die Prognosen mit Hilfe der exakten Prognosemethode durchgeführt[6], wobei die Parameter in Gleichung (3.41) mittels Gleichung (3.42) bestimmt werden und der Mittelwert geschätzt wird. Ansonsten wird die approximative Prognosemethode (3.46) verwendet. Beide Verfahren wurden in Abschnitt 3.2 dargestellt und diskutiert. Um eine Referenz für die Qualität der jeweiligen ARFIMA(p,d,q)-Prognose zu haben, wird für jede Zeitreihe auch jeweils der MSE des Random Walks mit Drift berechnet[7].

Die in dieser Studie verwendeten Daten wurden freundlicherweise von der Bank für Internationalen Zahlungsausgleich in Basel zur Verfügung gestellt. Die DM/US-Dollar Kassakurse entsprechen dabei dem offiziellen Fixing in Frankfurt um 13 Uhr deutscher Zeit. Vor September 1977 stimmen die Kassakurse des US-Dollars in Schweizer Franken mit der mittleren Rate bei Marktschließung überein. Danach wird die offizielle Basisrate um 13 Uhr Schweizer Zeit genannt. Beide Kassakurse stehen vom 1. Januar 1973 bis zum 31. April 1990 zur Verfügung. Geht es um die Analyse von vierteljährlichen Daten, wird immer der letzte Monat im Quartal gewählt. Innerhalb eines Monats wird durchgehend der Kurs des Monatsendes genommen. Trifft das Monatsende auf ein Wochenende oder einen Feiertag, wird der Kassakurs gewählt, der als letzter vor dem Monatsende zustandekam. Diese Regelung wird auch bei Monatsdaten angewandt. Bei Wochendaten werden Freitagswerte verwendet. Steht ein Freitagswert nicht zur Verfügung, wird stattdessen ein Donnerstags- oder Mittwochswert zugrundegelegt[8].

Um einen ersten Eindruck von den vorliegenden Daten zu vermitteln, sind für den gesamten Zeitraum in den Abbildungen 7.1 bis 7.3 die täglichen Werte des DM/US-Dollar, des SFr/US-Dollar und des DM/Sfr Kassakurses reproduziert. Da jedoch nicht die Niveauwerte, sondern die ersten Differenzen der logarithmierten Kassakurse untersucht werden, und nicht zu erwarten ist, daß die stochastische Struktur für alle Beobachtungsfrequenzen gleich ist, sind in den Abbildungen 7.4 bis 7.6 die approximativen prozentualen monatlichen Änderungen und in den Abbildungen 7.7 bis 7.9 die entsprechenden täglichen Veränderungen dargestellt.

Betrachtet man den Verlauf der monatlichen Veränderungen der beiden Dollarwechselkurse in den Abbildungen 7.4 und 7.5, so stellt man bei einem Vergleich mit dem Bild eines simulierten fraktional differenzierten Prozesses in Abbildung

---

nicht normalverteilt wären und so die Berechnung des MSE schwieriger werden würde, ohne an Aussagekraft zu gewinnen.

[6]Die Zahl 170 ist bedingt durch den Definitionsbereich der Gammafunktion, die GAUSS zur Verfügung stellt.

[7]Diese Vorgehensweise folgt Engel und Hamilton [54, 1990].

[8]Die Wahl des letzten Handelstages im Quartal oder Monat ist eine in der Literatur übliche Vorgehensweise. Vgl. hierzu z.B. Engel und Hamilton [54, 1990], Huang [114, 1987] oder Kähler [119, 1990]. Cheung [29, 1990] verwendet bei wöchentlichen Daten ebenfalls, soweit möglich, Freitagswerte.

3.2 in Unterabschnitt 3.1.2 auf Seite 38 fest, daß die Struktur beider Wechselkurszeitreihen der eines Long Memory-Prozesses durchaus ähnlich ist. Die Zeitreihe des DM/SFr Kassakurses in Abbildung 7.6 zeigt hingegen, abgesehen von einer kurzen Periode heftiger Ausschläge, keine auffallende Struktur.

Bei einer Betrachtung der täglichen prozentualen Änderungen in den Abbildungen 7.7 bis 7.9 fällt auf, daß die durchschnittlichen Veränderungen der Kassakurse im Zeitablauf stark variieren. So sind die Schwankungen aller betrachteten Wechselkurse direkt nach dem Zusammenbruch von Bretton Woods im März 1973 besonders groß. Bis Ende der 70iger Jahre tritt dann abgesehen von kurzfristigen Turbulenzen eine relative Beruhigung ein. Mit Beginn der 80iger Jahre nimmt hingegen die Volatilität der Dollarwechselkurse wieder zu, die des DM/SFr Kurses jedoch weiter ab.

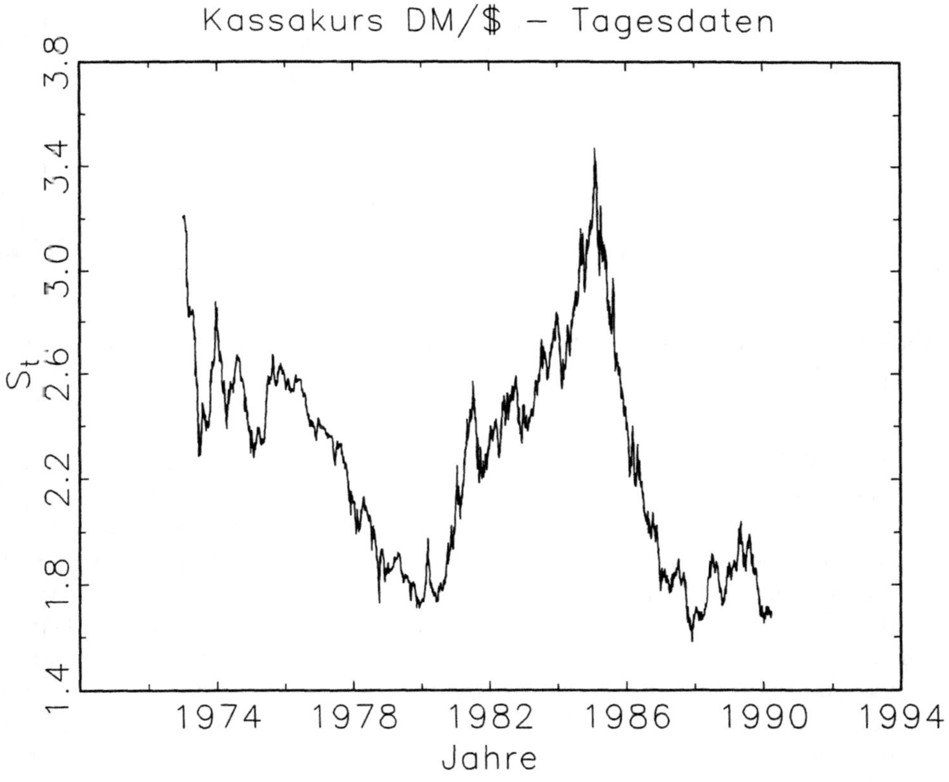

Abbildung 7.1: DM/US-DOLLAR KASSAKURS - TAGESDATEN VOM 1. JANUAR 1973 BIS 30. APRIL 1990

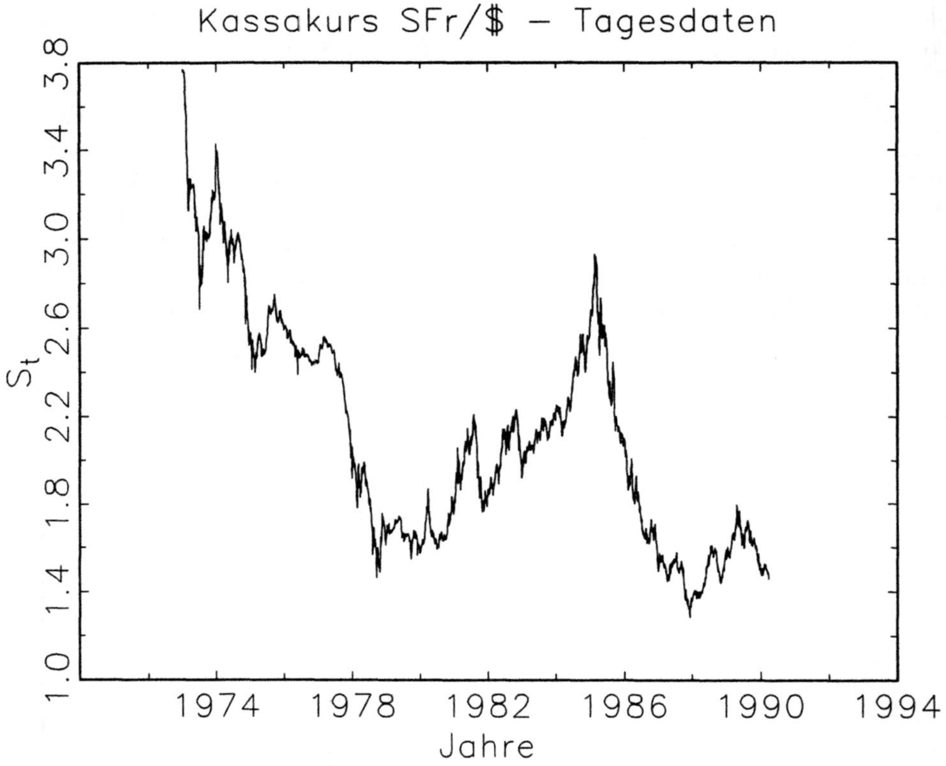

Abbildung 7.2: SFR/US-DOLLAR KASSAKURS - TAGESDATEN VOM 1. JANUAR 1973 BIS 30. APRIL 1990

Die Abbildungen der täglichen Wechselkursveränderungen deuten darauf hin, daß nach dem Zusammenbruch von Bretton Woods die Wechselkursentwicklung durch eine Anpassungsphase gekennzeichnet ist. Darüber hinaus erhält man bei Betrachtung der täglichen Wechselkursveränderungen den Eindruck, daß Ende der 70iger Jahre Strukturänderungen stattgefunden haben müssen. In der Tat ereigneten sich einschneidende währungspolitische Ereignisse. Im Oktober 1979 änderte die Federal Reserve Bank der Vereinigten Staaten drastisch ihre Geldpolitik, um die damals in den Vereinigten Staaten vorherrschende Inflation zu bekämpfen (Liu und He [135, 1991]). Gleichzeitig begann 1979 die Europäische Währungsunion ihre Funktion aufzunehmen. Auch wenn der Schweizer Franken nicht Mitglied in der Europäischen Währungsunion ist, so erscheint es bei der Betrachtung der Abbildungen 7.3 und 7.9, als ob die schweizerische Zentralbank die Gründung des Europäischen Währungsunion zum Anlaß genommen hat, zwischen der Deutschen Mark und dem Schweizer Franken einen stabilen Kurs anzustreben,

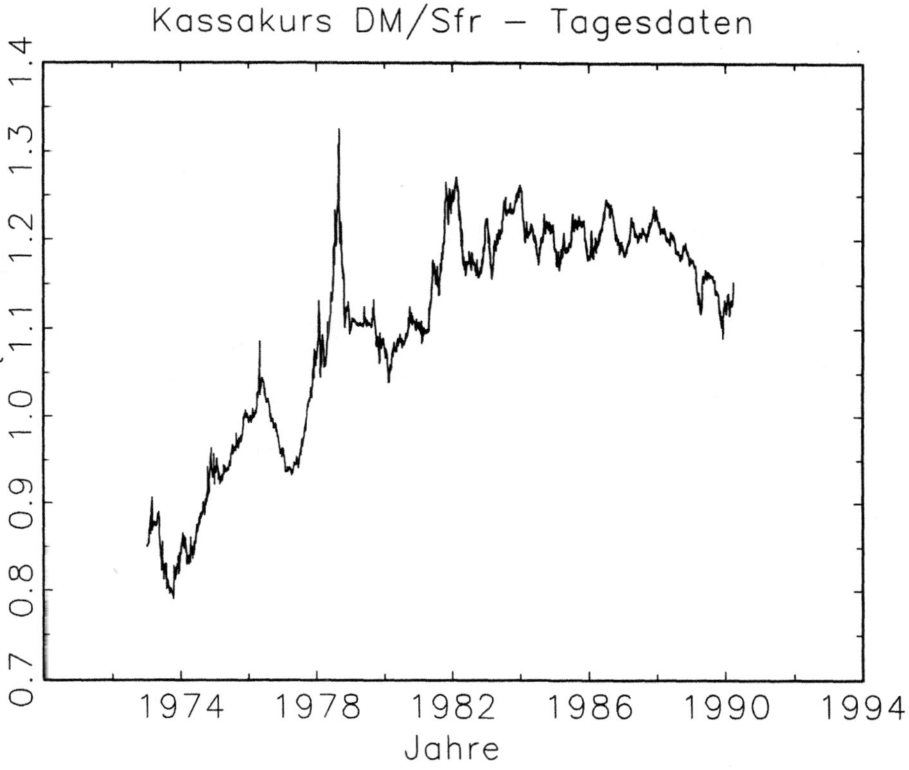

Abbildung 7.3: DM/SFR KASSAKURS - TAGESDATEN VOM 1. JANUAR 1973 BIS 30. APRIL 1990

um damit gleichzeitig die Volatilität zu senken.

Aber auch innerhalb der 70iger oder 80iger Jahre zeigen die täglichen Wechselkurse eine schwankende Volatilität. Diese Beobachtung deutet auf sich verändernde bedingte Varianzen hin, eine Eigenschaft, deren Modellierung in neueren Analysen von Wechselkurszeitreihen große Aufmerksamkeit geschenkt und als bedingte Heteroskedastie bezeichnet wird. Weist ein stochastischer Prozeß bedingte Heteroskedastie auf, so besitzt die unbedingte Dichtefunktion der Zufallsvaria-

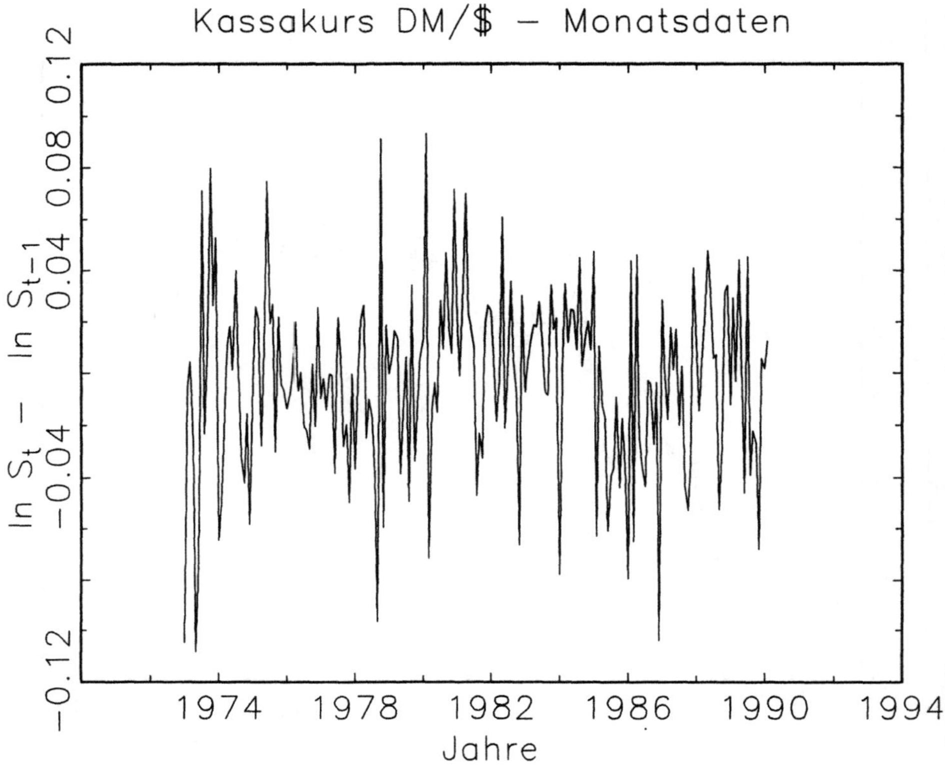

Abbildung 7.4: PROZENTUALE VERÄNDERUNG DES DM/US-DOLLAR KASSAKURSES - MONATSDATEN VOM 1. JANUAR 1973 BIS 30. APRIL 1990

blen eine stärkere Kurtosis[9] als normalverteilte Variable, d.h. die Dichtefunktion besitzt mehr Masse in den Enden als die Normalverteilung.

In der umfangreichen Literatur zur statistischen Modellierung von bedingter Heteroskedastie erfreuen sich dabei die verschiedensten Formen von ARCH- und GARCH-Modellen großer Popularität[10]. Viele dieser Untersuchungen bestätigen

[9] Es bezeichne μ_i das i-te zentrale Moment einer Verteilung. Die Kurtosis ist im allgemeinen definiert als (Kähler [120, 1991, S. 2], Diebold [45, 1988, S. 10])

$$\beta = \frac{\mu_4}{\mu_2^2}.$$

Gelegentlich wird auch das vierte zentrale Moment selbst als Kurtosis bezeichnet (Greene [88, 1990, S. 60]. Die Kurtosis ist ein Maß für die Dicke der Enden einer Dichtefunktion. Für die Normalverteilung beträgt sie 3.

[10] Vgl. hierzu die Literaturzitate im vorhergehenden Abschnitt.

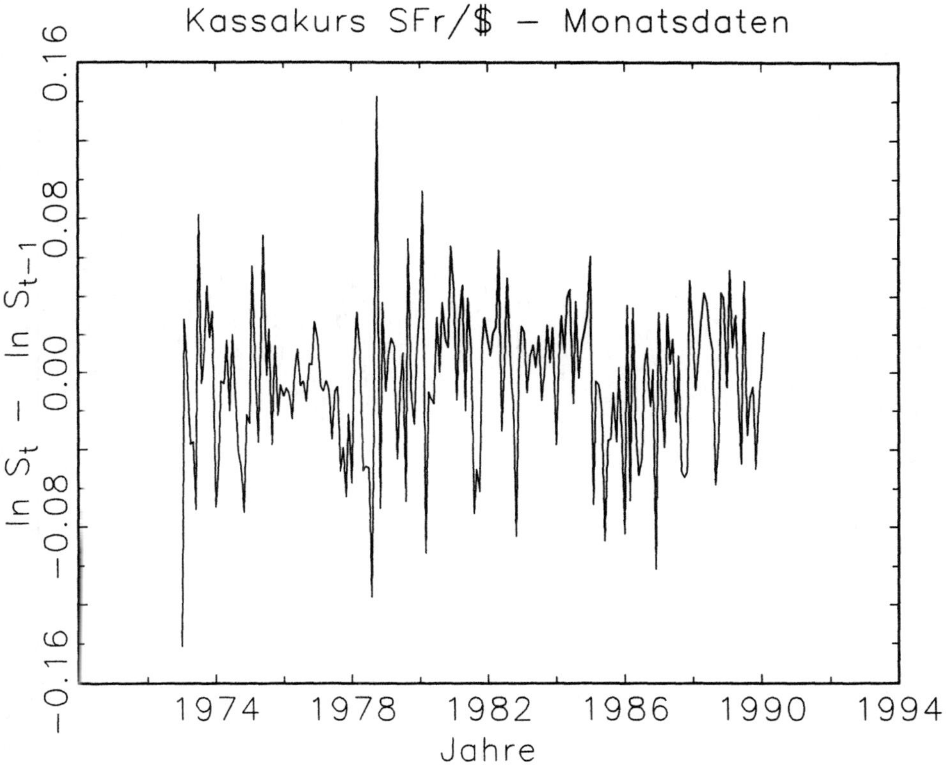

Abbildung 7.5: PROZENTUALE VERÄNDERUNG DES SFR/US-DOLLAR KASSAKURSES - MONATSDATEN VOM 1. JANUAR 1973 BIS 30. APRIL 1990

die Existenz von variablen bedingten Varianzen als einer der zentralen Eigenschaften von hochfrequenten Wechselkursdaten. Da alle Maximum-Likelihood-Verfahren in Kapitel 4 unter der Annahme konstanter bedingter Varianzen abgeleitet wurden, kann nicht davon ausgegangen werden, daß diese Voraussetzung für die Anwendung der Maximum-Likelihood-Verfahren zur Schätzung von ARFIMA(p,d,q)-Modellen auf Wechselkurse mit hoher Erhebungsfrequenz erfüllt ist. Da allerdings gegenwärtig kein Schätzverfahren verfügbar ist, das die simultane Schätzung von Long Memory und ARCH- oder GARCH-Effekten ermöglicht[11], muß diese Einschränkung bei der Interpretation der Ergebnisse berücksichtigt werden. Für die nun folgende Analyse vierteljährlicher prozentualer Wechsel-

[11]Robinson [169, 1991]) entwickelt Testverfahren, um auf simultanes Vorliegen von Long Memory und bedingter Heteroskedastie zu testen. Whistler [186, 1990] hat dieses Verfahren auf hochfrequente Wechselkurse angewendet (zitiert nach Robinson [169, 1991]. Allerdings ist damit noch keine simultane Schätzung von spezifischen Formen beider Eigenschaften möglich.

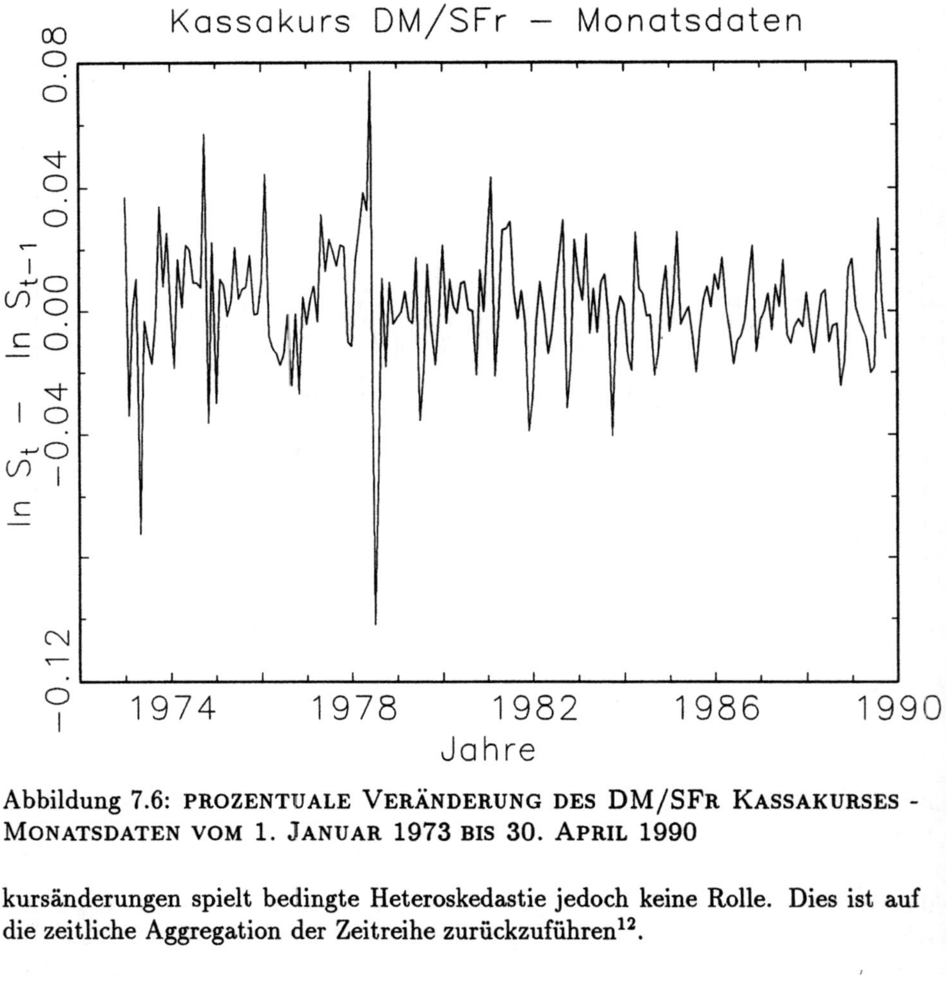

Abbildung 7.6: PROZENTUALE VERÄNDERUNG DES DM/SFR KASSAKURSES - MONATSDATEN VOM 1. JANUAR 1973 BIS 30. APRIL 1990

kursänderungen spielt bedingte Heteroskedastie jedoch keine Rolle. Dies ist auf die zeitliche Aggregation der Zeitreihe zurückzuführen[12].

7.2 Vierteljährliche Wechselkursänderungen

Engel und Hamilton [54, 1990] werten ihre Schätz- und Prognoseergebnisse als Hinweis auf die Existenz langer Zyklen in verschiedenen Dollarwechselkursen, wobei sich die einzelnen Zyklen auch durch unterschiedliche Periodenlängen auszeichnen können. Diese Ergebnisse könnten deshalb auch das Resultat irregulärer

[12]Vgl. hierzu z.B. Diebold [45, 1988].

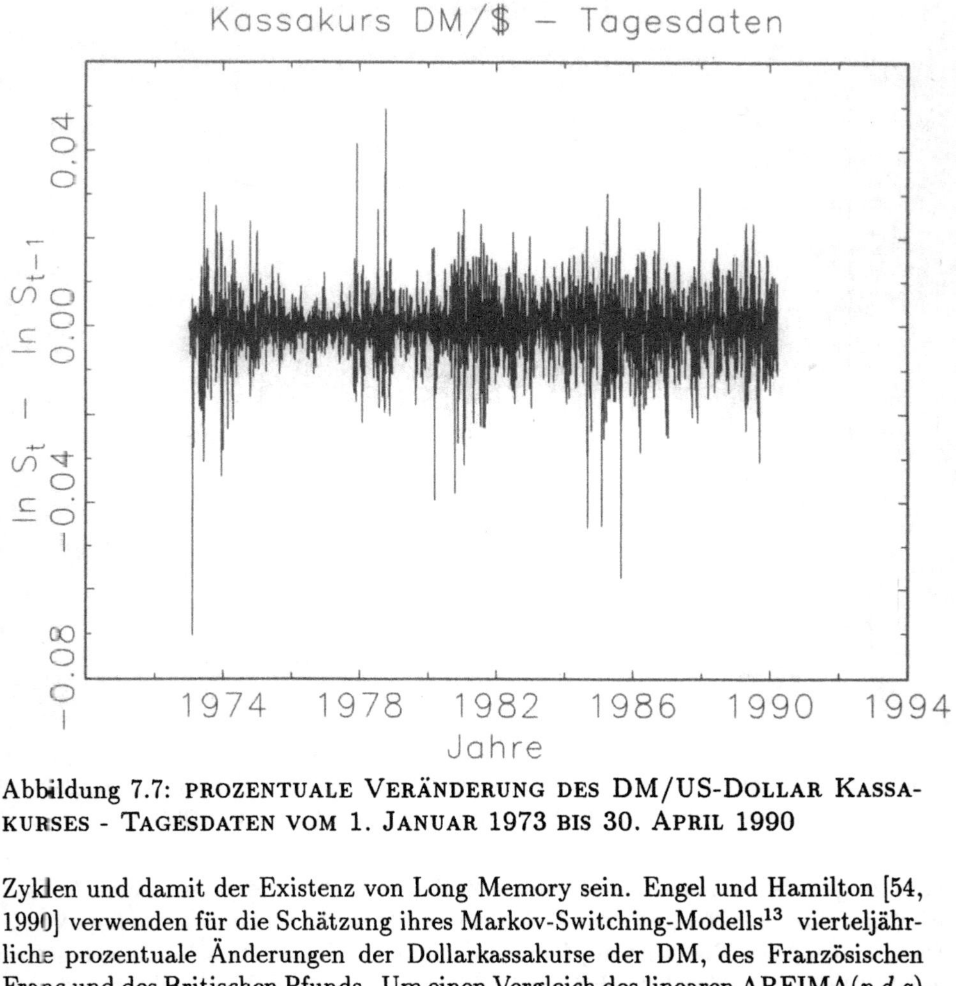

Abbildung 7.7: PROZENTUALE VERÄNDERUNG DES DM/US-DOLLAR KASSAKURSES - TAGESDATEN VOM 1. JANUAR 1973 BIS 30. APRIL 1990

Zyklen und damit der Existenz von Long Memory sein. Engel und Hamilton [54, 1990] verwenden für die Schätzung ihres Markov-Switching-Modells[13] vierteljährliche prozentuale Änderungen der Dollarkassakurse der DM, des Französischen Franc und des Britischen Pfunds. Um einen Vergleich des linearen ARFIMA(p,d,q)-Modells mit dem nichtlinearen Markov-Switching-Modell auf der gleichen Datenbasis zu ermöglichen, werden im folgenden für die prozentualen vierteljährlichen Wechselkursänderungen der drei Wechselkurse DM/US-Dollar, SFr/US-Dollar und DM/SFr sowohl Schätzungen als auch Prognosen mit dem ARFIMA(p,d,q)-Modell durchgeführt. Allerdings sei an dieser Stelle bemerkt, daß die von Engel und Hamilton beobachteten langen Zyklen möglicherweise nicht lange genug sind, um bei vierteljährlichen Daten im Rahmen des ARFIMA-Modells zu signifikantem Long Memory zu führen, da die Kreisfrequenz von ca. 0,1 bei einem achtjährigen Zyklus, der die Dollarwechselkurse zu charakterisieren scheint,

[13]Vgl. dazu die Erläuterungen in Abschnitt 6.2.

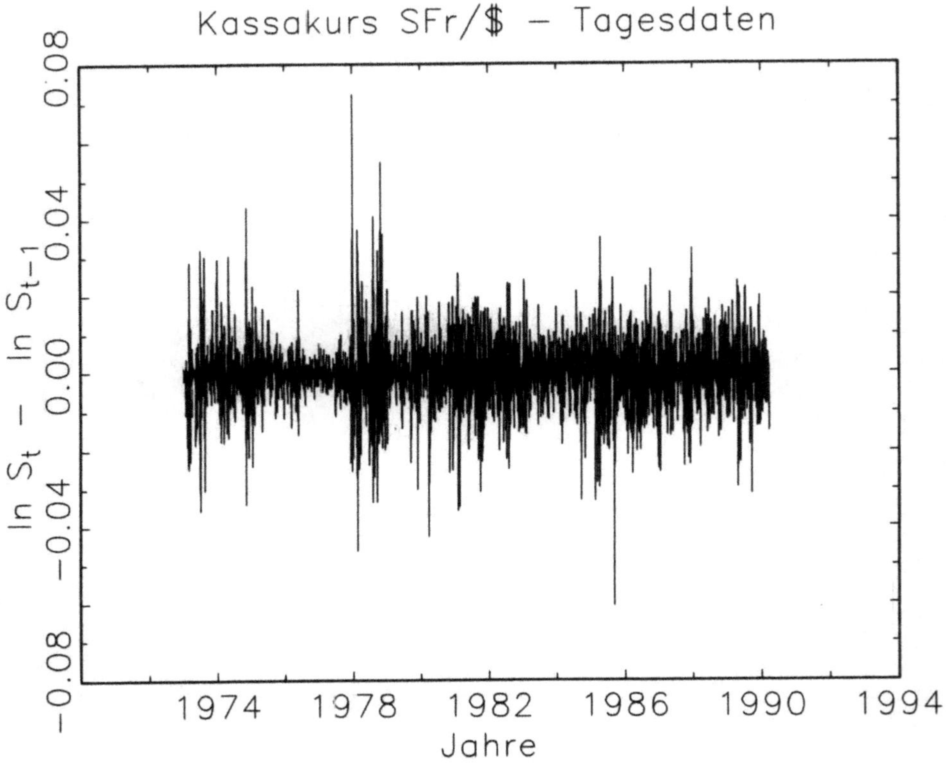

Abbildung 7.8: PROZENTUALE VERÄNDERUNG DES SFR/US-DOLLAR KASSAKURSES - TAGESDATEN VOM 1. JANUAR 1973 BIS 30. APRIL 1990

noch zu groß ist, um von Long Memory-Modellen erfaßt werden zu können[14]. Es ist deshalb zu erwarten, daß das Long Memory-Modell erst bei Verwendung von Daten mit höherer Beobachtungsfrequenz signifikante Parameterschätzungen aufweist. Dies macht deutlich, daß die Bezeichnung "lange Zyklen" sehr von dem verwendeten Modell und der Beobachtungsfrequenz der Daten abhängt.

Zunächst aber werden die vierteljährlichen prozentualen Wechselkursänderungen analysiert. Aufgrund der geringen Anzahl von ca. 60 Beobachtungen wird der Whittleschätzer (4.26) verwendet. Da wie in Abschnitt 5.1 gezeigt wurde, bei 100 Beobachtungen eine präzise Schätzung und Identifikation von schwachem Long Memory problematisch ist, ist es nicht sinnvoll, verschiedene Teilperioden zu untersuchen. Die Tabellen 7.1 bis 7.3 enthalten daher die Schätzergebnisse aus-

[14]Vgl. hierzu die Spektraldichte von fraktional differenziertem Rauschen mit $d = 0,3$ in Abbildung 3.3 in Unterabschnitt 3.1.2 auf Seite 45.

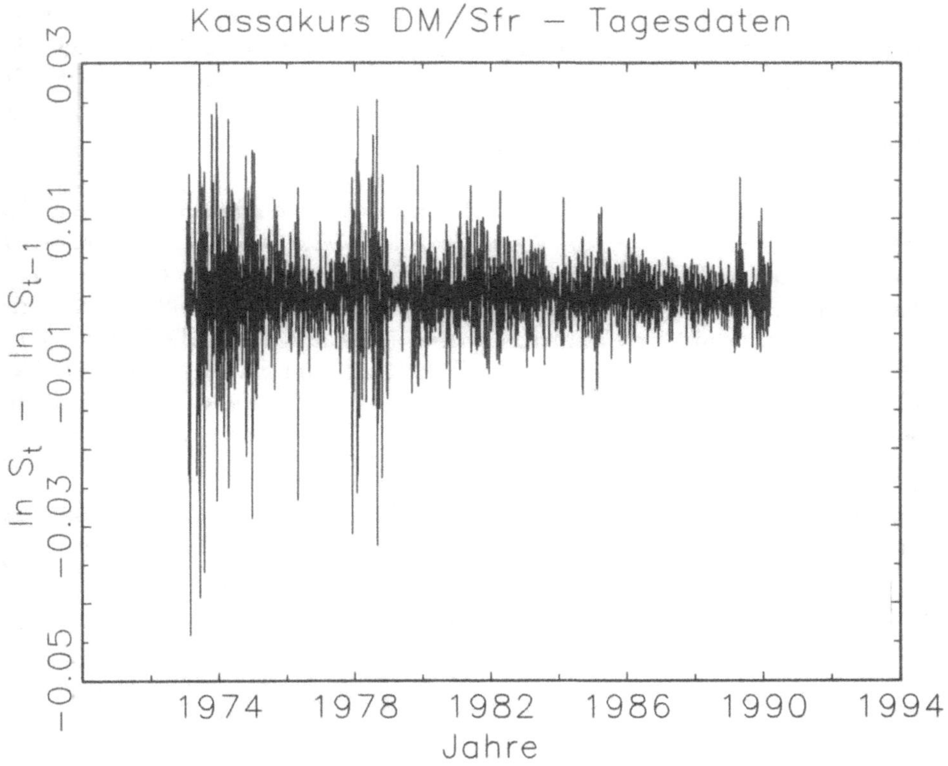

Abbildung 7.9: PROZENTUALE VERÄNDERUNG DES DM/SFR KASSAKURSES - TAGESDATEN VOM 1. JANUAR 1973 BIS 30. APRIL 1990

schließlich für den Zeitraum zwischen dem 1. Januar 1973 und 30. April 1990[15].

Betrachtet man die Schätzergebnisse der Dollarwechselkurse DM/US-Dollar und SFr/US-Dollar in den Tabellen 7.1 und 7.2, wird deutlich, daß entgegen den oben geäußerten Vermutungen Long Memory keine Eigenschaft dieser Zeitreihen zu sein scheint. Auch wenn das ARFIMA(0,d,0)-Modell im Fall des DM/US-Dollar Kurses als das beste Modell gewählt wird, ist die nahe bei Null liegende Schätzung des Intermediate/Long Memory-Parameters völlig insignifikant. Im Fall des SFr/US-Dollar Kurses wird überhaupt keine ARFIMA(p,d,q)-Spezifikation

[15]Um die Vergleichbarkeit der Ergebnisse mit den Ergebnissen bei höherfrequenten Daten zu gewährleisten, beginnt der Schätzzeitraum am 1. Januar 1973. Da eine Unterteilung in Teilperioden aufgrund des hohen Datenbedarfs bei der Schätzung von ARFIMA-Modellen unterbleibt, kann nicht geklärt werden, inwieweit die Anpassungsprozesse während des Jahres 1973 die Parameterschätzungen beeinflussen.

selektiert. Ebenso sind für beide Zeitreihen die GPH-Schätzungen nicht signifikant. Auch wenn aus diesen Ergebnissen eindeutig folgt, daß die Nullhypothese von Weißem Rauschen für die prozentualen Veränderungen nicht abgelehnt werden kann, so ist bei dieser Schlußfolgerung dennoch zu berücksichtigen, daß, wie in Abschnitt 5.1 gezeigt wurde, die empirische Macht aller Maximum-Likelihood-Verfahren bei einer geringen Anzahl von 100 Beobachtungen und schwachem Long Memory sehr gering ist.

Short Memory spielt auch in den Dollarwechselkursen keine signifikante Rolle. Bemerkenswert ist, daß sich die Werte der Selektionskriterien für die genannten Spezifikationen nur minimal unterscheiden. Dies könnte als Indiz dafür interpretiert werden, daß den Daten in der Tat keine stochastische Struktur unterliegt. Um ein abschließendes Urteil fällen zu können, ist es deshalb auf alle Fälle notwendig, die Prognoseeigenschaften des ARFIMA(0,d,0)- im Fall des DM/US-Dollar Kurses bzw. des MA(1)-Modells im Fall des SFr/US-Dollar Kurses zu untersuchen, wie dies weiter unten durchgeführt wird.

Tabelle 7.1: DM/US-DOLLAR KURS — ARFIMA(p,d,q)-SCHÄTZUNGEN DER PROZENTUALEN VIERTELJÄHRLICHEN VERÄNDERUNGEN

	Parameterschätzungen				
Sch.V.	α_1	d	β_1	AIC	Schwarz
		PERIODE 1.1.1973 - 30.4.1990			
GPH		0,4880			
		[1,3590]			
W		0,0193		-363,6596	-361,4400
		[0,1887]		(1)	(1)
W			0,0175	-363,6431	-361,4236
			[0,1400]	(2)	(2)
W	0,0166			-363,6421	-361,4226
	[0,1363]			(3)	(3)

Die t-Werte der Parameterschätzungen sind in eckigen Klammern angegeben. Die Parameterschätzungen, die bezüglich der Nullhypothese $d = 0$ ein Signifikanzniveau von 10%, 5% oder 1% aufweisen, sind mit *, ** bzw. *** gekennzeichnet. Die Zahlen in runden Klammern unter den Werten des AIC bzw. des Schwarz-Kriteriums geben die Plazierung des genannten ARFIMA(p,d,q)-Modells gemäß des jeweiligen Selektionskriteriums an. Die Abkürzungen für die Schätzverfahren in der ersten Spalte bedeuten: GPH = Geweke/Porter-Hudak-Schätzer, W = Whittleschätzer. Zur Berechnung der GPH-Schätzung werden T^{α} Periodogrammwerte herangezogen (vgl. Abschnitt 4.1). Werden keine gesonderten Angaben gemacht, so beträgt $\alpha = 0,5$

Spielt Intermediate/Long Memory bei der Beschreibung des DM/SFr Kassakurses eine Rolle? Tabelle 7.3 gibt über diese Frage Aufschluß. Auch hier sind

Tabelle 7.2: SFR/US-DOLLAR KURS — ARFIMA(p,d,q)-SCHÄTZUNGEN DER PROZENTUALEN VIERTELJÄHRLICHEN VERÄNDERUNGEN

		Parameterschätzungen				
Sch.V.	α_1	d	β_1	β_2	AIC	Schwarz
		PERIODE 1.1.1973 - 30.4.1990				
GPH		0,2887				
		[0,8038]				
W			0,2550*	-0,2499	-361,8472	-357,4081
			[1,8321]	[-1,6193]	(1)	(4)
W			0,1439		-361,7167	-359,4972
			[0,9889]		(2)	(1)
W	0,1082				-361,4880	-359,2685
	[0,8973]				(3)	(2)

Für Hinweise zu dieser Tabelle siehe die Bemerkungen zu Tabelle 7.1 auf Seite 172.

weder die Geweke/Porter-Hudak-Schätzungen, noch die Schätzungen auf der Basis des Whittleschätzers signifikant. Allerdings tritt hier das Problem auf, daß die Geweke/Porter-Hudak-Schätzung sehr empfindlich auf die Zahl der berücksichtigten Periodogrammwerte reagiert. Es ist jedoch zu beachten, daß der Regression des Geweke/Porter-Hudak-Verfahrens bei $\alpha = 0,55$ und 67 Beobachtungen maximal 10 Beobachtungen zugrundeliegen. Sowohl das AIC wie auch das Schwarz-Selektionskriterium wählen einen einfachen (insignifikanten) MA(1)-Prozeß aus. Die Parameterschätzungen des ARFIMA(0,d,1)-Prozesses sind ebenfalls aufgeführt, weil sie die relativ größten t-Werte aufweisen und sie den Intermediate/Long Memory-Parameter enthalten. Bei der Interpretation von $\hat{d}$ ist allerdings gemäß Abschnitt 5.1 zu beachten, daß alle Maximum-Likelihood-Verfahren den wahren Wert von d bei kurzen Zeitreihen unterschätzen. Diese Unterschätzung verstärkt sich im allgemeinen dann, wenn gleichzeitig Short Memory-Parameter in die Schätzung mit einbezogen werden. So beträgt die Verzerrung z.B. für einen ARFIMA(0,d,1)-Prozeß mit $d = 0,3$ und $\beta = 0,3$ bei einer Zeitreihenlänge von 100 und 500 Replikationen -0,076 (Tabelle 5.5). Daraus folgt, daß es zwar wahrscheinlich ist, daß d größer als -0,2030 ist, aber nicht, daß d tatsächlich positiv ist.

Die Aussagefähigkeit von t-Werten und damit von Signifikanztests ist wegen der potentiell negativ verzerrten Schätzungen aufgrund der geringen Beobachtungszahl eingeschränkt. Ein zuverlässigeres Urteil ist auf Basis der Prognoseeigenschaften möglich, die das entsprechende Modell außerhalb des Schätzzeitraumes aufweist. Um die Ergebnisse dieser Untersuchung mit den Ergebnissen von Engel und Hamilton [54, 1990] vergleichen zu können, werden hier deren Schätz-

Tabelle 7.3: DM/SFR KURS — ARFIMA(p,d,q)-SCHÄTZUNGEN DER PROZENTUALEN VIERTELJÄHRLICHEN VERÄNDERUNGEN

		Parameterschätzungen			
Sch.V.	α_1	d	β_1	AIC	Schwarz
		PERIODE 1.1.1973 - 30.4.1990			
GPH		0,2674			
		[0,7436]			
GPH		-0,3306			
$\alpha = 0,45$		[-0,7434]			
W			0,1197	-464,9810	-462,7763
			[0,8867]	(1)	(1)
W	0,0950			-464,8202	-462,6155
	[0,7807]			(2)	(2)
W		-0,2030	0,2879*	-464,7712	-460,3617
		[-1,5595]	[1,8606]	(3)	(4)

Für Hinweise zu dieser Tabelle siehe die Bemerkungen zu Tabelle 7.1 auf Seite 172.

und Prognosezeiträume übernommen. Der ersten Prognose für h Perioden im voraus liegt deshalb eine ARFIMA(p,d,q)-Schätzung für den Zeitraum vom 1. Quartal 1974 bis 4. Quartal 1983 zugrunde, d.h. es liegen $T = 40$ Perioden vor. Für jede weitere h-Perioden Prognose wird der Schätzzeitraum um eine weitere Periode verlängert bis der prognostizierte Wert das 1. Quartal 1988 erreicht, so daß der gesamte Untersuchungszeitraum $\bar{T} = 57$ Perioden beträgt. Aufgrund der geringen Anzahl von Beobachtungen werden hier die Prognosen mit Hilfe der exakten Prognosemethode durchgeführt, wobei die Parameter in Gleichung (3.41) mittels Gleichung (3.42) bestimmt werden und der Mittelwert geschätzt wird.

Im einzelnen werden für jeden Kassakurs Prognosen bis zu 4 Quartalen berechnet. Um nicht bei jeder Schätzung zusätzlich das Selektionsproblem lösen zu müssen, werden die Prognosen jeweils mit der Modellspezifikation ausgeführt, die für den Gesamtzeitraum von 1. Januar 1973 bis 30. April 1990 die niedrigsten Werte für das AIC bzw. das Schwarz-Kriterium aufweist (vgl. Tabellen 7.1 bis 7.3). Die Werte in runden Klammern unter den ARFIMA(p,d,q)-Spezifikationen geben jeweils in Prozent an, um wieviel besser oder schlechter, gemessen am mittleren quadratischen Vorhersagefehler (7.3), die Prognosen der analysierten Spezifikation im Vergleich zum Random Walk mit Drift sind.

Der DM/SFr Kassakurs wird hierzu zusätzlich auf Basis des ARFIMA(0,d,1)-Modells prognostiziert, das die Existenz von Intermediate Memory nahelegt. In Tabelle 7.4 sind die Ergebnisse enthalten, wobei "0d0" ein ARFIMA(0,d,0)-Prozeß,

"000" Weißes Rauschen, bzw. für die Niveauwerte einen Random Walk mit Drift, und "0d1" einen ARFIMA(0,d,1)-Prozeß bezeichnet.

Man sieht deutlich, daß die Prognosen des DM/US-Dollar Kassakurses auf Basis des ARFIMA(0,d,0)-Modells schlechter sind als die des Random Walk-Modells mit Drift. Long Memory ist also kein Merkmal dieses Wechselkurses mit vierteljährlichen Beobachtungen. Die von Engel und Hamilton [54, 1990] postulierten langen Zyklen entziehen sich damit einer Charakterisierung mit Hilfe des fraktional integrierten ARMA-Modells. Die Prognosen der SFr/US-Dollar Kurse basieren erst gar nicht auf einem Long Memory-Modell. Die einfache MA(1)-Spezifikation schneidet dabei etwas besser ab als das Random Walk-Modell mit Drift. Die DM/SFr Kassakursprognosen basieren ebenfalls auf einem MA(1)-

Tabelle 7.4: PROGNOSEEIGENSCHAFTEN VERSCHIEDENER ARFIMA(p,d,q)-SPEZIFIKATIONEN BEI PROZENTUALEN VIERTELJÄHRLICHEN KASSAKURSVERÄNDERUNGEN

Mittlerer quadratischer Prognosefehler					
		Vorhersagezeitraum in Quartalen			
Kurs	Spez.	1	2	3	4
DM/$	0d0	0,000291	0,001013	0,002490	0,005281
		(+5,4%)	(+4,1%)	(+2,0%)	(+0,6%)
	000	0,000276	0,000973	0,002442	0,005252
SFr/$	001	0,000267	0,000901	0,002277	0,004621
		(−3,6%)	(−2,9%)	(−0,4%)	(−1,7%)
	000	0,000277	0,000928	0,002286	0,004703
DM/SFr	001	0,000053	0,000123	0,000143	0,000251
		(+6,0%)	(+7,0%)	(−1,4%)	(−2,0%)
	011	0,000055	0,000139	0,000190	0,000339
		(+10,0%)	(+20,9%)	(+31,0%)	(+32,4%)
	000	0,000050	0,000115	0,000145	0,000256

Die erste Spalte benennt den Kassakurs. Die zweite Spalte gibt die Modellspezifikation an, wobei hier jeweils das Modell des bereits differenzierten Prozesses steht. "000" bezeichnet dabei Weißes Rauschen, bzw. für die Niveauwerte einen Random Walk mit Drift. Der minimale Schätzzeitraum umfaßt die Zeitspanne vom 1. Januar bis 31. Dezember 1983. Prognosen wurden dann jeweils entsprechend für die Zeit vom 1. Januar 1984 bis 1. Januar 1988 durchgeführt. Die Werte in runden Klammern unter den ARFIMA(p,d,q)-Spezifikationen geben jeweils in Prozent an, um wieviel besser oder schlechter, gemessen am mittleren quadratischen Vorhersagefehler (7.3), die Prognosen der analysierten Spezifikation im Vergleich zum Random Walk mit Drift sind.

Modell. Dabei sind die Unterschiede im mittleren quadratischen Vorhersagefehler zwischen Weißem Rauschen und der MA(1)-Spezifikation uneinheitlich. Erfolgen die Prognosen hingegen auf Basis des ARFIMA(0,d,1)-Modells, verschlechtern sich die Prognoseergebnisse erheblich. Intermediate Memory kann damit als Eigenschaft des stochastischen Prozesses der vierteljährlichen DM/SFr Kassakursveränderungen ausgeschlossen werden.

Faßt man die Ergebnisse aus den Schätzungen und Prognosen dieses Abschnitts zusammen, so läßt sich sagen, daß Intermediate oder Long Memory keine Eigenschaft des zugrundeliegenden stochastischen Prozesses der vierteljährlichen Kassakursänderungen des DM/US-Dollar, des SFr/US-Dollar und des DM/SFr ist. Diese Schlußfolgerung gilt allerdings mit der Einschränkung, daß weniger als 70 Beobachtungen keine besonders verläßliche Datenbasis für die Analyse von Intemediate oder Long Memory-Prozessen darstellen.

7.3 Monatliche Wechselkursänderungen

Ein entscheidendes Problem der Analyse von prozentualen vierteljährlichen Kassakursänderungen im vorhergehenden Abschnitt ist die zu geringe Beobachtungsperiodizität von Quartalsdaten. Es ist deshalb naheliegend, als nächstes Monatsdaten zu analysieren. Da hier für den Gesamtzeitraum vom 1. Januar 1973 bis 30. April 1990 über 200 Beobachtungen zur Verfügung stehen, ist es sinnvoll, auch Teilperioden zu untersuchen, um herauszufinden, ob der Gesamtzeitraum von Strukturveränderungen in den stochastischen Prozessen gekennzeichnet ist. Drei Teilperioden werden hierbei herausgegriffen: die Periode vom 1. Januar 1976 bis 30. April 1990, die Periode vom 1. Januar 1980 bis 30. April 1990 und schließlich die dazu komplementäre Periode vom 1. Januar 1973 bis 31. Dezember 1979. Die Wahl der ersten Teilperiode erfolgte dabei in der Absicht, mögliche Anpassungsprozesse nach dem Zusammenbruch von Bretton Woods auszuschließen. Die Unterteilung in die 70iger und 80iger Jahre wurde gewählt, um herauszufinden, inwieweit die bereits angesprochenen währungspolitischen Umwälzungen Ende der 70iger Jahre zu Strukturveränderungen in den stochastischen Prozessen geführt haben.

In allen Schätzungen dieses Abschnitts wurde der approximative Whittleschätzer (4.32) verwendet, da für den Gesamtzeitraum über 200 Beobachtungen zur Verfügung stehen und außerdem die jeweiligen Teilperioden mit diesem Verfahren geschätzt wurden, um die Vergleichbarkeit der Schätzergebnisse der Teilperioden mit denen der Gesamtperiode zu gewährleisten. Ebenso wie bei Quartalsdaten werden Prognosen durchgeführt. Übersteigt die Zahl der Gesamtperioden der Schätzung und Prognose $T + h$ 170 Pedrioden, so wird die approximative

Prognosemethode (3.46) verwendet, ansonsten das exakte Prognoseverfahren mit den Gleichungen (3.41) und (3.42)[16].

Betrachtet man die Schätzergebnisse für den DM/US-Dollar Kassakurs in Tabelle 7.5, so zeigt sich, daß sowohl das AIC als auch das Schwarz-Kriterium für die Gesamtperiode das ARFIMA(0,d,0)-Modell als beste Spezifikation selektieren. Dabei ist die Parameterschätzung $\hat{d}$ des approximativen Whittleschätzers ebenso wie die Parameterschätzung des Geweke/Porter-Hudak-Verfahrens positiv, aber nahe Null und insignifikant mit einem t-Wert von 0,8873. Die Schätzung von $\hat{d}$ mittels der approximativen Maximum-Likelihood-Schätzung ist hier größer als die entsprechende Schätzung für Quartalsdaten (Tabelle 7.1). Allerdings ist bezüglich eines Tests auf Vorliegen von Weißem Rauschen daran zu erinnern, daß die Macht des exakten Maximum-Likelihood-Verfahrens bei Kenntnis des Mittelwertes und 500 Beobachtungen nur 0,39544 beträgt, wenn das wahre d mit 0,05 nahe Null ist[17]. Wie in Abschnitt 5.1 für den Fall von 100 Beobachtungen gezeigt wurde, ist die Macht des approximativen Whittleschätzers geringer als die des exakten Maximum-Likelihood-Verfahrens bei Kenntnis des Mittelwertes, so daß eine große Irrtumswahrscheinlichkeit bezüglich der Annahme der Nullhypothese von Weißem Rauschen im Fall des DM/US-Dollar Wechselkurses besteht[18]. Das als zweitbestes gewählte AR(1)-Modell ist so gut wie Weißes Rauschen. Damit existieren keine Hinweise auf die Existenz einer stochastischen Struktur für den Gesamtzeitraum.

Klammert man die ersten drei Jahre nach Bretton Woods aus, wird vom AIC Kriterium der ARFIMA(1,d,0)-Prozeß gewählt, dessen Parameterschätzungen, gegeben ein Signifikanzniveau von 5%, signifikant sind. Im Vergleich zu der (insignifikanten) Schätzung von $d = 0,0461$ des ARFIMA(0,d,0)-Modells, das vom Schwarz-Kriterium präferiert wird, erfaßt die ARFIMA(1,d,0)-Spezifikation durch die Schätzung eines signifikanten negativen AR-Parameters auch eine höherfrequente Komponente.

Im Vergleich zur (insignifikanten) approximativen Maximum-Likelihood-Schätzung des ARFIMA(0,d,0)-Modells mit $\hat{d} = 0,4607$, das vom Schwarz-Kriterium präferiert wird, weist das ARFIMA(1,d,0)-Modell eine wesentlich größere Schätzung für d auf. Damit stellt sich die Frage, inwieweit diese Steigerung das Ergebnis einer Verzerrung sein kann, die durch eine Unterschätzung des AR-Parameters

[16]Die Zahl 170 ist bedingt durch den Definitionsbereich der Gammafunktion, die GAUSS zur Verfügung stellt.

[17]Vgl dazu Abschnitt 5.1.

[18]Der Grund hierfür liegt in der Verzerrung der t-Werte gemäß des in Abschnitt 5.1 dargestellten Arguments, demzufolge bei positivem d im wahren Prozeß eine negative Verzerrung die t-Werte verringert, sofern sie dem Betrag nach nicht größer als d ist. Auf Basis des Whittleschätzers beträgt die Verzerrung der Parameterschätzung eines ARFIMA(0,d,0)-Prozesses mit $d = 0,05$ bei 200 Beobachtungen immerhin noch 0,025. Vgl. hierzu Cheung [29, 1990, S. 110, Table 4.5.A].

Tabelle 7.5: DM/US-Dollar Kurs — ARFIMA(p,d,q)-Schätzungen der prozentualen monatlichen Veränderungen

Parameterschätzungen						
Sch.V.	α_1	d	β_1	β_2	AIC	Schwarz
		Periode 1.1.1973 - 30.4.1990				
GPH		0,2223				
		[0,9570]				
aW		0,0479			-1377,5507	-1374,2228
		[0,8873]			(1)	(1)
aW	0,0143				-1376,7619	-1373,4340
	[0,2053]				(2)	(2)
		Periode 1.1.1976 - 30.4.1990				
GPH		0,4607*				
		[1,8778]				
aW	-0,2600**	0,2067**			-1160,7955	-1154,5239
	[-2,4752]	[2,3110]			(1)	(2)
aW		0,0461			-1157,8590	-1154,7233
		[0,8299]			(10)	(1)
aW			-0,0402	0,1649**	-1160,1646	-1153,8930
			[-0,5278]	[2,2611]	(2)	(5)
		Periode 1.1.1980 - 30.4.1990				
GPH		0,2260				
		[0,8129]				
aW		0,0887			-822,6818	-819,8778
		[1,2972]			(1)	(1)
aW	-0,1918	0,2118*			-822,4210	-816,8130
	[-1,4333]	[1,8756]			(2)	(3)
		Periode 1.1.1973 - 31.12.1979				
GPH		-0,2355				
		[-0,7226]				
aW		-0,0690			-549,1085	-546,6897
		[-0,6971]			(1)	(1)
aW	-0,0215				-548,6860	-546,2672
	[-0,1960]				(2)	(2)

Die t-Werte der Parameterschätzungen sind in eckigen Klammern angegeben. Die Parameterschätzungen, die bezüglich der Nullhypothese $d = 0$ ein Signifikanzniveau von 10%, 5% oder 1% aufweisen, sind mit *, ** bzw. *** gekennzeichnet. Die Zahlen in runden Klammern unter den Werten des AIC bzw. des Schwarz-Kriteriums geben die Plazierung des genannten ARFIMA(p,d,q)-Modells gemäß des jeweiligen Selektionskriteriums an. Die Abkürzungen für die Schätzverfahren in der ersten Spalte bedeuten: GPH = Geweke/Porter-Hudak-Schätzer, aW = approximativer Whittleschätzer. Zur Berechnung der GPH-Schätzung werden T^α Periodogrammwerte herangezogen (vgl. Abschnitt 4.1). Werden keine gesonderten Angaben gemacht, so beträgt $\alpha = 0,5$.

kompensiert wird. Gegen eine Verzerrung in dieser Richtung spricht, daß ein negativer AR-Prozeß und ein ARFIMA(0,d,0)-Prozeß mit $d = 0,2$ gemäß der Argumentation in Abschnitt 5.2 weder sehr ähnliche noch sehr gegensätzliche Basisprozesse darstellen. Dies zeigt sich darin, daß bei 100 Beobachtungen und Verwendung des approximativen Whittleschätzers für $\alpha_1 = -0,3$ und $d = 0,3$ die erwartete Verzerrung von $\hat{d}$ $-0,1047$ beträgt (Tabelle 5.5 auf Seite 104). Im Vergleich dazu beträgt die erwartete Verzerrung bei $\alpha_1 = 0,3$ aufgrund der starken Ähnlichkeit der Basisprozesse $-0,2922$. Der ARFIMA(1,d,0)-Prozeß erscheint also als eine vielversprechende Spezifikation für gute Prognoseergebnisse. Dieses Ergebnis widerspricht auch nicht einer visuellen Beurteilung der Zeitreihe monatlicher Veränderungen in Abbildung 7.4 auf Seite 166, da die Jahre ab 1976 in der Tat durch verschiedene Zyklen unterschiedlicher Periodizität gekennzeichnet zu sein scheinen.

In der Zeit der Reaganschen Wirtschaftspolitik schwächt sich die Signifikanz des vom AIC für die längere Periode ab 1976 gewählten ARFIMA(1,d,0)-Modells ab, da, gegeben ein Signifikanzniveau von 10%, nur noch der d Parameter signifikant bleibt. Dafür erreicht die d Schätzung des ARFIMA(0,d,0)-Modells, das nunmehr vom AIC und vom Schwarz-Kriterium selektiert wird, im Vergleich zu den anderen Perioden ihr Maximum von 0,0887, wobei deren t-Wert leicht ansteigt.

Die 70iger Jahre bieten ein völlig anderes Bild. Beide Selektionskriterien bestimmen einen ARFIMA(0,d,0)-Prozeß mit Intermediate Memory als beste Alternative. Er ist ebenso wie der AR-Parameter des als zweitbeste Alternative selektierten AR(1)-Prozesses insignifikant. Der geringe t-Wert des Memory-Parameters deutet jedoch eher auf eine verzerrte Parameterschätzung als auf einen Strukturbruch hin. In der Tat wird die Nullhypothese $d_{73-79} = d_{80-90}$ bei Verwendung folgender asymptotisch $\chi^2(1)$-verteilter Wald-Teststatistik[19]

$$\hat{\lambda} = \frac{(\hat{d}_{73-79} - \hat{d}_{80-90})^2}{Var(\hat{d}_{73-79}) + Var(\hat{d}_{80-90})} \tag{7.4}$$

bei einem Signifikanzniveau von 5% nicht abgelehnt, da $\hat{\lambda} = 1,718 < 3.841$. Der Vorzeichenwechsel in d sollte also nicht als Folge des bereits angesprochenen Wechsels in der Geldpolitik durch die amerikanische Zentralbank im Oktober 1979 interpretiert werden.

Dieses Muster des Vorzeichenwechsels von d ist auch charakteristisch für die prozentualen monatlichen Veränderungen der SFr/US-Dollar Kassakurse. Die ARFIMA(p,d,q)-Schätzungen für diese Zeitreihe sind in Tabelle 7.6 enthalten. So

[19] Bei der Ableitung von $\hat{\lambda}$ wird angenommen, daß die Schätzungen der beiden Memoryparameter stochastisch unabhängig sind.

Tabelle 7.6: SFR/US-DOLLAR KURS — ARFIMA(p,d,q)-SCHÄTZUNGEN DER PROZENTUALEN MONATLICHEN VERÄNDERUNGEN

		Parameterschätzungen			
Sch.V.	α_1	d	β_1	AIC	Schwarz
		PERIODE 1.1.1973 - 30.4.1990			
GPH		0,1010			
		[0,4348]			
aW		0,0360		-1334,5870	-1331,2591
		[0,6400]		(1)	(1)
aW	0,0272			-1334,3144	-1330,9866
	[0,3912]			(2)	(2)
		PERIODE 1.1.1976 - 30.4.1990			
GPH		0,3285			
		[1,3389]			
aW		0,0577		-1110,9669	-1107,8311
		[0,9381]		(1)	(1)
aW	0,0489			-1110,4396	-1107,3038
	[0,6388]			(2)	(2)
		PERIODE 1.1.1980 - 30.4.1990			
GPH		0,2076			
		[0,7470]			
aW		0,0820		-802,7215	-799,9175
		[1,1089]		(1)	(1)
aW	0,0817			-802,2033	-799,3993
	[0,9057]			(3)	(2)
		PERIODE 1.1.1973 - 31.12.1979			
GPH		-0,1828			
		[-0,5610]			
aW		-0,1016		-528,2549	-524,8361
		[-0,9622]		(1)	(1)
aW			-0,00160	-527,4067	-524,9879
			[-0,1412]	(3)	(3)
aW		-0,2444	0,1834	-527,4473	-522,6096
		[-1,6306]	[1,1971]	(2)	(4)

Für Hinweise zu dieser Tabelle siehe die Bemerkungen zu Tabelle 7.5 auf Seite 178.

ergibt sich auch hier aus der für den SFr/US-Dollarkurses entsprechenden Teststatistik $\hat{\lambda} = 2.029$ keine Ablehnung der Nullhypothese "Kein Strukturbruch" zum 5% Signifikanzniveau. Die im Vergleich zu den Ergebnissen der DM/US-Dollarkurse im Durchschnitt geringeren t-Werte könnten darauf hinweisen, daß die Zeitreihe der Differenz der logarithmierten monatlichen SFr/US-Dollar Kassakurse, wenn überhaupt, eine schwächere stochastische Struktur aufweist als der entsprechende DM/US-Dollar Kassakurs. Im Gegensatz zum DM/US-Dollar Kurs finden sich auch keine Anzeichen eines gemischen Short und Long Memory-Prozesses für die Teilperioden, die nach dem 1. Januar 1976 beginnen.

In Tabelle 7.7 sind die Schätzergebnisse für die DM-Kassakurse des Schweizer Franken zusammengefaßt. Bei der Analyse der Ergebnisse für den Gesamtzeitraum fällt auf, daß die Geweke/Porter-Hudak-Schätzungen von d sehr empfindlich auf die Anzahl der verwendeten Periodogrammwerte reagieren, denn sie liegen zwischen 0,4164 und -0,0642. Dies deutet darauf hin, daß Short Memory-Eigenschaften die Geweke/Porter-Hudak-Schätzungen dominieren und so auch den relativ hohen t-Wert von 1,7919 bei $\alpha = 0,5$ verursachen. In der Tat befindet sich das ARFIMA(0,d,0)-Modell nicht auf einem der ersten beiden Plätze der Rangordnung, die beide Selektionskriterien an einen MA(1)- und einen AR(1)-Prozeß vergeben.

Dies ändert sich, sobald die Jahre 1973 bis 1975 weggelassen werden. Sowohl für den Zeitraum vom 1. Janaur 1976 bis 30. April 1990 als auch für die Periode vom 1. Januar 1980 bis 30. April 1990 spielt Intermediate Memory eine signifikante Rolle, wenn man dem vom AIC für beide Teilperioden selektierten ARFIMA(0,d,1)-Prozeß folgt, der für die 80iger Jahre auch vom Schwarz-Kriterium gewählt wird. Anzumerken ist, daß in diesen Fällen die Unterschiede der Werte der Selektionskriterien zu der jeweils nächstbesten Spezifikation wesentlich größer sind als sonst. Auch sind die Parameterschätzungen für d und β_1 dem Betrag nach so unterschiedlich, daß sie kaum durch eine gegenseitige Verzerrung bestimmt sein können.

Für die 70iger Jahre schlägt das AIC einen ARFIMA(2,d,0)-Prozeß mit teilweise hochsignifikanten Parametern vor. Allerdings deuten die Schätzung von $d = -0,9179$ und die Ähnlichkeit der Absolutbeträge von d und α_1 darauf hin, daß die Parameterschätzungen das Ergebnis von Verzerrungen sind und nicht den wahren stochastischen Prozeß repräsentieren. Das Schwarz-Kriterium wählt einen insignifikanten Intermediate Memory-Prozeß. Damit erhält man den Eindruck, daß in der Entwicklung der prozentualen monatlichen Veränderungen des DM/SFr Kassakurses Intermediate Memory eine Rolle spielen könnte, wobei allerdings die Short Memory-Komponente nicht über die Gesamtperiode stabil zu sein scheint. Gegen diese Interpretation sprechen allerdings die fast ausnahmslos geringen t-Werte der Geweke/Porter-Hudak-Schätzungen.

Tabelle 7.7: DM/SFR KURS — ARFIMA(p,d,q)-SCHÄTZUNGEN DER PROZENTUALEN MONATLICHEN VERÄNDERUNGEN

Parameterschätzungen						
Sch.V.	α_1	α_2	d	β_1	AIC	Schwarz
			PERIODE 1.1.1973 - 30.4.1990			
GPH			0,4164*			
			[1,7919]			
GPH			-0,0642			
$\alpha = 0,45$			[-0,2188]			
aW				0,0593	-1588,9553	-1585,6470
				[0,8101]	(1)	(1)
aW	0,0550				-1588,9087	-1585,6004
	[0,7823]				(2)	(2)
			PERIODE 1.1.1976 - 30.4.1990			
GPH			-0,0650			
			[-0,2512]			
aW			-0,2050**	0,3660***	-1343,6483	-1337,4005
			[-2,3634]	[3,6339]	(1)	(2)
aW				0,1938**	-1341,3271	-1338,2031
				[2,2333]	(6)	(1)
aW	-0,5062		-0,3832		-1342,4807	-1336,2328
	[1,7019]		[-1,3607]		(2)	(4)
			PERIODE 1.1.1980 - 30.4.1990			
GPH			-0,1268			
			[-0,4264]			
aW			-0,2452***	0,4561***	-1025,4527	-1019,8778
			[-2,6293]	[4,8162]	(1)	(1)
aW	0,2340***	-0,2434***			-1024,4934	-1018,9185
	[2,6413]	[-2,7480]			(2)	(3)
			PERIODE 1.1.1973 - 31.12.1979			
GPH			-0,0950			
			[-0,2912]			
GPH			0,1826			
$\alpha = 0,45$			[0,4665]			
aW	0,8706***	0,0067	-0,9179***		-594,2106	-587,0272
	[2,7526]	[0,0296]	[-3,1411]		(1)	(9)
aW			-0,2415		-594,0906	-591,6962
			[-0,2412]		(3)	(1)

Für Hinweise zu dieser Tabelle siehe die Bemerkungen zu Tabelle 7.5 auf Seite 178.

Neben Signifikanztests bieten Prognosen, die sich auf Zeiten außerhalb des Schätzzeitraums beziehen, eine Möglichkeit, Modellspezifikationen auf ihre statistische Relevanz hin zu überprüfen. Um unabhängig von der gewählten Beobachtungsfrequenz der Daten die gleichen Prognosebedingungen zu gewährleisten, beginnt der Schätzzeitraum wieder am 1. September 1973 und endet für die erste Prognose am 31. Dezember 1983. Prognosen werden mit einem sich verlängernden Schätzzeitraum solange durchgeführt, bis der 1. Januar 1988 erreicht ist. Der Schätzzeitraum verlängert sich dabei jeweils um einen Monat. Die Prognosehorizonte betragen wieder ein, zwei, drei und vier Quartale.

In Tabelle 7.8 sind die Ergebnisse zusammengefaßt. Für den DM/US-Dollar Kurs wurden zwei Spezifikationen untersucht: das ARFIMA(0,d,0)-Modell und das ARFIMA(1,d,0)-Modell. Das erste Modell wurde vom Schwarz-Kriterium für alle Teilperioden selektiert, das zweite Modell weist für die Periode vom 1. Januar 1976 bis 30. April 1990 signifikante Parameter auf und wurde vom AIC für diesen Zeitraum und die 80iger Jahre selektiert. Es zeigt sich, daß beide Spezifikationen, gemessen am mittleren quadratischen Vorhersagefehler (7.3), bessere Prognosen erreichen als das Weiße Rauschen, wobei das ARFIMA(1,d,0)-Modell fast doppelt so gut abschneidet. Das ARFIMA(1,d,0)-Modell reduziert den mittleren quadratischen Prognosefehler dabei auf Werte zwischen 3,7% und 8,0%. Diese Verbesserungen übertreffen für die langfristigeren Prognosen sogar die Werte, die Engel und Hamilton [54, 1990, S. 700, Tabelle 3] mit dem Markov-Switching-Modell auf der Basis von Vierteljahresdaten erzielt haben. Das erlaubt die Schlußfolgerung, daß Long Memory in den Monatsdaten des DM/US-Dollar Kassakurses eine wesentliche Rolle spielt. Die Prognoseergebnisse für das ARFIMA(0,d,0)-Modell machen außerdem deutlich, daß einem Urteil nicht ausschließlich t-Werte zugrundeliegen sollten, insbesondere dann, wenn die Parameterschätzungen nahe Null sind.

Diese Schlußfolgerungen gelten analog für die Modellierung der monatlichen Veränderungen des SFr/US-Dollar Wechselkurses. Trotz insignifikanter Parameterschätzungen für alle Perioden erzielt das ARFIMA(0,d,0)-Modell auch hier eine Reduktion des mittleren quadratischen Vorhersagefehlers (7.3) um bis zu 4,7%. Für die monatlichen Differenzen der logarithmierten DM/SFr Kassakurse lassen sich im allgemeinen, wie ebenfalls aus Tabelle 7.8 zu ersehen ist, weder mit einem ARFIMA(0,d,1)- noch mit einem MA(1)-Prozeß verbesserte Prognosen erreichen. Dies ist in gewisser Weise überraschend, da das ARFIMA(0,d,1)-Modell für die Teilperioden nach dem 1. Januar 1976 signifikante Parameter aufwies. Ein Grund für das schlechte Abschneiden ist möglicherweise die bereits festgestellte Instabilität der ARFIMA-Spezifikationen über die Gesamtperiode hinweg.

Das Fazit dieses Abschnitts über monatliche prozentuale Veränderungen von

Tabelle 7.8: PROGNOSEEIGENSCHAFTEN VERSCHIEDENER ARFIMA(p,d,q)-SPEZIFIKATIONEN BEI PROZENTUALEN MONATLICHEN KASSAKURSVERÄNDERUNGEN

Mittlerer quadratischer Prognosefehler					
		Vorhersagezeitraum in Monaten			
Kurs	Spez.	3	6	9	12
DM/$	0d0	0,000121	0,000411	0,001002	0,002101
		(−3,2%)	(−3,3%)	(−2,9%)	(−2,1%)
	1d0	0,000115	0,000392	0,000967	0,002061
		(−8,0%)	(−7,8%)	(−6,2%)	(−3,7%)
	000	0,000125	0,000425	0,001031	0,002146
SFr/$	0d0	0,000123	0,000386	0,000917	0,001898
		(−4,7%)	(−4,2%)	(−2,6%)	(−0,6%)
	000	0,000129	0,000403	0,000941	0,001909
DM/SFr	0d1	0,000032	0,000053	0,000072	0,000146
		(0,0%)	(+6,0%)	(+22,2%)	(+30,4%)
	001	0,000032	0,000048	0,000055	0,000113
		(0,0%)	(−4,0%)	(−1,8%)	(+0,9%)
	000	0,000032	0,000050	0,000056	0,000112

Für Hinweise zu dieser Tabelle siehe die Bemerkungen zu Tabelle 7.4 auf Seite 175.

Wechselkursen ist, daß die Dollarwechselkurse der Deutschen Mark wie die des Schweizer Franken durch fraktional differenziertes Rauschen, das im Fall der Deutschen Mark mit einem AR(1)-Prozeß kombiniert ist, gut erfaßt werden können. Dies äußert sich insbesondere in den guten Prognoseergebnissen, die für die analysierten Prognosezeiträume immer besser als das Random Walk Modell mit Drift sind. Für die stochastische Beschreibung des DM/SFr Kassakurs nach dem 1. Januar 1976 schlagen die hochsignifikanten Schätzergebnisse einen ARFIMA(0,d,1)-Prozeß mit Intermediate Memory vor. Diese Spezifikation versagt allerdings bei der Prognose, nicht zuletzt wohl aufgrund der instabilen stochastischen Short Memory-Struktur, die diesem Wechselkurs für die Gesamtperiode zu unterliegen scheint, so daß zur Modellierung der monatlichen prozentualen DM/SFr Kassakursänderungen das ARFIMA-Modell nicht geeignet ist.

7.4 Wöchentliche Wechselkursänderungen

Die ersten Hinweise auf die Existenz von Long Memory in Wechselkursen im Rahmen des ARFIMA(p,d,q)-Modells gehen auf Cheung [29, 1990] zurück, der die wöchentlichen prozentualen Änderungen der Dollarkassakurse des Britischen Pfund, des Schweizer Franken, des Französischen Franc, des Japanischen Yen und der Deutschen Mark für den Zeitraum vom 1. Januar 1974 bis 31. Dezember 1987 analysiert hat. In diesem Abschnitt werden seine Ergebnisse für den Schweizer Franken und die Deutsche Mark überprüft und darüber hinaus für die im vorhergehenden Abschnitt festgelegten Teilperioden geschätzt, um so die Robustheit seiner Ergebnisse zu überprüfen. Außerdem werden die Prognoseeigenschaften des jeweils für die Gesamtperiode selektierten ARFIMA(p,d,q)-Modells untersucht. Zusätzlich wird der DM/SFr Kassakurs mit in die Analyse einbezogen.

Wochendaten von Kassakursen zählen bereits zu hochfrequenten Daten in der Finanzmarktliteratur, da inzwischen vielfach nachgewiesen wurde, daß Wechselkurse mit einer hochfrequenten Erhebungsfrequenz durch bedingte Heteroskedastie gekennzeichnet sind[20]. Somit ist eine Voraussetzung zur Ableitung der in Abschnitt 4.2.2 dargestellten approximativen Maximum-Likelihood-Methoden nicht mehr erfüllt. Dadurch ist die Möglichkeit zusätzlicher Parameterverzerrungen gegeben.

Wie aus Tabelle 7.9 zu ersehen ist, weist der DM/US-Dollar Kassakurs, wenn man der approximativen Maximum-Likelihood-Schätzung folgt, für den im Vergleich zum Untersuchungszeitraum von Cheung [29, 1990] etwas längeren Zeitraum vom 1. Januar 1973 bis 30. April 1990 in der Tat hochsignifikantes Long Memory auf. Die Geweke/Porter-Hudak-Schätzung ist allerdings nicht signifikant[21]. Als zweitbester Prozeß wird von beiden Selektionskriterien ein AR(1)-Prozeß gewählt.

Fehlen jedoch die ersten drei Jahre nach Bretton Woods, so reduzieren sich die Beträge aller approximativen Whittleschätzungen und deren t-Werte, so daß die Parameterschätzungen von d nicht länger signifikant bleiben. Berücksichtigt man ausschließlich die 80iger Jahre, reduzieren sich die t-Werte nochmals. Dies

[20] Vgl. dazu Abschnitt 6.2.

[21] Cheung [29, 1990, S. 52, Tabelle 3.5.b, S. 50, Tabelle 3.3] nennt für den Zeitraum vom 1. Januar 1974 bis 31. Dezember 1987 folgende Schätzungen für d: 0,0464 mit einem Probability-Wert von 0,047 mit dem approximativen Whittleschätzer und 0,2943 mit einem Probability-Wert von 0,025 für die Geweke/Porter-Hudak-Schätzung. Eigene Schätzungen führen für den Untersuchungszeitraum von Cheung mit der approximativen Whittleschätzung zu $\hat{d} = 0,0618$ mit einem t-Wert von 2.1703 und mit dem Geweke/Porter-Hudak-Schätzer zu $d = 0,3103$ mit einem t-Wert von 2,0700. Cheung [29, 1990, S. 39] verwendet dabei Daten aus den Chicago Mercantile Exchange Yearbooks.

Tabelle 7.9: DM/US-DOLLAR KURS — ARFIMA(p,d,q)-SCHÄTZUNGEN DER PROZENTUALEN WÖCHENTLICHEN VERÄNDERUNGEN

Parameterschätzungen						
Sch.V.	α_1	α_2	d	β_1	AIC	Schwarz
			PERIODE 1.1.1973 - 30.4.1990			
GPH			0,1640			
			[1,1686]			
aW			0,0745***		-7588,2187	-7586,9723
			[2,8460]		(1)	(1)
aW	0,0757**				-7587,9909	-7583,1852
	[2,2809]				(7)	(2)
			PERIODE 1.1.1976 - 30.4.1990			
GPH			0,2342			
			[1,5623]			
aW			0,0420		-6274,5610	-6269,9449
			[1,5078]		(1)	(1)
aW	0,0360				-6273,1048	-6268,4888
	[0,9838]				(2)	(2)
			PERIODE 1.1.1980 - 30.4.1990			
GPH			0,1772			
			[1,0671]			
aW			0,0456		-4222,5886	-4418,3008
			[1,3866]		(1)	(1)
aW	0,03979				-4421,3839	-4417,0960
	[0,9234]				(2)	(2)
			PERIODE 1.1.1973 - 31.12.1979			
GPH			0,0827			
			[0,4396]			
aW	0,1346***	0,1256**			-3195,1934	-3187,3991
	[2,5889]	[2,4147]			(1)	(3)
aW			0,1382***		-3193,7421	-3189,8450
			[3,1188]		(3)	(1)

Für Hinweise zu dieser Tabelle siehe die Bemerkungen zu Tabelle 7.5 auf Seite 178.

läßt vermuten, daß Long Memory, das für den Gesamtzeitraum beobachtet wird, hauptsächlich durch die Kursentwicklung während der ersten drei Jahre von 1973 bis 1975 verursacht wird. Diese Vermutung wird, wie aus Tabelle 7.9 zu ersehen ist, gefestigt durch das hochsignifikante, vergleichsweise starke Long Memory, das die Teilperiode vom 1. Januar 1973 bis 31. Dezember 1989 kennzeichnet. Diese Schlußfolgerung deutet darauf hin, daß den Ergebnissen von Cheung [29, 1990] zumindest für den DM/US-Dollar Kurs nicht die Allgemeingültigkeit zukommt, die er selbst vermutet:

> "The estimated ARFIMA models indicate that there is long memory in exchange rates and the dynamics is more complicated than implied by the random walk hypothesis" (Cheung [29, 1990, S. 43]).

Analysiert man die wöchentlichen Veränderungen des SFr/US-Dollar Kassakurses, zeigt sich bei einem Blick in Tabelle 7.10 ein ähnliches Bild. Allerdings sind die Schätzungen des Long Memory-Parameters[22] durchweg näher bei Null und abgesehen von der Schätzung für den Gesamtzeitraum insignifikant. Insbesondere scheinen im Gegensatz zum DM/US-Dollar Kurs die 70iger Jahre ohne jegliche stochastische Struktur in den ersten Momenten zu sein.

Für die Zeitreihe der logarithmierten DM/SFr Kassakurse sind die Ergebnisse weniger von der betrachteten Periode als vom gewählten Selektionskriterium abhängig. Die entsprechenden Ergebnisse sind in Tabelle 7.11 zusammengefaßt. Gemäß dem Schwarz-Kriterium ist abgesehen von der Teilperiode in den 70iger Jahren das ARFIMA(0,d,0)-Modell mit insignifikanten, schwach positiven Parameterschätzungen für d immer das beste. Folgt man hingegen dem AIC Kriterium, so erfassen höherparametrisierte Spezifikationen diese Zeitreihe besser. Die Parameter der jeweils identifizierten Modelle sind nahezu vollständig auf einem Signifikanzniveau von 5% zu akzeptieren, wobei d durchwegs ein positives Vorzeichen aufweist, sofern es in der Modellspezifikation enthalten ist. Ähnlich dem DM/US-Dollar Kurs scheinen auch hier die ersten drei Jahre nach Bretton Woods für die Stärke des Long Memory ausschlaggebend zu sein, denn dem AIC Kriterium zufolge spielt Long Memory in den 80iger Jahren keine Rolle und die Parameterschätzung für d geht um nahezu 50% zurück, wenn die Schätzperiode erst 1976 beginnt. Gegen die ARMA(1,2)-Spezifikation für die 80iger Jahre ist einzuwenden, daß das AR- und das MA-Polynom eine gemeinsame Wurzel haben dürften und somit dieses Modell keine sinnvolle Spezifikation darstellt. Im Gegensatz zum DM/US-Dollar Kurs wird in den 70iger Jahren die Long Memory-Komponente zusätzlich durch eine höherfrequente Short Memory-Komponente

[22] Cheung [29, 1990, S. 53, Tabelle 3.5.c] nennt als bestes Modell gemäß dem AIC Kriterium ein ARFIMA(1,d,1)-Modell mit den Parameterschätzungen $\alpha_1 = -0,7577$, $d = 0,0477$ und $\beta_1 = 0,7016$ mit den entsprechenden Probability-Werten von 0,000, 0,061 und 0,000.

Tabelle 7.10: SFR/US-DOLLAR KURS — ARFIMA(p,d,q)-SCHÄTZUNGEN DER PROZENTUALEN WÖCHENTLICHEN VERÄNDERUNGEN

Parameterschätzungen				
Sch.V.	α_1	d	AIC	Schwarz
		PERIODE 1.1.1973 - 30.4.1990		
GPH		0,1511		
		[1,0767]		
aW		0,0498*	-7335,8408	-7331,0351
		[1,9232]	(1)	(1)
aW	0,0442		-7333,6480	-7328,8423
	[1,3292]		(4)	(2)
		PERIODE 1.1.1976 - 30.4.1990		
GPH		0,2134		
		[1,4238]		
aW		0,0377	-6054,5072	-6049,8924
		[1,3388]	(1)	(1)
aW	0,0299		-6053,2838	-6048,6691
	[0,8161]		(2)	(2)
		PERIODE 1.1.1980 - 30.4.1990		
GPH		0,1420		
		[0,8551]		
aW		0,0436	-4338,0232	-4333,7354
		[1,2916]	(1)	(1)
aW	0,0442		-4337,3086	-4333,0207
	[1,027]		(2)	(2)
		PERIODE 1.1.1973 - 31.12.1979		
GPH		0,0151		
		[0,0800]		
aW		0,0371	-2991,7522	-2987,8550
		[0,8641]	(1)	(1)
aW	0,0334		-2991,3826	-2987,4854
	[0,6366]		(2)	(2)

Für Hinweise zu dieser Tabelle siehe die Bemerkungen zu Tabelle 7.5 auf Seite 178.

abelle 7.11: DM/SFR KURS — ARFIMA(p,d,q)-SCHÄTZUNGEN DER PRO-ENTUALEN WÖCHENTLICHEN VERÄNDERUNGEN

			Parameterschätzungen				
ch.V.	α_1	α_2	d	β_1	β_2	AIC	Schwarz
			PERIODE 1.1.1973 - 30.4.1990				
GPH			-0,0258				
			[-0,1804]				
aW	-0,1969***	-0,1036**	0,1773***			-8614,5656	-8600,1953
	[-3,1092]	[-2,2011]	[3,1455]			(1)	(4)
aW			0,0235			-8610,5727	-8605,7826
			[0,9308]			(8)	(1)
aW			0,1174**	-0,1415**		-8613,0825	-8603,5023
			[2,0303]	[-1,978]		(2)	(2)
			PERIODE 1.1.1976 - 30.4.1990				
GPH			-0,0345				
			[-0,2302]				
aW	-0,6125***	-0,7270***	0,0895**	0,5194***	0,6297***	-7162,0819	-7139,0898
	[-4,7192]	[-4,0139]	[2,1383]	[3,5339]	[2,9108]	(1)	(13)
aW			0,0256			-7155,9206	-7151,3208
			[0,9024]			(9)	(1)
			PERIODE 1.1.1980 - 30.4.1990				
GPH			-0,0870				
			[-0,5236]				
aW	0,6625***			-0,6649***	0,0829*	-5350,3182	-5337,5052
	[4,9217]			[-4,7875]	[1,7414]	(1)	(9)
aW			0,0323			-5349,7040	-5325,4330
			[0,9217]			(3)	(1)
			PERIODE 1.1.1973 - 31.12.1979				
GPH			0,1257				
			[0,6444]				
aW	-0,2271**	-0,1483**	0,1904**			-3328,8088	-3317,1588
	[-2,5228]	[-2,1437]	[2,4092]			(1)	(9)
aW				-0,0304		-3327,4344	-3323,5511
				[-0,5691]		(3)	(1)

ür Hinweise zu dieser Tabelle siehe die Bemerkungen zu Tabelle 7.5 auf Seite 178.

ergänzt, da beide AR-Parameter negativ sind. Bezüglich der Zeitreihe der prozentualen wöchentlichen Veränderungen des DM/SFr Kassakurses läßt sich also das Fazit ziehen, daß sich die Existenz von Long Memory gemischt mit einem AR(2)-Prozeß auf die ersten Jahre der Periode flexibler Wechselkurse konzentriert.

Tabelle 7.12 enthält die Prognoseergebnisse. Abgesehen von der Verlängerung des Schätzzeitraumes um jeweils eine Woche entspricht die Durchführung den Prognosen, die auf Basis von monatlichen Daten im vorhergehenden Abschnitt durchgeführt wurden. Allerdings werden aus rechentechnischen Gründen nur die halbjährlichen und einjährigen Prognosen berechnet.

Tabelle 7.12: PROGNOSEEIGENSCHAFTEN VERSCHIEDENER ARFIMA(p,d,q)-SPEZIFIKATIONEN BEI PROZENTUALEN WÖCHENTLICHEN KASSAKURSVERÄNDERUNGEN

Mittlerer quadratischer Prognosefehler			
		Vorhersagezeitraum in Monaten	
Kurs	Spez.	6	12
DM/$	0d0	0,000093	0,000507
		(−7,0%)	(−3,0%)
	000	0,000100	0,000522
SFr/$	0d0	0,000094	0,000471
		(−4,1%)	(−0,2%)
	000	0,000098	0,000472
DM/SFr	0d0	0,000007	0,000021
		(+16,7%)	(+31,3%)
	2d0	0,000006	0,000014
		(0,0%)	(−12,5%)
	000	0,000006	0,000016

Für Hinweise zu dieser Tabelle siehe die Bemerkungen zu Tabelle 7.4 auf Seite 175.

Für die wöchentlichen Differenzen des logarithmierten DM/US-Dollar Kassakurses ist der mittlere quadratische Prognosefehler des ARFIMA(0,d,0)-Modells im Vergleich zum Weißen Rauschen um 3,0% bis 7,0% geringer. Damit empfiehlt sich das Long Memory-Modell auch bei Wochendaten trotz teilweise insignifikanter Parameterschätzungen und potentieller Probleme aufgrund bedingter Heteroskedastie als geeignetes Prognosemodell. Diese Beobachtung gilt, wie bei den niedrigeren Beobachtungsfrequenzen auch, in abgeschwächter Form für den SFr/US-Dollar Kurs.

Wie aus Tabelle 7.12 zu ersehen ist, erzielt das Modell fraktional differenzierten Rauschens bei der Prognose des wöchentlichen DM/SFr Kassakurses wesentlich schlechtere Ergebnisse als der Random Walk mit Drift, obwohl es vom Schwarz-Kriterium, abgesehen von den 80iger Jahren, immer selektiert wurde. Das vom AIC hingegen präferierte ARFIMA(2,d,0)-Modell, das starke Short Memory-Komponenten berücksichtigt, schneidet bei den einjährigen Prognosen um 12,5% besser ab als das Random Walk-Modell.

Zusammen mit der im Vergleich zur ARFIMA(0,d,0)-Prognose besseren ARFIMA(1,d,0)-Prognose der monatlichen DM/US-Dollar Kassakurse kann diese Tatsache als Beispiel dafür dienen, daß bei Vorliegen von ARFIMA(p,d,q)-Prozessen das Schwarz-Kriterium zur Selektion von ARFIMA(p,d,q)-Prognosemodellen zur Unterparametrisierung neigt. Folglich können wichtige Short Memory-Komponenten vernachlässigt werden. Daß das AIC bei Vorliegen von ARFIMA(p,d,q)-Prozessen bessere Prognoseleistungen als das Schwarz-Kriterium induziert, sollte nicht verwundern, da es, wie in Abschnitt 5.3 gezeigt wurde, auch eine wesentlich größere Selektionswahrscheinlichkeit eines gemischten Short und Long Memory-Prozesses als das Schwarz-Kriterium besitzt. Dieses Ergebnis steht allerdings im Widerspruch zu Koehler und Murphree [122, 1988], die auf der Basis univariater Zustandsraummodelle Prognosen verschiedener tatsächlich beobachteter Zeitreihen durchführten[23], wobei die Spezifikation der Prognosemodelle mittels des AIC und des Schwarz-Kriteriums erfolgte. In ihrer Analyse ist das Schwarz-Kriteriums dem AIC überlegen.

Als Fazit der Analyse von wöchentlichen Wechselkursänderungen ergibt sich, daß der DM/US-Dollar Kassakurs und in abgeschwächter Form der SFr/US-Dollar Kassakurs mittels eines Long Memory-Modells gut erfaßt werden können. Dabei deuten die Schätzergebnisse für den DM/US-Dollar Kassakurs darauf hin, daß hierfür hauptsächlich die 70iger Jahre verantwortlich sind. Beim wöchentlichen DM/SFr Kassakurs ist darüber hinaus die Long Memory-Komponente von einem signifikanten AR(2)-Prozeß überlagert. Auch hier scheinen die stochastischen Strukturen in den 70iger Jahren stärker ausgeprägt zu sein. In allen drei Fällen konnte durch Verwendung der entsprechenden ARFIMA(p,d,q)-Spezifikation der mittlere quadratische Vorhersagefehler im Vergleich zum Random Walk-Modell mit Drift gesenkt werden.

[23] Univariate Zustandsraummodelle entsprechen ARMA(p,p)-Modellen, stellen also eine Teilgruppe der ARMA(p,q)-Modelle dar.

7.5 Tägliche Wechselkursänderungen

Die täglichen prozentualen Veränderungen von Wechselkursen sind in der Literatur bisher nicht mit fraktional integrierten ARMA-Modellen analysiert worden. Eine Interpretation der Parameterschätzungen von ARFIMA-Spezifikationen sollte allerdings bei Tagesdaten mit Vorsicht erfolgen, da Tagesdaten im Vergleich zu Monatsdaten weit stärker durch bedingte Heteroskedastie geprägt sind. Ein Vorteil von Tagesdaten ist jedoch, daß Tests auf Vorliegen von Weißem Rauschen aufgrund der großen Zahl von bis zu 4300 Beobachtungen nicht wie bei der Analyse von Quartals- oder Monatsdaten aufgrund ihrer geringen Macht unzuverlässig sind. Die in diesem Abschnitt analysierten Gesamt- und Teilperioden entsprechen denen der vorangegangenen Abschnitte über Monats- und Wochendaten.

Für den DM/US-Dollar Kassakurs ergibt sich bei einem Blick in Tabelle 7.13 folgendes Bild. Abgesehen von den 70iger Jahren selektiert das AIC immer ARFIMA(2,d,0)-Prozesse, deren Parameterschätzungen alle signifikant sind, einige sogar auf dem 1% Niveau. Typisch für die Parameterschätzungen dieser Modelle ist, daß die beiden AR-Parameter im Absolutbetrag ungefähr den ersten beiden AR-Parametern der AR(∞)-Darstellung eines fraktional differenzierten Rauschens mit $d = 0,07$ entsprechen, denn nach (3.15) in Unterabschnitt 3.1.2 wären $\alpha_1 = 0,0700$ und $\alpha_2 = 0,0325$. Das bedeutet, daß der AR-Teil des ARFIMA(2,d,0)-Modells sozusagen die Wirkung der ersten beiden AR-Parameter des fraktional differenzierten Rauschens auslöscht. Die Eigenschaft einer hyperbolisch abklingenden Autokovarianzfunktion bleibt also erhalten. Diese Spezifikation deutet damit darauf hin, daß zwar die Autokovarianzen geringer Lags keine Rolle spielen, jedoch die Autokovarianzen größerer Lags einen nicht zu vernachlässigenden Einfluß besitzen. Mit den traditionellen ARMA-Modellen kann dieser signifikante, aber schwache Einfluß nicht erfaßt werden, da er für eine hochparametrische AR-Darstellung zu gering ist, um signifikante Parameterschätzungen zu erzeugen. Diese Interpretation läßt sich auch auf die Schätzung für die 70iger Jahre übertragen, da das AIC für diese Periode ein ARFIMA(0,d,2)-Modell mit entsprechender Parameterkonstellation selektiert.

Folgt man allerdings der Wahl des Schwarz-Kriteriums, so zeigen die Schätzungen sowohl für die Gesamt- als auch für jede Teilperiode alle Anzeichen von Weißem Rauschen, denn alle Parameterschätzungen der jeweils einparametrigen Spezifikationen sind insignifikant. Eine ARFIMA(0,d,0)-Spezifikation wurde nur für die 70iger Jahre gewählt. Gegen die Präsenz von Long Memory sprechen, abgesehen von der Gesamtperiode, auch die insignifikanten Schätzungen des Geweke/Porter-Hudak-Verfahrens. Darüber hinaus ordnet das Schwarz-Kriterium die vom AIC gewählten Spezifikationen nicht unter den ersten vier Spezifikationen ein. Long Memory in den Tagesdaten des DM/US-Dollar Kassakurses läßt

abelle 7.13: DM/US-Dollar Kurs — ARFIMA(p,d,q)-Schätzungen der rozentualen täglichen Veränderungen

	Parameterschätzungen						
ch.V.	α_1	α_2	d	β_1	β_2	AIC	Schwarz
			Periode 1.1.1973 - 30.4.1990				
GPH			0,2046**				
			[2,3101]				
W	-0,0938***	-0,0587***	0,07872***			-42988,8456	-42969,7222
	[-3,5187]	[-3,0192]	[3,5126]			(1)	(5)
W				-0,0132		-42979,3731	-42972,9986
				[0,8619]		(8)	(1)
			Periode 1.1.1976 - 30.4.1990				
GPH			0,0708				
			[0,7644]				
W	-0,0811***	-0,0394*	0,0594**			-35794,0326	-35775,4624
	[-2,7003]	[1,8200]	[2,3409]			(1)	(9)
W				-0,0206		-35792,3006	-35786,1106
				[-1,2354]		(5)	(1)
			Periode 1.1.1980 - 30.4.1990				
GPH			0,0527				
			[0,5106]				
W	-0,1093***	-0,0442*	0,0756**			-25359,6354	-25342,0514
	[-3,0659]	[-1,7000]	[2,5000]			(1)	(9)
W	-0,0316					-25357,2007	-25351,3393
	[-1,6112]					(7)	(1)
			Periode 1.1.1973 - 31.12.1979				
GPH			-0,0200				
			[-0,1722]				
W			0,1183**	-0,0960	-0,1087***	-17707,1688	-17690,7845
			[2,1745]	[-1,5617]	[-3,0951]	(1)	(6)
W			0,0222			-17700,7649	-17695,3038
			[1,2104]			(8)	(1)

r Hinweise zu dieser Tabelle siehe die Bemerkungen zu Tabelle 7.5 auf Seite 178.

sich damit statistisch nicht nach allen Kriterien absichern.

Tabelle 7.14: SFR/US-DOLLAR KURS — ARFIMA(p,d,q)-SCHÄTZUNGEN DER PROZENTUALEN TÄGLICHEN VERÄNDERUNGEN

Parameterschätzungen							
Sch.V.	α_1	α_2	d	β_1	β_2	AIC	Schwarz
			PERIODE 1.1.1973 - 30.4.1990				
GPH			0,1584				
			[1,8049]				
aW	-0,0554**	-0,0444**	0,05372**			-42269,9713	-42250,8196
	[-2,0450]	[-2,2987]	[2,3506]			(1)	(7)
aW			0,0082			-42267,8792	-42261,4953
			[0,72145]			(5)	(1)
			PERIODE 1.1.1976 - 30.4.1990				
GPH			0,1475				
			[1,5909]				
aW				-0,0131		-34870,0843	-34863,8904
				[-0,7821]		(1)	(1)
aW	-0,0130					-34870,0790	-34863,8850
	[-0,7773]					(2)	(2)
			PERIODE 1.1.1980 - 30.4.1990				
GPH			0,0650				
			[0,6381]				
aW			0,0481*	-0,0648**		-25114,4512	-25102,7208
			[1,8268]	[-1,9126]		(1)	(4)
aW	-0,0146					-25112,7472	-25106,8820
	[-0,7461]					(5)	(1)
			PERIODE 1.1.1973 - 31.12.1979				
GPH			-0,0184				
			[-0,1611]				
aW				0,0217	-0,0589**	-17154,4236	-17143,4661
				[0,9138]	[-2,4562]	(1)	(3)
aW				0,0211		-17150,4535	-17144,9748
				[0,8355]		(11)	(1)

Für Hinweise zu dieser Tabelle siehe die Bemerkungen zu Tabelle 7.5 auf Seite 178.

Die täglichen Kassakurse des SFr/US-Dollar zeigen für die Gesamtperiode gemäß Tabelle 7.14 ein dem DM/US-Dollar Kassakurs ähnliches Bild. Doch für die Teilperioden wählt das AIC ebenso wie das Schwarz-Kriterium jeweils unterschiedliche Spezifikationen. Dabei spielen in den Teilperioden vom 1. Januar 1976 bis 30. April 1990 und in den 70iger Jahren Intermediate oder Long Memory überhaupt keine Rolle. Auch sind die vom AIC selektierten Spezifkationen nur in zwei Fällen schwach signifikant. In den täglichen SFr/US-Dollar Kassakursen sind die Hinweise auf Long Memory im Vergleich zum DM/US-Dollar Wechselkurs also schwächer.

Welche Modellspezifikation ist für den DM/SFr Kassakurs am geeignetsten? Hier bietet sich in Tabelle 7.15 ein uneinheitliches Bild. Für die Gesamtperiode erfaßt die Wechselkursentwicklung gemäß AIC und Schwarz-Kriterium ein ARMA(2,2)-Modell mit ausschließlich signifikanten Parameterschätzungen am besten. Gleichzeitig ist die Parameterschätzung des Geweke/Porter-Hudak-Verfahrens Null. Intermediate und Long Memory sind also für die Gesamtperiode von keiner Bedeutung.

Die Dominanz von Short Memory gilt nicht für alle Teilperioden. Bei Betrachtung von Tabelle 7.15 fällt auf, daß die 70iger Jahre von signifikanten AR(2)- oder MA(1)-Prozessen mit Parameterschätzungen für α_1 bzw. β_1 um -0,2 geprägt sind. Für die 80iger Jahre finden sich hingegen keine Anzeichen für eine stochastische Struktur in den Daten, da die Parameterschätzungen des ARMA(2,2)-Prozesses, der vom AIC für die 80iger Jahre selektiert wird, auf mindestens eine gemeinsame Wurzel von AR- und MA-Polynom hindeuten und die Parameterschätzungen der vom Schwarz-Kriterium selektierten einparametrigen Short Memory-Prozesse nahe Null sind. Damit läßt sich die Schlußfolgerung ziehen, daß die für die Gesamtperiode auffallend starke Short Memory-Komponente in den täglichen DM/SFr Kassakursen entscheidend durch die Wechselkursentwicklung in den 70iger Jahren determiniert sein muß.

Insgesamt läßt sich also sagen, daß Long Memory, sieht man von der AIC Spezifikation des DM/US-Dollar Kassakurses ab, keine vorherrschende Eigenschaft in Zeitreihen von täglichen Wechselkursen ist. Aufgrund geeigneter Schätzverfahren kann gegenwärtig allerdings nicht geklärt werden, inwieweit dies auf die Existenz bedingter Heteroskedastie in den Daten zurückzuführen ist.

Eine Überprüfung der Schätzergebnisse mittels Out-of-Sample-Prognosen findet bei Tagesdaten nicht statt, da dies im Fall einer Jahresprognose ca. $h = 200$ Prognoseperioden erfordern würde. Bei derart großem h sind die Prognosen eines ARFIMA(p,d,q)-Modells mit d nahe Null jedoch längst gegen den Mittelwert der Zeitreihe konvergiert, so daß sich diese Prognosen von den Prognosen eines Random Walks mit Drift nicht mehr besonders unterscheiden würden. Eine Überprüfung der selektierten Modellspezifikationen müßte also kürzere Prognosehorizonte mit verschiedenen Schätzzeiträumen umfassen. Derartige Prognosen

Tabelle 7.15: DM/SFR KURS — ARFIMA(p,d,q)-SCHÄTZUNGEN DER PROZENTUALEN TÄGLICHEN VERÄNDERUNGEN

			Parameterschätzungen				
Sch.V.	α_1	α_2	d	β_1	β_2	AIC	Schwarz
			PERIODE 1.1.1973 - 30.4.1990				
GPH			-0,0000				
			[-0,0008]				
GPH			0,1600**				
$\alpha = 0,55$			[2,2878]				
aW	-0,9593***	-0,3463***		0,8231***	0,1927***	-47081,8284	-47056,35
	[-10,7868]	[-4,2579]		[8,9000]	[2,2342]	(1)	(1)
aW				-0,1431***		-47052,7887	-47046,41
				[-9,4802]		(4)	(2)
			PERIODE 1.1.1976 - 30.4.1990				
GPH			0,0756				
			[0,8071]				
aW			0,0157			-40425,5657	-40419,38
			[1,2062]			(1)	(1)
aW				0,0110		-40424,5125	-40418,32
				[0,6579]		(2)	(2)
			PERIODE 1.1.1980 - 30.4.1990				
GPH			0,1204				
			[1,1676]				
GPH			-0,1065				
$\alpha = 0,45$			[-0,8211]				
aW	0,7115**	-0,4942**		-0,7175**	0,5491**	-30354,3482	-30330,92
	[2,3309]	[-2,400]		[-2,4326]	[2,8361]	(1)	(12)
aW			0,0200			-30350,0479	-30344,19
			[1,3254]			(9)	(1)
			PERIODE 1.1.1973 - 31.12.1979				
GPH			0,1596				
			[1,3759]				
aW	-0,1982***	-0,0537**				-17861,6405	-17850,72
	[-8,2769]	[-2,1452]				(1)	(2)
aW				-0,2000***		-17860,1180	-17855,11
				[-8,3361]		(2)	(1)

Für Hinweise zu dieser Tabelle siehe die Bemerkungen zu Tabelle 7.5 auf Seite 178.

werden im Rahmen dieser Arbeit jedoch nicht durchgeführt.

7.6 Zusammenfassung und Beurteilung der empirischen Ergebnisse

Während in den vier vorhergehenden Abschnitten die detaillierten Ergebnisse den einzelnen Beobachtungsfrequenzen nach geordnet dargestellt und diskutiert wurden, werden im folgenden die Ergebnisse nach Wechselkursen sortiert zusammengefaßt. Im einzelnen wurden die vierteljährlichen, monatlichen, wöchentlichen und täglichen prozentualen Veränderungen der Kassakurse des DM/US-Dollar, des SFr/US-Dollar und des DM/SFr für die Periode vom 1. Januar 1973 bis 30. April 1990 untersucht. Abgesehen von den Quartalsdaten wurden für alle drei Zeitreihen auch Teilperioden analysiert. Im einzelnen umfassen sie die Periode vom 1. Januar 1976 bis 30. April 1990, die Periode vom 1. Januar 1980 bis 30. April 1990 und die Periode vom 1. Januar 1973 bis 31. Dezember 1979. Außerdem wurden bei vierteljährlichen und monatlichen Daten Out-of-Sample-Prognosen für ein, zwei, drei und vier Quartale, bei wöchentlichen Daten für zwei und vier Quartale durchgeführt. Grundsätzlich ergaben sich dabei aus der Analyse der Vierteljahresdaten keine Hinweise auf die Existenz von Intermediate oder Long Memory in den DM/US-Dollar, SFr/US-Dollar und DM/SFr Kassakursen. Allerdings gilt dieses Fazit mit der Einschränkung, daß aufgrund der geringen Beobachtungszahl Verzerrungen eine Identifikation von Intermediate bzw. Long Memory erschweren.

Die meisten Hinweise auf das Vorliegen von Long Memory in Wechselkursänderungen fanden sich in den DM/US-Dollarkursen. So wurde der mittlere quadratische Prognosefehler bei der Vorhersage monatlicher Änderungen mit Hilfe eines ARFIMA(1,d,0)-Prozesses im Vergleich zum Random Walk mit Drift gesenkt, obgleich dieses Modell nicht für alle geschätzten Teilperioden signifkant ist. Ähnliche Resultate erhält man für die höherfrequenten Wochendaten. Nunmehr spielt die Short Memory-Komponente allerdings keine Rolle mehr. In den Tagesdaten finden sich Hinweise auf Long Memory wiederum gemischt mit Short Memory-Komponenten.

Betrachtet man die SFr/US-Dollarkurse, so zeigt sich qualitativ ein den DM/US-Dollarkursen vergleichbares Bild. Allerdings fehlt die Short Memory-Komponente in den monatlichen Wechselkursraten. Darüber hinaus ist die stochastische Struktur generell schwächer ausgeprägt. Dies äußert sich in fast ausschließlich insignikanten Parameterschätzungen und nur geringeren Verbesserungen der Prognosequalität gegenüber dem Random Walk mit Drift. Dennoch erweist sich das

Long Memory-Modell als eine sinnvolle Beschreibung dieser Wechselkurszeitreihen.

Hingegen erscheint für die Modellierung des DM/SFr-Kurses der fraktional integrierte ARMA-Prozeß kein geeignetes Zeitreihenmodell. So ergibt sich für die monatlichen Veränderungen eine über die verschiedenen Teilperioden hinweg widersprüchliche Modellselektion, die sowohl reine Short Memory- als auch gemischte Short und Intermediate Memory-Modelle umfaßt. Letztere erzielen dabei im Vergleich zum Random Walk mit Drift wesentlich bessere Prognoseergebnisse. Betrachtet man dagegen wöchentliche Daten, so werden je nach Teilperiode entweder gemischte Short und Long Memory oder reine Short Memory-Prozesse selektiert. Je nach Wahl der Modellspezifikation verbessert oder verschlechtert sich die Prognosequalität erheblich. In den täglichen Änderungen finden sich dagegen weder Hinweise auf Long Memory noch auf Intermediate Memory. Damit bieten die Ergebnisse des DM/SFr-Kurses ein sehr uneinheitliches Bild.

Einige Bemerkungen sind angebracht. So deuten die Schätzergebnisse für den DM/US-Dollar Kassakurs darauf hin, daß die Signifikanz des Long Memory-Parameters hauptsächlich von der Berücksichtigung der Anpassungsjahre an das System flexibler Wechselkurse nach dem Ende von Bretton Woods abhängt. Bezüglich der Relevanz der Ergebnisse von wöchentlichen und täglichen Daten ist anzumerken, daß bisher in der Literatur nicht geklärt wurde, inwieweit bedingte Heteroskedastie, die diesen hochfrequenten Zeitreihen zu eigen ist, zu Verzerrungen der Maximum-Likelihood-Schätzungen führt.

Ein Problem der Interpretation der Ergebnisse von verschiedenen Beobachtungsfrequenzen ist, daß bisher keine theoeretischen Ergebnisse bezüglich der temporalen Aggregation von fraktional integrierten ARMA-Prozessen existieren und somit die Schätzungen bezüglich der jeweiligen Beobachtungsfrequenzen statistisch nicht auf ihre Konsistenz hin überprüft werden können, denn teilweise erscheinen die Ergebnisse als substantiell verschieden. So zeigen z.B. die Ergebnisse für die Wochendaten des DM/US-Dollar Kassakurses ein Bild, das im Gegensatz zu den Ergebnissen bei Monatsdaten steht. Obwohl Long Memory bei Wochendaten während der 70iger Jahre besonders ausgeprägt und signifikant ist, zeigen die Monatsdaten für den gleichen Zeitraum insignifikantes Intermediate Memory (Tabellen 7.9 und 7.5 auf den Seiten 186 und 178). Ähnlich ist der Fall des DM/SFr Kassakurses in den 80iger Jahren. Wird vom AIC bei Wochendaten ein aufgrund gemeinsamer Wurzeln möglicherweise stark verzerrtes ARMA(1,2)-Modell gewählt, selektiert das gleiche Kriterium für Monatsdaten ein hochsignifikantes ARFIMA(0,d,q)-Modell (Tabellen 7.11 und 7.7 auf den Seiten 189 und 182).

Obwohl also noch einige Fragen bei der Schätzung von fraktional integrierten ARMA-Modellen offen bleiben, zeigen die vorangegangenen Untersuchungen, daß das ARFIMA-Modell insbesondere für die zwei Dollarwechselkurse eine sinnvolle stochastische Beschreibung der Entwicklung von Wechselkursen zu bieten scheint. Inwieweit als mögliche Ursache für Long Memory auf dem Devisenmarkt, entsprechend den theoretischen und empirischen Ergebnissen der Abschnitte 6.4 und 6.5, die stochastische Entwicklung auf anderen Märkten relevant ist, oder ob andere Faktoren wie zum Beispiel irrationale Spekulanten eine Rolle spielen, kann in dieser Arbeit nicht abschließen geklärt werden. Dies erfordert Analysen der jeweiligen nationalen Geldangebotsprozesse, die über die in Abschnitt 6.4 genannten Untersuchungen hinausgehen. In ihnen muß einerseits die bisherige Evidenz von Long Memory in den Geldangebotsmengen M1, M2 und M3 des US-Dollar erhärtet, andererseits eine Analyse der Geldangebotsprozesse anderer Währungen durchgeführt werden.

Kapitel 8

Zusammenfassung der Ergebnisse

In der vorliegenden Arbeit erfolgte eine empirische Analyse ausgewählter Wechselkurse. Im Mittelpunkt stand dabei die Approximation der zugrundeliegenden stochastischen Prozesse mittels neuerer zeitreihentheoretischer Methoden. Motiviert wurde diese Arbeit durch eine Hypothese jüngerer Studien aus der Wechselkurstheorie, die besagt, daß Realisationen von Wechselkursänderungen im Zeitablauf durch Long Memory-Prozesse charakterisiert werden können. Die vorliegende Arbeit kommt aufgrund umfangreicher empirischer Analysen zu dem Schluß, daß die scheinbar klare Evidenz pro Long Memory in Wechselkursänderungen deutlich qualifiziert werden muß: Long Memory ist eine wichtige Eigenschaft ausgewählter Reihen, Perioden und Beobachtungsfrequenzen, aber nicht ein allumfassendes Phänomen.

Ein wichtiges Element weiterer Forschung ist daher die präzise Interpretation des vorliegenden Datenmaterials. Hier wurden einige Schätzverfahren aus der ökonometrischen Literatur, die sich durch vielversprechende asymptotische und rechentechnische Eigenschaften auszeichnen, im Hinblick auf ihre Schätzeigenschaften für Stichproben realistischen Umfangs untersucht. Zudem wurde die Identifikation der korrekten Modellspezifikation problematisiert.

Sollte künftige Forschung — unter Berücksichtigung dieser ökonometrischen Ergebnisse — weitere Beispiele für das Vorliegen von Long Memory in anderen Wechselkurszeitreihen finden, so wird die Frage nach den ökonomischen Ursachen umso dringender. Diese Arbeit bemühte sich um einen ersten Schritt zur ökonomischen Fundierung des Long Memory-Phänomens im Wechselkursbereich.

In den folgenden Abschnitten werden die Ergebnisse aus den Kapiteln 4 bis 7 im einzelnen zusammengefaßt. Die Kapitel 1 bis 3 dienten der Motivation der Studie, der Einführung zeitreihentheoretischer Grundlagen und der detaillierten Darstellung der Theorie von Long Memory-Prozessen. Im Mittelpunkt stand dabei das fraktional integrierte ARMA-Modell. In den Kapiteln 4 und 5 wurden dann alle für die empirische Anwendung dieser Modelle wichtigen Aspekte analysiert. Den Anfang bildete dabei ein Literaturüberblick über die verschiedenen Verfahren zur Schätzung von fraktional integrierten ARMA-Modellen und deren asymptotischen Schätzeigenschaften in Kapitel 4. Neben dem Geweke/Porter-Hudak-Verfahren und der exakten Maximum-Likelihood-Methode wurden dabei zwei approximative Maximum-Likelihood-Verfahren besonders ausführlich dargestellt: der Whittleschätzer und dessen Approximation. Als zentrales Ergebnis von Kapitel 4 konnte ein alternatives, zuverlässiges Verfahren zur Berechnung des Whittleschätzers abgeleitet werden. Es basiert auf der von Sowell [178, 1992] entwickelten Methode zur Berechnung der Autokovarianzfunktion. Steht bereits ein Computerprogramm zur Berechnung der Autokovarianzfunktion zur Verfügung, wird die Berechnung des Whittleschätzers sehr vereinfacht. Damit kann bei der Berechnung des Whittleschätzers die Integration über das Periodogramm vermieden werden, welche aufgrund der erratischen Struktur des Periodogramms sowohl äußerst rechenintensiv als auch ungenau sein kann. Geht es jedoch um die Schätzung sehr langer Zeitreihen, sollte weiterhin der approximative Whittleschätzer verwendet werden, da er wesentlich weniger Rechenaufwand erfordert.

In Kapitel 5 wurden die Schätzeigenschaften der in Kapitel 4 dargestellten Schätzverfahren bei Vorliegen kurzer Zeitreihen analysiert. Auch hier wurde das Schwergewicht auf die beiden approximativen Maximum-Likelihood-Verfahren gelegt, ohne jedoch die aus der Literatur verfügbaren Ergebnisse bezüglich der exakten Maximum-Likelihood-Methode und des Geweke/Porter-Hudak-Verfahrens zu vernachlässigen. Dabei wurde festgestellt, daß unabhängig von der Wahl des Schätzverfahrens gilt, daß die zuverlässige Identifikation von Intermediate und Long Memory-Prozessen eine größere Zahl an Beobachtungen erfordert als dies bei traditionellen ARMA-Modellen der Fall ist.

Unter der Bedingung, daß die Spezifikation des zu schätzenden ARFIMA-Prozesses bekannt ist, wurden mit Hilfe von Monte-Carlo-Simulationen zunächst aus der Literatur bekannte Ergebnisse bestätigt: Das Ausmaß der Verzerrung des Intermediate/Long Memory-Parameters hängt von der Parameterkonstellation des wahren ARFIMA(p,d,q)-Prozesses ab. Darüber hinaus konnte für die approximativen Maximum-Likelihood-Methoden gezeigt werden, wie bei Kenntnis des wahren ARFIMA-Prozesses Rückschlüsse auf das Ausmaß der Parameterverzerrung möglich sind, wenn das Verhältnis zwischen den Prozessen betrachtet wird, aus denen sich der wahre ARFIMA(p,d,q)-Prozeß zusammensetzt. Zu diesen Prozessen gehören der AR(p)-, der ARFIMA$(0,d,0)$- und der MA(q)-Prozeß. Sie wurden als Basisprozesse eines ARFIMA(p,d,q)-Prozesses definiert.

Weiter wurde gezeigt, daß Hypothesentests aufgrund teilweise stark verzerrter t-Werte eine geringe Aussagekraft aufweisen können. Dabei konnte nachgewiesen werden, daß die Verzerrung der t-Werte sowohl vom wahrem Parameterwert als auch von der für ein Schätzverfahren spezifischen Parameterverzerrung abhängt. Nur wenn beide Größen bekannt sind, kann beurteilt werden, inwieweit die Macht eines Tests durch verzerrte Parameterschätzungen beeinflußt wird.

Bei einem sehr ausführlichen Vergleich der verschiedenen Maximum-Likelihood-Methoden wurde zunächst ein in der Literatur vorhandenes Ergebnis bestätigt. Bei Kenntnis des Mittelwertes sollte, sofern möglich, auf jeden Fall das exakte Maximum-Likelihood-Verfahren Verwendung finden. Muß hingegen der Mittelwert der Zeitreihe ebenfalls geschätzt werden, führen die Approximationen der Likelihoodfunktion zu keiner nennenswerten Verschlechterung der Schätzeigenschaften. Ursache hierfür ist die bei Vorliegen von Long Memory vergleichsweise große Varianz der Mittelwertschätzung, welche einen wesentlichen Informationsgewinn aus der in die exakte Likelihoodfunktion eingehenden Schätzung des Mittelwertes verhindert, so daß die Unabhängigkeit der approximativen Likelihoodfunktionen vom Mittelwert einer Zeitreihe kaum Auswirkungen hat.

Bei einem direkten Vergleich der beiden approximativen Maximum-Likelihood-Verfahren mittels ausführlicher Monte-Carlo-Simulationen wurde deutlich, daß die Verwendung des Whittleschätzers insbesondere dann zu einer Reduktion der Parameterverzerrung und der mittleren quadratischen Abweichung führt, wenn die Parameterverzerrungen bei Verwendung des approximativen Whittleschätzers besonders groß sind. Die Konsequenz hieraus ist, daß auf die Verwendung der exakten Maximum-Likelihood-Methode und damit auf den Aufwand der Invertierung der Kovarianzmatrix, außer bei Kenntnis des Mittelwertes, verzichtet werden kann, und stattdessen entweder der Whittleschätzer oder bei Vorliegen sehr langer Zeitreihen dessen Approximation verwendet werden sollte. Es sollte an dieser Stelle auf zwei wichtige Ergebnisse hingewiesen werden, die sich nach Abschluß der vorliegenden Arbeit ergeben haben. So hat Hauser [102, 1993] mittels Monte Carlo-Simulationen eine weitere Approximation der exakten Likelihoodfunktion hinsichtlich des Schätzverhaltens bei kürzeren Zeitreihen untersucht. Dabei ergibt sich für die auf Boes, Davis und Gupta [16, 1989] zurückgehende Approximation gegenüber dem approximativen Whittleschätzer eine deutliche Reduktion der Parameterverzerrung und der mittleren quadratischen Abweichung. Gleichzeitig verteidigen Smith, Sowell und Zin [175, 1993] die Anwendung der exakten Maximum-Likelihood-Methode und schlagen vor, eine Zeitreihe vor deren Anwendung immer erst einmal zu differenzieren, um die Schätzung unabhängig vom Mittelwert zu machen und Schätzungen nahe dem Instationaritätsbereich zu vermeiden. Darüber hinaus zeigen sie ein iteratives Verfahren zur Korrektur der Parameterverzerrung bei der Schätzung von fraktional differenziertem Rauschen auf. Allerdings erscheint die Anwendbarkeit des Verfahrens bei Vorliegen von gemischten Short und Memory-Prozessen sehr fraglich.

In der vorliegenden Arbeit wurde weiter herausgearbeitet, daß eine zuverlässige Identifikation von Long Memory im allgemeinen eine korrekte Modellselektion voraussetzt, da die Verzerrung des Intermediate/Long Memory-Parameters stark von der gewählten Modellspezifikation abhängt. Deshalb wurden die Selektionswahrscheinlichkeiten von verschiedenen ARFIMA-Prozessen bei Verwendung unterschiedlicher Selektionskriterien analysiert, indem die Selektionswahrscheinlichkeiten mittels Monte-Carlo-Simulationen approximiert wurden. In verschiedenen Experimenten dabei wurde festgestellt, daß sich die Selektion von reinen Intermediate Memory-Prozessen mit Ausnahme von schwachem Intermediate Memory bei 100 Beobachtungen als recht zuverlässig erweist. Bei reinen Long Memory-Prozessen sind hingegen mindestens 200 Beobachtungen erforderlich, um ähnlich hohe Selektionswahrscheinlichkeiten zu erreichen. In allen Fällen gilt, daß die Selektionswahrscheinlichkeit des korrekten Prozesses mit abnehmendem Absolutbetrag des Intermediate/Long Memory-Parameters abnimmt. Die besten Selektionsergebnisse wurden generell mit dem Schwarz-Kriterium erzielt.

Wenn der Long Memory-Prozeß von Short Memory-Komponenten überlagert wird, können die Selektionswahrscheinlichkeiten jedoch drastisch sinken. Anhand von zwei beispielhaft ausgewählten Parameterspezifikationen der simulierten ARFIMA-Prozesse wurde argumentiert, daß die Selektionseigenschaften in keiner Weise zufriedenstellend sind, wenn bei Kenntnis der Parameterspezifikation des wahren Prozesses besonders große Parameterverzerrungen zu erwarten wären. Es bleibt abzuwarten, inwieweit eine kürzlich von Hauser [102, 1993] vorgeschlagene Korrektur des AIC eine zuverlässigere Modellselektion gewährleisten kann. Weiter deuten die Ergebnisse dieser Arbeit darauf hin, daß zur Identifikation von gemischten Short und Long Memory-Prozessen sich das AIC als das beste Selektionskriterium erweist. Es wird deshalb vorgeschlagen, daß in der empirischen Forschung sowohl das Schwarz-Kriterium als auch das AIC verwendet werden, um auf diese Weise die Wahrscheinlichkeit einer zu sparsamen und damit inkorrekten ARFIMA-Spezifikation zu reduzieren.

Diese statistischen Ergebnisse wurden bei der angewandten Wechselkursanalyse in Kapitel 7 berücksichtigt. Hier konnte gezeigt werden, daß das ARFIMA-Modell in der Tat für einige Perioden und Beobachtungsfrequenzen von Kassakursen eine geeignete Spezifikation der Wechselkursentwicklung darstellt. Insbesondere ergab sich durch die Verwendung von ARFIMA-Spezfikationen für die monatlichen und wöchentlichen prozentualen Änderungen der Dollarwechselkurse der Deutschen Mark und des Schweizer Franken eine Verbesserung der Out-of-Sample-Prognosequalität, wenn als Referenz ein Random Walk-Modell mit Drift verwendet wird. Im einzelnen ergaben sich jedoch durchaus heterogene Ergebnisse. So gelang eine statistische Absicherung der jeweiligen Long Memory-Komponenten nur für einzelne Perioden. Beispielsweise zeigen die monatlichen DM/US-Dollar Kassakursänderungen nur unter Verwendung der vom AIC selektierten ARFIMA(1,d,0)-Spezifikation für die Zeit vom 1. Januar 1976 bis 30. April

1990 signifikantes Long Memory. Werden hingegen die 70iger und 80iger Jahre getrennt geschätzt, treten bei den jeweiligen Schätzungen des Intermediate/Long Memory-Parameters insignifikante Werte mit unterschiedlichen Vorzeichen auf, ohne daß jedoch eine statistische Absicherung eines Strukturbruchs möglich wäre.

Schätzt man die wöchentlichen prozentualen Änderungen des DM/US-Dollar und des SFr/US-Dollar Kassakurses, ist der Long Memory-Parameter hingegen nur für den untersuchten Gesamtzeitraum vom 1. Januar 1973 bis 30. April 1990 signifikant. Werden die ersten drei Jahre nach dem Ende von Bretton Woods ausgeklammert, sinken sowohl die Größe als auch die Signifikanz der Parameterschätzung des Long Memory-Parameters rapide ab. Dies deutet darauf hin, daß in der Zeitreihe der wöchentlichen Änderungen die Long Memory-Struktur möglicherweise auf die Anpassung der Wechselkurse an das nach dem Ende von Bretton Woods herrschende neue Gleichgewicht mit flexiblen Wechselkursen zurückzuführen ist. Gegen diese Interpretation sprechen jedoch die positiven Prognoseergebnisse, die für die 80iger Jahre vorliegen. Generell mußte die Schätzung von Wochendaten allerdings mit der Einschränkung erfolgen, daß aufgrund der in den Daten vorhandenen Heteroskedastie eine Voraussetzung zur Anwendung der ARFIMA-Schätzverfahren verletzt ist. Es bleibt zukünftigen Untersuchungen vorbehalten, mit Hilfe des von Hauser und Kunst [103, 1993] nach Abschluß dieser Arbeit entwickelten Maximum-Likelihood-Verfahrens zur simultanen Schätzung von ARFIMA- und ARCH-Strukturen zu klären, inwieweit tatsächlich die Schätzung des Intermediate/Long Memory-Parameters aufgrund von bedingter Heteroskedastie verzerrt wurde.

Auch die in dieser Arbeit vorgenommene Analyse von Tagesdaten mußte unter der Annahme konstanter bedingter Varianzen erfolgen. Dabei sei allerdings erwähnt, daß das im vorhergehenden Absatz genannte, neu entwickelte Schätzverfahren für ARFIMA-ARCH-Prozesse nur für die Analyse von einigen wenigen Jahren von Tagesdaten geeignet ist, da ansonsten keine Invertierung der Kovarianzmatrix mehr möglich ist. Einen Ausweg für zukünftige Forschung bietet hier möglicherweise ein alternatives Verfahren zur Schätzung von fraktional integrierten ARMA-Modellen, das Unabhängigkeit von der Verteilung des Störterms aufweist. Es basiert auf der Methode der allgemeinen Momente (GMM) und wurde kürzlich von Tieslau, Schmidt und Baillie [183, 1992] vorgeschlagen. Aufgrund der hohen Beobachtungsfrequenz von Tagesdaten wurde in der vorliegenden Arbeit auf die Durchführung von mehrmonatigen Out-of-Sample-Prognosen verzichtet. Folgt man der Selektion des AIC, weisen insbesondere die prozentualen Veränderungen des DM/US-Dollar Kassakurses für alle Teilperioden signifikantes Long Memory auf. Da jedoch das Schwarz-Kriterium außer für die Periode der 70iger Jahre ausschließlich insignifikante Short Memory-Prozesse wählt, bleibt die Evidenz für Long Memory in den täglichen Änderungen der Dollarwechselkurse uneinheitlich. Auch die vierteljährlichen Änderungen der betrachteten Dollarwechselkurse wurden geschätzt und prognostiziert. Hier finden sich keinerlei Hinweise auf eine stochastische Struktur in den Mittelwerten. Dieses Ergebnis ist jedoch möglicherweise ausschließlich auf die geringe Zahl an Beobachtungen zurückzuführen. Insgesamt gelten die für den DM/US-Dollarkurs genannten Ergebnisse auch für den SFr/US-Dollarkurs, allerdings immer in abgeschwächter Form.

Da in der Literatur bisher ausschließlich Dollarwechselkurse auf das Vorliegen von Long Memory hin analysiert wurden, wurde außerdem die Frage untersucht, ob Wechselkurse, die nicht direkt im Zusammenhang mit dem Dollar stehen, auch durch Long Memory geprägt sind. Entsprechend den Dollarwechselkursen wurden deshalb Tages-, Wochen-, Monats- und Quartalsdaten des DM/SFr-Kassakurses geschätzt und abgesehen von den Tagesdaten auch Out-of-Sample-Prognosen durchgeführt. Eine eindeutige Verbesserung der Prognosequalität auf Basis des ARFIMA-Modells konnte hier ausschließlich für die prozentualen wöchentlichen Kassakursänderungen festgestellt werden, die bis auf die Teilperiode der 80iger Jahre durch einen signifikanten gemischten Short und Long Memory-Prozeß gekennzeichnet sind, sofern die Modellselektion nach dem AIC erfolgt. Hinweise auf die Existenz von Intermediate Memory gekoppelt mit einem Short Memory-Prozeß in den monatlichen Veränderungen des DM/SFr-Kassakurses bestätigen sich in den Prognosen nicht. Die Ursache hierfür liegt vermutlich in der mit dem Beginn der Europäischen Währungsunion geänderten Geldpolitik der schweizerischen Zentralbank, die zu einer Änderung der stochastischen Eigenschaften der monatlichen logarithmierten Differenzen geführt haben könnte. Keine Bedeutung haben Intermediate bzw. Long Memory bei der Analyse der entsprechenden Tages- und Quartalsdaten.

Es bleibt anzumerken, daß nach Abschluß dieser Arbeit die empirischen Ergebnisse der Analyse von Long Memory in Wechselkursen aus Cheungs [29, 1990] Dissertation in Cheung [30, 1993] veröffentlicht sind. Zusätzlich zu seiner Dissertation finden sich darin auch Schätzungen von Impuls-Response-Funktionen und Out-of-sample-Prognosen. Letztere werden dabei für die Jahre 1988 und 1989 durchgeführt und mit einem Random Walk ohne Drift verglichen. Unter diesen Bedinungen lassen sich mit fraktional integrierten ARMA-Modellen keine Prognoseverbesserungen gegenüber einem Random Walk Modell erzielen. Damit erscheinen die in der vorliegenden Arbeit erzielten Prognoseverbesserungen nicht völlig robust hinsichtlich des Prognosezeitraums und der Spezifikation des Random Walk-Modells.

Da Teile der untersuchten Reihen durch Long Memory charakterisiert zu sein scheinen, wurde im wechselkurstheoretischen Teil dieser Arbeit in Kapitel 6 untersucht, welche Faktoren Long Memory auf den Devisenmärkten verursachen können. Zwei Faktoren wurden hierbei diskutiert. Zum einen wurde gezeigt, daß die von Cheung [29, 1990] vorgeschlagene Form der Spekulation irrationale Wirtschaftssubjekte voraussetzt und somit Marktineffizienz implizieren würde. Die

Ursache hierfür ist, daß die Wirtschaftssubjekte zur Prognose der Wechselkurse die stochastischen Eigenschaften der Wechselkurse nicht vollständig ausnutzen.

Zum anderen wurde eine weitere Idee Cheungs [29, 1990] aufgegriffen, derzufolge Long Memory im Devisenmarkt aus dem Gütermarkt übertragen wird. Es wurde unter unterschiedlichen Annahmen gezeigt, daß der stochastische Prozeß der Wechselkursveränderungen dann durch Long Memory charakterisiert sein kann, wenn dies auch für denjenigen stochastischen Prozeß gilt, der unter den die nationalen Güter- und Geldmärkte prägenden stochastischen Prozessen den größten Integrationsgrad aufweist. Gleichzeitig sind alle Märkte effizient, nicht zuletzt aufgrund der Annahme rationaler Erwartungen auf Seiten der Wirtschaftssubjekte.

Diese Ergebnisse wurden ihrerseits unter Verwendung von zwei verschiedenen Modellansätzen abgeleitet. Dabei diente das bekannte Lucas-Modell [138, 1982] als Basis, um die Übertragung von Long Memory aus den nationalen Güter- und Geldmärkten auf den Devisenmarkt in einem allgemeinen Gleichgewichtsansatz mit risikoaversen Wirtschaftssubjekten zu studieren. Da aufgrund der vereinfachenden Annahmen dieses Modells nur die Aktien- und Wertpapierpreise, nicht aber die Wechselkurse Erwartungskomponenten enthalten, wurde ein zweites Modell auf der Grundlage eines einfachen monetären Ansatzes entwickelt, das eine explizite Berücksichtigung von Erwartungskomponenten in der Wechselkursbildung bei Long Memory auf den Güter- und Geldmärkten erlaubt, indem die Annahme der ungedeckten Zinsparität vorausgesetzt wurde.

Die bisher in der Literatur vorliegenden empirischen Untersuchungen von Geldmärkten im Hinblick auf Long Memory, die sich gegenwärtig ausschließlich auf das Geldangebot in den Vereinigten Staaten beschränken, ergeben darüber hinaus Schätzungen für den Integrationsgrad auf dem Geldmarkt, welche die Schätzungen für die Integrationsgrade der in dieser Arbeit untersuchten Dollarwechselkurse um einiges übersteigen. Dies kann als vorläufige empirische Evidenz für die abgeleiteten Modellansätze interpretiert werden. Darüber hinaus ergibt sich im Rahmen dieser Modellansätze aus den in der Literatur vorhandenen Schätzungen des Integrationsgrades auf den Gütermärkten, daß für eine Übertragung von Long Memory in den Devisenmarkt nur die Geldmärkte in Frage kommen, da der Integrationsgrad der die Gütermärkte charakterisierenden stochastischen Prozesse auf dem Devisenmarkt Intermediate Memory implizieren würde. Damit wird die ursprüngliche Hypothese Cheungs [29, 1990] widerlegt, derzufolge Long Memory im Devisenmarkt aus den Gütermärkten übertragen wird. Allerdings erkennt auch Cheung [30, 1993] nunmehr die Bedeutung der Geldmärkte als Erklärung von Long Memory auf den Devisenmärkten an und bezieht sich dabei auf Long Memory in den Zeitreihen des relativen Geldangebots zwischen zwei Ländern, ohne jedoch die Schätzergebnisse im einzelnen zu nennen. Es bleibt allerdings zukünftigen Arbeiten vorbehalten zu untersuchen, inwieweit die empirischen Ergebnisse für die Güter- und Geldmärkte hinsichtlich verschiedener Schätzverfahren und Beobachtungszeiträume robust sind und somit die dargestellten Modellansätze letztlich empirische Relevanz haben. Dabei sollte auch die Möglichkeit von fraktionaler Kointegration zwischen den stochastischen Prozessen von Güter-, Geld-, und Devisenmärkten erörtert werden. Cheung und Lai [33, 1993], Baillie und Bollerslev [10, 1993] und Dueker und Startz [52, 1993] entwickeln und diskutieren hierfür verschiedene Verfahren zur Schätzung von fraktional kointegrierten Systemen.

Literaturverzeichnis

[1] R.K. Adenstedt. On large-sample estimation for the mean of a stationary random sequence. *The Annals of Statistics*, 2(6):1095 – 1107, 1974.

[2] M. Adler und B. Dumas. International portfolio choice and corporation finance: A survey. *Journal of Finance*, 38:925 – 984, 1983.

[3] C. Agiakloglou, P. Newbold und M. Wohar. Bias in an estimator of the fractional difference parameter. *Journal of Time Series Analysis*, 14:235 – 246, 1993.

[4] H. Akaike. Time series analysis and control through parametric models. In D.F. Findley, Hrsg., *Applied Time Series Analysis*. Academic Press, New York, 1978.

[5] H. Akaike. Markovian representation of stochastic processes and its application to the analysis of autoregressive moving average processes. *Annals of the Institute of Statistical Mathematics*, 26:363 – 387, 1974.

[6] H. Akaike. Likelihood of a model and information criteria. *Journal of Econometrics*, 16:3 – 14, 1981.

[7] K.J. Arrow. The role of securities in the optimal allocation of risk-bearing. *Review of Economic Studies*, 31:91 – 96, 1964.

[8] D.K. Backus, A.W. Gregory, und C.I. Telmer. Accounting for forward rates in markets for foreign currency. Manuscript, July 1990.

[9] R.T. Baillie und T. Bollerslev. Intra-day and inter-market volatility in foreign exchange rates. *Review of Economic Studies*, 58:565 – 585, 1990.

[10] R.T. Baillie und T. Bollerslev. Cointegration, fractional cointegration and exchange rate dynamics. Mimeo, Michigan State University, March 1993.

[11] J. Beran. *Estimation, Testing and Prediction for Self-similar and Related Processes*. PhD thesis, ETH Zürich, Zürich, 1986.

[12] J. Beran. Statistical methods for data with long-range dependence. *Statistical Science*, 7(4):404 – 427, 1992.

[13] J.F.O. Bilson. The 'speculative efficiency' hypothesis. *Journal of Business*, 54:435 – 452, 1981.

[14] J.F.O. Bilson. Rational expectations and the exchange rate. In J. Frenkel und J. Johnson, Hrsg., *The Economics of Exchange Rates*, S. 75 – 96. Addison-Wesley Press, Reading, Mass., 1978.

[15] F. Black. Equilibrium exchange rate hedging. *The Journal of Finance*, 45(3), July 1990.

[16] D.C. Boes, R.A. Davis und S.N. Gupta. Parameter estimation in low order fractionally differenced ARMA processes. *Stochastic Hydrology and Hydraulics*, 3:97 – 110, 1989.

[17] T. Bollerslev. Modelling the coherence in short-run nominal exchange rates: A multivariate generalized ARCH model. *Review of Economics and Statistics*, 72(3):498 – 505, April 1990.

[18] E. J. Bomhoff und K. G. Koedijk. Bilateral exchange rates and risk premia. *Journal of International Money and Finance (UK)*, 7(2):205 – 220, June 1988.

[19] G.G. Booth, F.R. Kaen, und P.E. Koveos. R/S analysis of foreign exchange rates under two international monetary regimes. *Journal of Monetary Economics*, 10:407–15, 1982.

[20] P. Boothe und D. Longworth. Foreign exchange market efficiency tests: Implications of recent empirical findings. *Journal of International Money and Finance*, 5:135 – 52, June 1986.

[21] G.E.P Box und G.M. Jenkins. *Time Series Analysis: Forecasting and Control.* Holden-Day, San Francisco, 1970.

[22] W.H. Branson und D.W. Henderson. The specification and influence of asset markets. In R.W. Jones und P.B. Kenen, Hrsg., *Handbook of International Economics, Vol. II*, S. 749 – 805. Elsevier Science Publishers B.V., Amsterdam, New York et al., 1985.

[23] W.A. Brock und A.G. Malliaris. *Differential Equations, Stability and Chaos in Dynamic Equations.* North-Holland, Amsterdam, New York et al., 1989.

[24] P.J. Brockwell und R.A. Davis. *Time Series: Theory and Methods.* Springer Verlag, New York et al., 1991.

[25] I.N. Bronstein und K.A. Semendjajew. *Taschenbuch der Mathematik.* B.G. Teubner Verlagsgesellschaft, Verlag Harri Deutsch, Stuttgart et al., Thun et al., 1991.

[26] J.Y. Campbell und P. Perron. Pitfalls and opportunities: What macroeconomists should know about unit roots. *NBER Macroeconomics Annual*, 1991.

[27] F. Canova und T. Ito. The time-series properties of the risk premium in the yen/dollar exchange market. *Journal of Applied Econometrics*, 6:125 – 142, 1991.

[28] F. Canova und J. Marrinan. Nominal profits, risk and uncertainty in foreign exchange markets. Working Papers in Economics No. 201, Department of Economics, Boston College, September 1990.

[29] Y. Cheung. Long memory in foreign exchange rates and sampling properties of some statistical procedures to long memory series. Dissertation, University of Pennsylvania, 1990.

[30] Y. Cheung. Long memory in foreign-exchange rates. *Journal of Business and Economic Statistics*, 11(1):93 – 101, Januar 1993.

[31] Y. Cheung und F.X. Diebold. On maximum-likelihood estimation of the differencing parameter of fractionally integrated noise with unknown mean. *Journal of Econometrics*, forthcoming.

[32] Y. Cheung und K.S. Lai. International evidence on output persistence from postwar data. *Economics Letters*, 38:435 – 441, 1992.

[33] Y. Cheung und K.S. Lai. A fractional cointegration analysis of purchasing power parity. *Journal of Business and Economic Statistics*, 11(1):103 – 112, 1993.

[34] F. Comte und E. Renault. Long memory continuous time models. mimeo, CREST, July 1993.

[35] G.C. Chow. A comparison of the information and posterior probability criteria for model selection. *Journal of Econometrics*, 16:21 – 33, 1981.

[36] B. Cornell und J.K. Dietrich. The efficiency of the market for foreign exchange under floating exchange rates. *Review of Economics and Statistics*, S. 111 – 120, 1978.

[37] J. Cox, J. Ingersoll, und S. Ross. The relation between forward prices and futures prices. *Journal of Financial Economics*, 9:321 – 346, 1981.

[38] R. Dahlhaus. Small sample effects in time series analysis: A new asymptotic theory and a new estimate. *The Annals of Statistics*, 16(2):808 – 841, 1988.

[39] R. Dahlhaus. Efficient parameter estimation for self-similar processes. *The Annals of Statistics*, 17(4):1749 – 1766, 1989.

[40] G. Debreu. *Theory of Value.* Yale University Press, New Haven, 1959.

[41] M. DeGroot. *Probability and Statistics.* Addison-Wesley Publishing Company, Reading, Mass. et al., 1989.

[42] M. Deistler, W. Dunsmuir und E.J. Hannan. Vector linear time series models: corrections and extensions. *Advances in Applied Probability*, 10:360 – 372, 1978.

[43] D.A. Dickey und W.A. Fuller. Likelihood ratio tests for autoregressive time series with a unit root. *Econometrica*, 49:1057 – 1072, 1981.

[44] F.X. Diebold und M. Nerlove. Unit roots in economic time series: A selective survey. In *Advances in Econometrics, Volume 8*, S. 3 – 69. JAI Press Inc., Greenwich, Conn., 1990.

[45] F.X. Diebold. *Empirical Modelling of Exchange Rate Dynamics*, volume 303 of *Lecture Notes in Economics and Mathematical Systems.* Springer-Verlag, 1988.

[46] F.X. Diebold und G.D. Rudebusch. Long memory and persistance in aggregate output. *Journal of Monetary Economics*, 24:189 – 209, 1989.

[47] F.X. Diebold und G.D. Rudebusch. Is consumption too smooth? Long memory and the Deaton paradox. *Review of Economics and Statistics*, 73:1 – 9, 1991.

[48] F.X. Diebold und G.D. Rudebusch. On the power of Dickey-Fuller tests against fractional alternatives. *Economics Letters*, 35:155 – 160, 1991.

[49] I. Domowitz und C.S. Hakkio. Conditional variance and the risk premium in the foreign exchange market. *Journal of International Economics*, 19:47 – 66, August 1985.

[50] R. Dornbusch. Expectations and exchange rate dynamics. *Journal of Political Economy*, 84:1161 – 1176, 1976.

[51] R. Dornbusch. Exchange rate risk and the macroeconomics of exchange rate determination. In R. Hawkins, R. Levich, und C. Wihlborg, Hrsg., *Internationalization of Financial Markets and National Economic Policy.* JAI Press, Greenwich, Conn., 1982.

[52] M. Dueker und R. Startz. Fractional integration and cointegration. mimeo, Federal Reserve Bank of St. Louis, Februar 1993.

[53] K.O. Dzhaparidze und A.M. Yaglom. Spectrum parameter estimation in time series analysis. In P.R. Krishnaiah, Hrsg., *Developments in Statistics*, S. 1 – 181. Academia Press, New York, 1983.

[54] C. Engel und J.D. Hamilton. Long swings in the dollar: Are they in the data and do markets know it? *American Economic Review*, 80(4):689 – 713, September 1990.

[55] R.F. Engle und C.W.J. Granger, Hrsg.. *Long-Run Economic Relationships. Readings in Cointegration.* Oxford University Press, Oxford, New York et al., 1991.

[56] A. Erdelyi, Hrsg.. *Higher Transcendental Functions.* McGraw Hill, New York et al., 1953.

[57] E.F Fama und K. French. Permanent and temporary components of stock prices. *Journal of Political Economy*, 96:246 – 273, 1988.

[58] E.F. Fama. Efficient capital markets: A review of theory and empirical work. *Journal of Finance*, 25:383 – 420, 1970.

[59] E.F. Fama. Forward and spot exchange rates. *Journal of Monetary Economics*, 14:319 – 38, November 1984.

[60] E.F. Fama. Efficient capital markets: II. *Journal of Finance*, 46:1575 – 1617, December 1991.

[61] E.F. Fama und A. Farber. Money, bonds, and foreign exchange. *American Economic Review*, 69(4):639 – 49, September 1979.

[62] R. Fox und M.S. Taqqu. Large-sample properties of parameter estimates for strongly dependent stationary Gaussian time series. *The Annals of Statistics*, 14(2):517 – 532, 1986.

[63] J. Frankel. The diversifiability of exchange risk. *Journal of International Economics*, 9:379 – 393, August 1979.

[64] J. Frankel. The implications of mean-variance optimization for four questions in international finance. *Journal of International Money and Finance*, 5(Supplement):S53 – S75, March 1986.

[65] J.A. Frankel und K.A. Froot. Understanding the dollar in the eighties: Rates of return, risk premiums, speculative bubbles and chartists and fundamentalists. Discussion Paper No. 169, Centre for Economic Policy Research, April 1987.

[66] J.A. Frankel und K.A. Froot. Using survey data to test standard propositions regarding exchange rate expectations. *American Economic Review*, 77(1):133 – 153, March 1987.

[67] J.A. Frenkel. Comments on Hodrick and Srivastava. *Journal of International Money and Finance*, 5:23 – 30, March 1986.

[68] J.A. Frenkel und M.L. Mussa. Monetary and fiscal policies in an open economy. *American Economic Review*, 71:253 – 258, 1980.

[69] J.A. Frenkel. A monetary approach to the exchange rate: Doctrinal aspects and empirical evidence. *Scandinavian Journal of Economics*, 78:200 – 224, 1976.

[70] J.A. Frenkel. Flexible exchange rates, prices and the role of "news": Lessons from the 1970's. *Journal of Political Economy*, 89:665 – 705, August 1981.

[71] J.A. Frenkel und M.L. Mussa. Asset markets, exchange rates and the balance of payments. In R.W Jones und P.B. Kenen, Hrsg., *Handbook of International Economics, Vol. II*, S. 679 – 747. Elsevier Science Publishers B.V., Amsterdam, New York et al., 1985.

[72] J.A. Frenkel und A. Razin. The Mundell-Fleming model. A quarter century later. *IMF Staff Papers*, 34:567 – 620, 1987.

[73] K.A. Froot und R.H. Thaler. Anomalies foreign exchange. *Journal of Economic Perspectives*, 4(3):179 – 192, Summer 1990.

[74] J.C. Fuhrer und K.J. Weiller. A multivariate posterior odds approach to assessing competing exchange rate models. *The Review of Economics and Statistics*, S. 113 – 124, 1991.

[75] W.A. Fuller. *Introduction to Statistical Time Series.* John Wiley & Sons, New York, Chichester et al., 1976.

[76] W. Gaab. *Devisenmärkte und Wechselkurse. Eine theoretische und empirische Analyse.* Springer-Verlag, Berlin, Heidelberg et al., 1983.

[77] A.R. Gallant, D.A. Hsieh, und G.E. Tauchen. On fitting a recalcitrant series: The pound/dollar exchange rate, 1974 - 1983. In W.A. Barnett, J. Powell, und G. Tauchen, Hrsg., *Nonparametric and semiparametric Methods in Econometrics and Statistics*, S. 199 – 240. Cambridge University Press, Cambridge, New York et. al., 1991.

[78] J. Geweke und S. Porter-Hudak. The estimation and application of long memory time series models. *Journal of Time Series Analysis*, 4:221 – 238, 1983.

[79] A. Giovannini und P. Jorion. Interest rates and risk premia in the stock market and the foreign exchange market. *Journal of International Money and Finance*, 6:107 – 123, March 1987.

[80] A. Giovannini und P. Jorion. Foreign exchange risk premia volatility once again. *Journal of International Money and Finance (UK)*, 7(1):111 – 113, March 1988.

[81] A. Giovannini und P. Jorion. The time-variation of risk and return in the foreign exchange and stock market. *The Journal of Finance*, 44(2):307 – 325, 1989.

[82] J.G. de Gooijer, B. Abraham, A. Gould, und L. Robinson. Methods for determining the order of an autoregressive-moving average process: A survey. *International Statistical Review*, 53(3):301 – 329, 1985.

[83] I.S. Gradshteyn und I.M. Ryzhik. *Tables of Integrals, Series, and Products.* Academic Press, New York et al., 1980.

[84] C.W.J. Granger. The typical spectral shape of an economic variable. *Econometrica*, 34:150 – 161, 1966.

[85] C.W.J. Granger. Long memory relationships and the aggregation of dynamic models. *Journal of Econometrics*, 14:227 – 38, 1980.

[86] C.W.J. Granger und R. Joyeux. An introduction to long-memory time series models and fractional differencing. *Journal of Time Series Analysis*, 1(1), 1980.

[87] H.L. Gray, N. Zhang, und W.A. Woodward. On generalized fractional processes. *Journal of Time Series Analysis*, 10(3):233 – 257, 1989.

[88] W.H. Greene. *Econometric Analysis.* MacMillan Publishing Company, New York, 1990.

[89] S.N. Gupta. Estimation in long memory time series models. *Communications in Statistics, Theory and Methods*, 21(5):1327 – 1338.

[90] E.J. Hannan. The asymptotic theory of linear time series models. *Journal of Applied Probability*, 10:130 – 145, 1973.

[91] E.J. Hannan. The estimation of the order of an ARMA process. *The Annals of Statistics*, 8(5):1071 – 1081, 1980.

[92] E.J. Hannan und M. Deistler. *The statistical theory of linear systems.* John Wiley and Sons, New York et al., 1988.

[93] E.J. Hannan und B.G. Quinn. The determination of the order of an autoregression. *Journal of the Royal Statistical Society*, 41(2):190 – 195, 1979.

[94] E.J. Hannan und J. Rissanen. Recursive estimation of mixed autoregressive-moving average order. *Biometrika*, 69(1):81 – 94, 1982.

[95] L.P. Hansen und R.J. Hodrick. Forward exchange rates as optimal predictors of future spot rates: An econometric analysis. *Journal of Political Economy*, 88(5):829 – 53, October 1980.

[96] L.P. Hansen und R.J. Hodrick. Risk averse speculation in the forward foreign exchange market: An econometric analysis of linear models. In J.A. Frenkel, Hrsg., *Exchange Rates and International Macroeconomics*, S. 113 – 52. University of Chicago Press, Chicago, 1983.

[97] U. Hassler. Long Memory in inflation rates: International evidence. series. Discussion paper 5/1993, Institut für Statistik und Ökonometrie, Freie Universität Berlin, 1993.

[98] U. Hassler. The periodogram regression: Correction and comments. mimeo, Institut für Statistik und Ökonometrie, Freie Universität Berlin, June 1993.

[99] U. Hassler. Regression of spectral estimators with fractionally integrated time series. *Journal of Time Series Analysis*, 14(4):369 –380, 1993.

[100] U. Hassler. Unit root tests: the autoregressive approach in comparison with the periodogram regression. *Statistical Papers*, 34:67 – 82, 1993.

[101] J.G. Haubrich. Consumption and fractional differencing: Old and new anomalies. Manuscript, 1989.

[102] M.A. Hauser. Long range dependence in international output series: a reexamination. mimeo, Fakultät für Statistik, Wirtschaftsuniversität Wien, June 1993.

[103] M.A. Hauser und R.M. Kunst. Fractionally integrated models with ARCH errors. Forschungsbericht No. 322, Institut für höhere Studien, Wien, Mai 1993.

[104] M.A. Hauser, R.M. Kunst und E. Reschenhofer. Modeling exchange rates: long-run dependence versus conditional heteroscedasticity. Forschungsbericht No. 306, Institut für höhere Studien, Wien, September 1992.

[105] M.L. Higgins und A.K. Bera. A class of nonlinear ARCH models. Discussion Paper 90-40, Department of Economics, University of California, October 1990.

[106] R.J. Hodrick und S. Srivastava. An investigation of risk and return in forward foreign exchange. *Journal of International Money and Finance*, 3:5 – 29, April 1984.

[107] R.J. Hodrick. *The Empirical Evidence on the Efficiency of Forward and Futures Foreign Exchange Markets*, volume 24. Harwood Academic Publishers, Chur et al., 1987.

[108] R.J. Hodrick und S. Srivastava. The covariation of risk premiums and expected future spot exchange rates. *Journal of International Money and Finance*, 5 Supplement:S5 – S21, March 1986.

[109] P. Hooper und J.E. Morton. Fluctuations in the dollar: A model of nominal and real exchange rate determination. *Journal of International Money and Finance*, 1:39 – 56, 1982.

[110] J.R.M. Hosking. Fractional differencing. *Biometrika*, 68(1):165 – 176, 1981.

[111] J.R.M. Hosking. Modeling persistence in hydrological time series using fractional differencing. *Water Resources Research*, 20(12):1898 – 1908, December 1984.

[112] D.A. Hsieh. The statistical properties of daily foreign exchange rates: 1974 - 1983. *Journal of International Economics*, 24:129 – 145, 1988.

[113] D.A. Hsieh. Modeling heteroskedasticity in daily foreign exchange rates. *Journal of Business and Economic Statistics*, 7:307 – 317, 1989.

[114] R.D. Huang. Expectations of exchange rates and differential inflation rates: Further evidence on purchasing power parity in efficient markets. *Journal of Finance*, 42(1):69 – 79, March 1987.

[115] H.E. Hurst. Long term storage capacity of reservoirs. *Transactions of the American Society of Civil Engineers*, 116:770 – 799, 1951.

[116] H.E. Hurst. Methods of using long-term storage in reservoirs. *Proceedings of the Institute of Civil Engineers*, 1:519 – 543, 1956.

[117] C.M. Hurvich, R. Shumway, und C. Tsai. Improved estimators of Kullback-Leibler information for autoregressive model selection in small samples. *Biometrika*, 77(4):709 – 719, 1990.

[118] C.M. Hurvich und K.I. Beltrao. Asymptotics for the low-frequency ordinates of the periodogram of a long-memory time series. *Journal of Time Series Analysis*, 14(5):454 – 472, 1993.

[119] J. Kähler. Price dynamics in foreign exchange markets: An empirical study. Discussion paper, Institut für Volkswirtschaftslehre und Statistik der Universität Mannheim, September 1990.

[120] J. Kähler. On the modelling of exchange-rate dynamics by stable Paretian distributions. Discussion paper, Institut für Volkswirtschaftslehre und Statistik der Universität Mannheim, March 1991.

[121] M. Kim, C. Nelson, und R. Startz. Mean reversion in stock prices? A reappraisal of the empirical evidence. *Review of Economic Studies*, forthcoming, 1991.

[122] A.B. Koehler und E.S. Murphree. A comparison of the Akaike and Schwarz criteria for selecting model order. *Applied Statistics*, 37(2):187 – 195, 1988.

[123] L.H. Koopmans. *The Spectral Analysis of Time Series.* Probability and Mathematical Statistics. Academic Press, New York, London, 1974.

[124] R.A. Korajczyk. The pricing of forward contracts for foreign exchange. *Journal of Political Economy*, 93(2):346 – 368, April 1985.

[125] P.J.K. Kouri. The exchange rate and the balance of payments in the short run and in the long run: A monetary approach. *Scandinavian Journal of Economics*, 78:280 – 304, 1976.

[126] W.S. Krasker. The "peso" problem in testing the efficiency of forward exchange markets. *Journal of Monetary Economics*, 6:269 – 276, April 1980.

[127] P. Kugler und C. Lenz. Chaos, ARCH, and the foreign exchange market: Empirical results from weekly data. *Rivista Internazionale di Scienze Economiche e Commerciali*, 40(2):127 – 140, 1993.

[128] S.F. LeRoy. Efficient capital markets and martingales. *Journal of Economic Literature*, 27:1583 – 1621, 1989.

[129] R. Levich. On the efficiency of markets for foreign exchange. In R. Dornbusch und J. Frenkel, Hrsg., *International Economic Policy: An Assessment of Theory and Evidence.* John Hopkins University Press, Baltimore, 1979.

[130] R.M. Levich. Empirical studies of exchange rates: Price behavior, rate determination und market efficiency. In R.W. Jones und P.B. Kenen, Hrsg., *Handbook of International Economics, Vol. II*, S. 979 – 1041. Elsevier Science Publishers B.V., Amsterdam, New York et al., 1985.

[131] R. Levine. The pricing of forward exchange rates. *Journal of International Money and Finance (UK)*, 8(2):163 – 179, June 1989.

[132] K.K. Lewis. Changing beliefs and systematic rational forecast errors with evidence from foreign exchange. *American Economic Review*, 79(4):621 – 635, September 1989.

[133] K.K. Lewis. The persistance of the "peso" problem when policy is noisy. *Journal of International Money and Finance*, 7:5 – 21, 1988.

[134] W.K. Li und A.I. McLeod. Fractional time series modeling. *Biometrika*, 73:217 – 221, 1986.

[135] C.Y. Liu und J. He. A variance-ratio test of random walks in foreign exchange rates. *The Journal of Finance*, 46(2):S. 773 – 785, June 1991.

[136] A.W. Lo. Long-term memory in stock market prices. *Econometrica*, 59(5):1279 – 1314, September 1991.

[137] A.W. Lo und C. MacKinlay. Stock market prices do not follow random walks. *Review of Financial Studies*, 1:41 – 66, 1988.

[138] R.E. Jr. Lucas. Interest rates and currency prices in a two-country world. *Journal of Monetary Economics*, 10:335 – 60, November 1982.

[139] R. MacDonald und T.S. Torrance. Expectations formation and risk in four foreign exchange markets. *Oxford Economic Papers*, 42(3):544 – 561, July 1990.

[140] B.B. Mandelbrot. When can price be arbitraged efficiently? A limit to the validity of the random walk and martingale models. *The Review of Economics and Statistics*, LIII:225 –236, 1971.

[141] B.B. Mandelbrot. Statistical methodology for nonperiodic cycles: From the covariance to R/S analysis. *Annals of Economic and Social Measurement*, 1:259 – 90, 1972.

[142] B.B. Mandelbrot. Limit theorems on the self-normalized range for weakly and strongly dependent processes. *Zeitschrift für Wahrscheinlichkeitstheorie und verwandte Gebiete*, 31:271 – 285, 1975.

[143] B.B. Mandelbrot und J.W. van Ness. Fractional Brownian motions, fractional noises and applications. *SIAM Review*, 10:422 – 437, October 1968.

[144] B.B. Mandelbrot und J.R. Wallis. Computer experiments with fractional Gaussian noises. *Water Resources Research*, 5:228 – 267, February 1969.

[145] R.E. Manuelli und J. Peck. Exchange rate volatility in an equilibrium asset pricing model. *International Economic Review*, 31(3):559 – 574, August 1990.

[146] N.C. Mark. On time varying risk premia in the foreign exchange market: An econometric analysis. *Journal of Monetary Economics*, 16(1):3 – 18, July 1985.

[147] A.I. McLeod und K.W. Hipel. Preservation of the rescaled adjusted range. 1. A reassessment of the Hurst phenomen. *Water Resources Research*, 14:491 – 508, 1978.

[148] G. McQueen und S. Thorley. Are stock returns predictable? A test using Markov chains. *The Journal of Finance*, 46(1):239 – 263, March 1991.

[149] R.A. Meese und K. Rogoff. Empirical exchange rate models of the seventies. Do they fit out of sample? *Journal of International Economics*, 14:3 – 24, 1983.

[150] R. Meese. Currency fluctuations in the post-Bretton Woods era. *Journal of Economic Perspectives*, 4(1):117 – 134, Winter 1990.

[151] R. Meese und K. Rogoff. The out-of-sample failure of empirical exchange rate models: Sampling error or misspecification? In J. Frenkel, Hrsg., *Exchange Rates and International Macroeconomics*, S. 67 – 105. University of Chicago Press, Chicago, 1983.

[152] R. Meese und K. Rogoff. Was it real? The exchange rate-interest differential relation over the modern floating-rate period. *Journal of Finance*, S. 933 – 48, September 1988.

[153] R. Möhring. Parameter estimation in Gaussian intermediate-memory time series. Preprint Nr. 90-1, Institut für Mathematische Stochastik, Universität Hamburg, 1990.

[154] M. Mussa. Empirical regularities in the behavior of exchange rates and theories of the foreign exchange market. *Carnegie-Rochester Conference Series on Public Policy*, 11:9 – 57, 1979.

[155] M. Mussa. The exchange rate, the balance of payments, and monetary and fiscal policy under a regime of controlled floating. *Scandinavian Journal of Economics*, 78(2):229 – 248, 1976.

[156] M. Mussa. A model of exchange rate dynamics. *Journal of Political Economy*, 90(1):74 – 104, 1982.

[157] W. Naggl. *Effizienz des Devisenmarktes. Eine Untersuchung am Beispiel des DM-Dollar Kurses.* Habilitationsschrift, Volkswirtschaftliche Fakultät Universität München, 1990.

[158] J.M. Ortega. *Matrix theory. A second course.* Plenum Press, New York, 1987.

[159] A. Pagan. A note on the magnitude of risk premia. *Journal of International Money and Finance (UK)*, 7(1):109 – 110, March 1988.

[160] M.S. Peiris und B.J.C. Perera. On prediction with fractionally differenced ARIMA models. *Journal of Time Series Analysis*, 9(3):215 – 220, 1988.

[161] B.M. Pötscher. Estimation of autoregressive moving-average order given an infinite number of models and approximation of spectral densities. *Journal of Time Series Analysis*, 11(2):165 – 179, 1990.

[162] R.A. Pollak und T.J. Wales. The likelihood dominance criterion. A new approach to model selection. *Journal of Econometrics*, 47:227 – 242, 1991.

[163] S. Porter-Hudak. An application of the seasonal fractionally differenced model to the monetary aggregates. *Journal of the American Statistical Association*, 85(410):338 – 344, June 1990.

[164] J.M. Poterba und L.H. Summers. Mean reversion in stock prices: Evidence and implications. *Journal of Financial Economics*, 22:27 – 60, September 1988.

[165] M.B. Priestley. *Spectral Analysis and Time Series. Volume 1: Univariate Series.* Academic Press, London, 1981.

[166] B.K. Ray. Modeling long-memory processes for optimal long-range prediction. *Journal of Time Series Analysis*, 14(5):511 – 525, 1993.

[167] J. Rice. On the estimation of the parameters of a power spectrum. *Journal of Multivariate Analysis*, 9:378 – 392, 1979.

[168] P.M. Robinson. Time series with strong dependence. Invited paper presented at the 6th World Congress of the Econometric Society in Barcelona, August 1990, 1990.

[169] P.M. Robinson. Testing for strong serial correlation and dynamic conditional heteroskedasticity in multiple regression. *Journal of Econometrics*, 47:67 – 84, 1991.

[170] P.M. Robinson. Log-periodogram regression of time series with long range dependence. mimeo, London School of Economics.

[171] A. Samarov und M.S. Taqqu. On the efficiency of the sample mean in long-memory noise. *Journal of Time Series Analysis*, 9(2):191 – 200, 1988.

[172] R. Schlittgen und H.J. Streitberg. *Zeitreihenanalyse.* R. Oldenbourg Verlag, München Wien, 1989.

[173] G. Schwarz. Estimating the dimension of a model. *The Annals of Statistics*, 6(2):461 – 464, 1978.

[174] W.I. Smirnow. *Lehrgang der Höheren Mathematik*, volume 4 of *Hochschulbücher für Mathematik.* VEB Deutscher Verlag der Wissenschaften, Berlin, 1963.

[175] A.A. Smith, Jr., F. Sowell und S.E. Zin. Fractional integration with drift: estimation in small samples. mimeo, GSIA, Carnegie Mellon University, May 1993.

[176] J.M. Sneek. *Modelling Procedures for Univariate Economic Time Series.* VU Uitgeverij/Free University Press, Amsterdam, 1984.

[177] F. Sowell. The fractional unit root distribution. *Econometrica*, 58(2):495 – 505, March 1990.

[178] F. Sowell. Maximum likelihood estimation of stationary univariate fractionally integrated time series models. *Journal of Econometrics*, 53:165 – 188, 1992.

[179] F. Sowell. Modeling long run behavior with the fractional ARIMA model. *Journal of Monetary Economics*, 29:277 – 302, 1992.

[180] M. Stone. Comments on model selection criteria of Akaike and Schwarz. *Journal of the Royal Statistical Society*, 41(2):276 – 278, 1979.

[181] R.M. Stulz. Time-varying risk premia, imperfect information and the forward exchange rate. *International Journal of Forecasting*, 3:171 – 177, 1987.

[182] L. Svensson. Currency prices, terms of trade, and interest rates: A general equilibrium asset-pricing cash-in-advance approach. *Journal of International Economics*, 18:17 – 42, 1985.

[183] M.A. Tieslau, P. Schmidt und R.T. Baillie. A generalized method of moments estimator for long-memory processes. Discussion Paper No 9247, CentER, Tilburg, 1992.

[184] P.D. Tuan. Estimation of autoregressive parameters and order selection for ARMA models. *Journal of Time Series Analysis*, 9(3):265 – 279, 1988.

[185] H.R. Varian. The arbitrage principle in financial economics. *The Journal of Economic Perspectives*, 1(2):55 – 72, Fall 1987.

[186] D.E.N. Whistler. Seminparametric Models of Daily and Intra-daily Exchange Rate Volatility. PhD thesis, University of London, London, 1990.

[187] P. Whittle. *Hypothesis Testing in Time Series Analysis.* Almquist & Wiksells Boktryckeri AB, Uppsala, 1951.

[188] P. Whittle. Estimation and information in stationary time series. *Arkiv för Matematik*, 2(23):423 –434, 1953.

[189] P. Whittle. Some recent contributions to the theory of stationary processes. Appendix. In Wold. H., Hrsg., *A Study in the Analysis of Stationary Time Series*, S. 196 – 228. Almqvist and Wiksell, Uppsala, 1954.

[190] Y. Yajima. On estimation of long-memory time series models. *The Australian Journal of Statistics*, 27:303 – 320, 1985.

Autorenindex

Sachindex

Studies in Contemporary Economics

E. Baltensperger, H. Milde, Theorie des Bankverhaltens. X, 286 Seiten. 1987.

O. Flaaten, The Economics of Multispecies Harvesting. VII, 162 pages. 1988.

H. Siebert (Hrsg.), Umweltschutz für Luft und Wasser. VIII, 254 Seiten. 1988.

B. C. J. van Velthoven, The Endogenization of Government Behaviour in Macroeconomic Models. XI, 367 pages. 1989.

P. Rosner, Verteilungskonflikte in Marktwirtschaften. Über Funktionen von Marktverbänden. VII, 151 Seiten. 1989.

E. van Imhoff, Optimal Economic Growth and Non-Stable Population. IX, 218 pages. 1989.

W. Pohlmeier, Simultane Probit- und Tobitmodelle. XII, 219 Seiten. 1989.

G. Wagner, N. Ott, H.-J. Hoffmann-Nowotny (Hrsg.), Familienbildung und Erwerbstätigkeit im demographischen Wandel. II, 337 Seiten. 1989.

M. Gärtner, Arbeitskonflikte in der Bundesrepublik Deutschland. XII, 169 Seiten. 1989.

R. Schmachtenberg, Intertemporale Tauschökonomien mit unvollständigen Marktsystemen. VI, 191 Seiten. 1990.

H. König (Ed.), Economics of Wage Determination. XI, 373 pages. 1990.

B. Gahlen (Hrsg.), Marktstruktur und gesamtwirtschaftliche Entwicklung. VII, 316 Seiten. 1990.

P. J. J. Welfens, Internationalisierung von Wirtschaft und Wirtschaftspolitik. XV, 443 Seiten. 1990.

R. Buchegger, K. W. Rothschild, G. Tichy (Hrsg.), Arbeitslosigkeit. X, 278 Seiten. 1990.

C. Dagum, M. Zenga (Eds.), Income and Wealth Distribution, Inequality and Poverty. Proceedings, 1989. XIII, 415 pages. 1990.

P. Michaelis, Theorie und Politik der Abfallwirtschaft. IX, 179 Seiten. 1991.

A. J. H. C. Schram, Noter Behavior in Economic Perspective. X, 274 pages. 1991.

H. Otruba, P. Pelizon, G. Manner, P. Bleier, M. Hochreiner, Kosten-Nutzen-Rechnung von Universitäten. IX, 209 Seiten. 1991.

J. B. Woittiez, Modelling and Empirical Evaluation of Labour Supply Behaviour. VI, 232 pages. 1991.

R. Arnason, T. Bjørndal (Eds.), Essays on the Economics of Migratory Fish Stocks. VIII, 197 pages. 1991.

Ch. Czerkawski, Theoretical and Policy-Oriented Aspects of the External Debt Economics. VII, 150 pages. 1991.

K.-H. Hartwig, H. J. Thieme (Hrsg.), Transformationsprozesse in sozialistischen Wirtschaftssystemen. VI, 474 Seiten. 1991.

D. Stern, J. M. M. Ritzen (Eds.), Market Failure in Training? VII, 233 pages. 1991.

K. A. Konrad, Risikoproduktivität. VII, 149 Seiten. 1992.

M. Savioz, New Issues in the Theory of Investment. XVI, 216 pages. 1992.

W. Franz (Ed.), Structural Unemployment. X, 132 pages. 1992.

N. Blattner, H. Genberg, A. Swoboda (Eds.), Competitiveness in Banking. VIII, 315 pages. 1992.

M. Carlberg, Monetary and Fiscal Dynamics. VIII, 194 pages. 1992.

H.-J. Wagener, On the Theory and Policy of Systemic Change. VIII, 234 pages. 1993.

U. Krüsselberg, Theorie der Unternehmung und Institutionenökonomik. XVI, 292 Seiten. 1993.

M. Ahlheim, Zur Theorie rationierter Haushalte. X, 234 Seiten, 1993.

H. Wiese, Lern- und Netzeffekte im asymmetrischen Duopol. XVIII, 346 Seiten. 1993.

E. Wurzel, An Econometric Analysis of Individual Unemployment Duration in West Germany. X, 244 pages. 1993.

W. Gebauer (Ed.), Foundations of European Central Bank Policy. VI, 258 pages. 1993.

G. de Wit, Determinants of Self-employment. XII, 194 pages. 1993.

W. Smolny, Dynamic Factor Demand in a Rationing Context. VIII, 242 pages. 1993.

A. Haufler, Commodity Tax Harmonization in the European Community. XIV, 216 pages. 1993.

N. Blattner, H. Genberg, A. Swoboda (Eds.), Banking in Switzerland. VIII, 330 pages. 1994.

H.-J. Wagener (Ed.), The Political Economy of Transformation. VIII, 242 pages. 1994.

R. Tschernig, Wechselkurse, Unsicherheit und Long Memory. XX, 230 Seiten. 1994.

GPSR Compliance

The European Union's (EU) General Product Safety Regulation (GPSR) is a set of rules that requires consumer products to be safe and our obligations to ensure this.

If you have any concerns about our products, you can contact us on ProductSafety@springernature.com

In case Publisher is established outside the EU, the EU authorized representative is:

Springer Nature Customer Service Center GmbH
Europaplatz 3
69115 Heidelberg, Germany

Batch number: 10815974

Printed by Printforce, the Netherlands